耕地環境の計測・制御
―役立つ新しい解説書―

早川誠而　真木太一　鈴木義則
編　著

2001

東　京
株式会社
養賢堂発行

執筆者一覧

編著者

早川誠而　　山口大学 農学部 教授
　　‥‥ [2章2.1節（共著）・2.2節（共著），3章3.1節（共著），4章4.2節]
真木太一　　愛媛大学 農学部 教授
　　………………………… [2章2.1節（共著），5章5.2節（共著），6章]
鈴木義則　　九州大学 大学院 農学研究院 教授 ‥‥ [5章5.2節（共著）]

執筆者（五十音順）

内嶋善兵衛　宮崎公立大学 学長 ………………………………… [1章]
大原源二　　農林水産省 中国農業試験場 室長
　　………………… [4章4.1節・4.3節（共著），5章5.1節（共著）]
大場和彦　　農林水産省 九州農業試験場 室長
　　………… [2章2.1節（共著）・2.2節（共著），5章5.1節（共著）]
谷　　宏　　北海道大学 大学院 農学研究科 助教授・[3章3.1節（共著）]
鱧谷　憲　　大阪府立大学 大学院 農学生命科学研究科 助手
　　………………………………………………… [2章2.1節（共著）]
広田知良　　農林水産省 北海道農業試験場 研究員‥ [2章2.2節（共著）]
深田三夫　　山口大学 農学部 助教授 ……………… [2章2.2節（共著）]
本條　均　　宇都宮大学 農学部 教授 ……………… [5章5.2節（共著）]
文字信貴　　大阪府立大学 大学院 農学生命科学研究科 教授
　　………………………………………………… [2章2.2節（共著）]
山本晴彦　　山口大学 農学部 助教授
　　………………… [2章2.2節（共著），3章3.2節，4章4.3節（共著）]
横山宏太郎　農林水産省 北陸農業試験場 室長 …… [5章5.2節（共著）]

(2001年2月現在)

口絵1　斜面法面と赤外放射温度計が捉えた表面温度(早川)

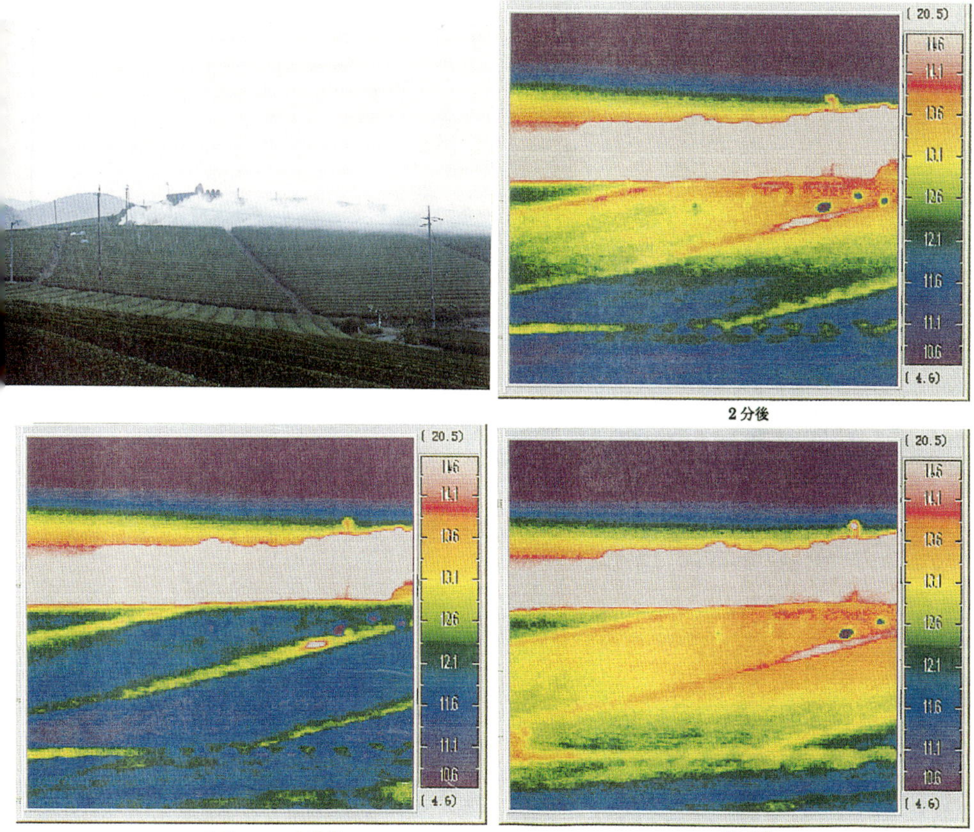

口絵2　傾斜茶園と赤外放射温度計が捉えた防霜ファンの昇温効果の事例(早川)

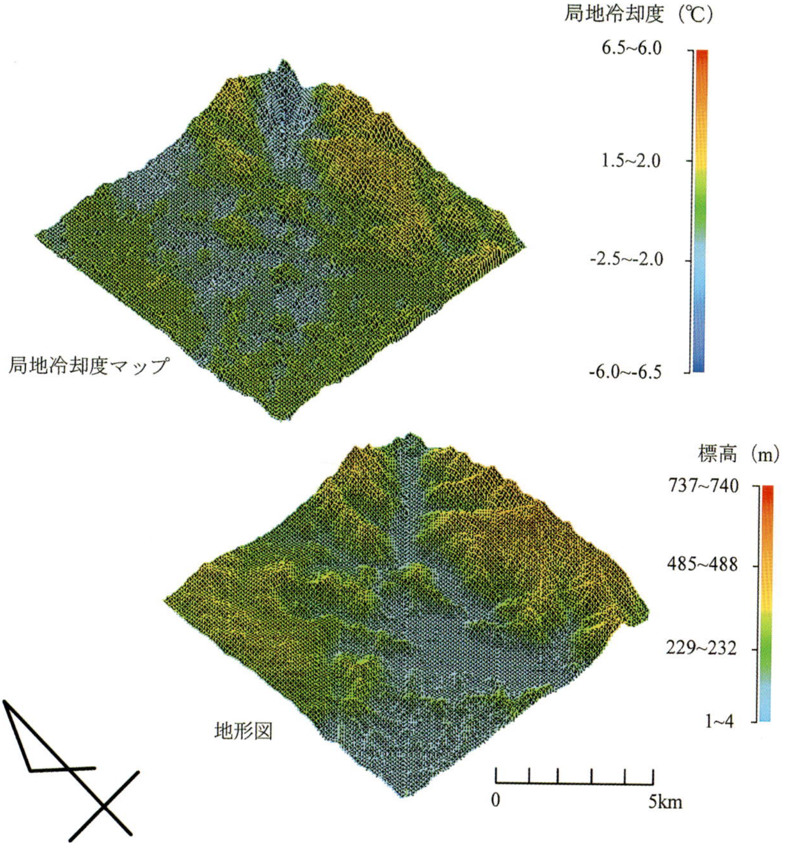

口絵3 研究対象地域の地形標高と局地冷却度(高山, 1999)

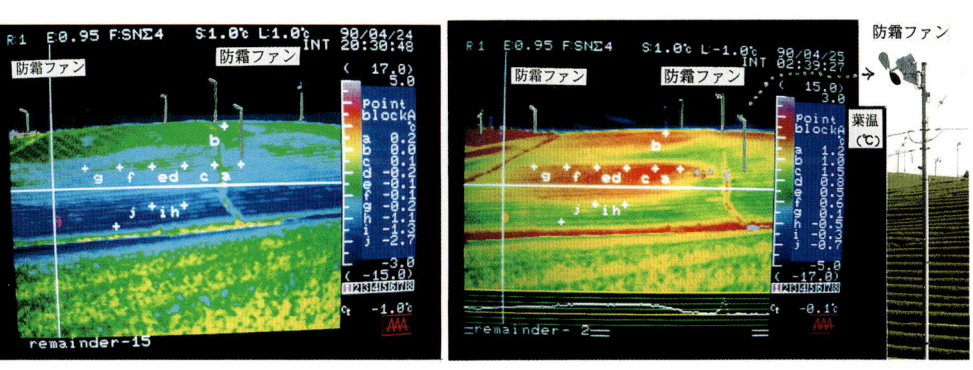

口絵4 [左]傾斜地(中央部が低地で奥と手前側が高地)における防霜ファン作動前の温度発現状況
　　　[右]同地点における防霜ファン作動2時間経過後の温度発現状況(Suzuki et al., 1993)

まえがき

　地球環境問題が大きく取りざたされるなかで，急速に増加する人口をまかなうための食糧生産の行方は人類の大きな関心事である．近年の異常気象，気候変動，地球温暖化，砂漠化などの変化のなかで，耕地環境も大きく変わりつつある．地球環境悪化に伴い，環境保全型の生態系の持続的発展が求められ，農耕地の持つ重要性が再認識されつつある．作物を取り巻く耕地環境を理解し，地球に優しい行動に移すことは，農学を専攻する学生や農業に携わる人のみならず，多くの人にとっても不可欠である．

　この本は，日本農業気象学会耕地気象改善研究部会の活動の成果としてまとめたものである．生態系の持続的な発展のためには，農耕地は重要な役割を担っており，耕地環境，とくに気象環境を気象資源としてとらえ，これを風土産業として見直し，それを有効に活用することは，持続的な発展の一つの方向である．

　観測・計測によって耕地環境の姿，様子，振る舞いなどの実態を十分把握・評価し，生態系の持続的発展に耕地環境がどのように関わっていくかを考えて行動すべきである．一口に耕地環境といっても，実に多くの姿がある．普段目にする現象は多様であり，十分な理解がなされているとはいえない．もし，独立で無関係であったと思われる現象同士が実は奥深いところでしっかりと結びついていることが分かったならば，それは新たな発見であり，また多様な見方で耕地環境を見直すことができたならば，それは実に楽しいに違いない．このような認識で本書を企画し，これまでこの分野で活躍してきた研究者を執筆者として選んだ．とくに，現場での実測および経験をもとに平易に分かりやすく書くように心がけた．この方面での普及行政・教育・研究・勉学などの目的を持った読者に役立つことを願っている．

　企画編集は，鈴木義則，真木太一と私が携わった．人間活動に伴う環境破壊のなかで，耕地環境に対する認識が大きく変わりつつあり，耕地環境の果たす重要性が再認識されている．耕地の持つ特性を十分理解し，活用するた

めには，耕地上の気象環境（光環境，温度環境，水環境）を知ることが基本になる．本書の当初の目標は，そのような理念に基づき執筆に当たったが，必ずしもその点で十分満足のいくものとなっていないように思われる．読者のご批判を仰ぐとともに，今後の発展の糧としたい．

　最後に，本書を出版するに当たって，分担執筆のご協力をいただいた方々に対して，また種々お世話になった養賢堂の矢野勝也・木曽透江 氏はじめ多くの関係者に，心より御礼申し上げます．

2000 年 10 月 20 日
世紀末の ON 対決に感動しながら編集委員を代表して記す
日本農業気象学会 耕地気象改善研究 前部 会長
山口大学 農学部　早川誠而

目　次

第 1 章　地球温暖化と植物生産

　………………………………………………………………………………1
1.1 大気の温室効果……………………………………………………………1
　1.1.1 地球気候と大気の温室効果……………………………………………1
　1.1.2 温室効果のメカニズム…………………………………………………3
　1.1.3 大気温室効果を強める人間活動………………………………………5
　1.1.4 地球温暖化の現状と予想………………………………………………8
1.2 自然植生への温暖化の影響………………………………………………11
　1.2.1 自然植生帯と気候条件…………………………………………………11
　1.2.2 自然植生の分布と生産力への温暖化の影響…………………………15
1.3 農業生産への影響…………………………………………………………19
　1.3.1 作物栽培帯の移動………………………………………………………19
　1.3.2 作物の光合成・蒸散への高 CO_2 大気の影響………………………22
　1.3.3 作物の乾物生産と収量への高 CO_2 大気の影響……………………23
　1.3.4 雑草・病害・害虫への気候温暖化の影響……………………………26
1.4 21 世紀の食糧シナリオ……………………………………………………29
　1.4.1 食糧の需給を撹乱する要因……………………………………………29
　1.4.2 21 世紀の食糧シナリオ…………………………………………………31

第 2 章　耕地環境の計測と評価

　………………………………………………………………………………37
2.1 耕地微気象の計測方法……………………………………………………37
　2.1.1 温度の測定法……………………………………………………………37
　2.1.2 湿度の測定法……………………………………………………………40
　2.1.3 風の測定法………………………………………………………………44

2.1.4　放射の測定法 ････････････････････････････････････ 48
　　2.1.5　二酸化炭素（CO_2）の測定法････････････････････････ 52
　　2.1.6　土壌水分の測定法 ････････････････････････････････ 56
　2.2　耕地環境の評価方法 ･･････････････････････････････････ 61
　　2.2.1　熱収支法による評価法 ･･････････････････････････････ 61
　　2.2.2　空気力学的評価法（傾度法）････････････････････････ 66
　　2.2.3　渦相関による評価法 ････････････････････････････････ 71
　　2.2.4　水収支式による評価法 ･･････････････････････････････ 75
　　2.2.5　大気環境の特性と評価法････････････････････････････ 80
　　2.2.6　作物の光環境の評価法 ･･････････････････････････････ 88
　　2.2.7　土壌の物理環境とその評価法 ････････････････････････ 92
　　2.2.8　水質環境評価法･･･････････････････････････････････ 102

第3章　非破壊・非接触による耕地環境の計測・評価
　　　　･･ 113
　3.1　リモートセンシングによる耕地環境計測・評価法･･････････ 113
　　3.1.1　地上からの耕地環境の計測・評価 ････････････････････ 113
　　3.1.2　衛星データを用いた地域環境の計測・評価 ･･････････････ 122
　3.2　非接触・非破壊による生体情報の計測・評価････････････ 128
　　3.2.1　光学的計測法による作物の生体情報の計測・評価法の原理 ･･････ 128
　　3.2.2　光学的計測法を利用した作物の生体情報の計測・評価 ････････ 131
　　3.2.3　熱赤外画像を利用したイネいもち病被害の計測・評価 ････････ 136

第4章　新しい情報システムの利活用
　　　　･･ 141
　4.1　気象情報の種類････････････････････････････････････ 141
　　4.1.1　気象情報の流れ････････････････････････････････ 141
　　4.1.2　気象庁が公開する気象情報の種類 ････････････････････ 142
　　4.1.3　気象情報の入手法････････････････････････････････ 142

4.2 メッシュ気象情報 ··· 147
  4.2.1 国土数値情報 ··· 147
  4.2.2 メッシュ気候値 ··· 151
  4.2.3 メッシュデータの利用 ··· 155
  4.2.4 その他への利用－21世紀に向けての提言 ························· 156
4.3 気象情報の利用 ··· 159
  4.3.1 気象情報地域農業高度利用対策の概要 ····························· 159
  4.3.2 農家の営農での利用 ··· 161
  4.3.3 農村型CATV局の現状と気象情報の事例 ························· 163
  4.3.4 行政機関による災害復旧等での利用 ······························· 166
  4.3.5 GIS活用法 ··· 166
  4.3.6 気象情報の利活用の方向 ······································· 169

第5章　耕地環境の制御・改善事例

·· 171
5.1 作物の栽培適地・適作期推定手法 ··································· 171
  5.1.1 風土産業としての農業 ··· 171
  5.1.2 日射環境評価法 ··· 173
  5.1.3 栽培適地・適作の判定 ··· 178
5.2 耕地環境制御の活用事例 ··· 186
  5.2.1 被覆を用いた活用 ··· 186
  5.2.2 耕起・不耕起 ··· 193
  5.2.3 防風林・防風網 ··· 196
  5.2.4 防霜 ··· 204
  5.2.5 寒さ・暖かさの利活用と制御 ··································· 208
  5.2.6 暑熱対策 ··· 216

[6] 目次

第6章 近年の耕地気象災害

.... 225
6.1 日本の最近の異常気象の発生状況 226
　6.1.1 1991年の台風害 226
　6.1.2 1993年の大冷害 228
　6.1.3 1998年の異常気象と農業気象災害 232
6.2 最近の世界の異常気象の状況 237
6.3 地球温暖化と農業気象災害 239
　6.3.1 地球温暖化による農業への影響 239
　6.3.2 気候変動に関する京都会議 240
6.4 エルニーニョと農業気象災害 240
6.5 砂漠化と農業気象災害 243
　6.5.1 砂漠化の現状 243
　6.5.2 中国の砂漠化と緑化 243
6.6 農業・食糧問題への提言 246

あとがき 249

付録A 境界層理論の接地気層への応用の基礎概念
.... 251
付録B 各種単位一覧表
.... 255
付録C 湿り空気線図
.... 259

索引 260

第1章　地球温暖化と植物生産 *

1.1　大気の温室効果

　地球上の生物は，約1.5億km離れた太陽から休みなく入射する太陽エネルギーの働きで形成・維持されている地球環境のなかで生存している．そして，緑色植物群の光合成作用で固定された太陽エネルギーは，人類を含むすべての生物群を生かし続けている．地球上での生物群の生存に適した環境の形成において，地球大気は次の四つの大きな役割を果たしている．
① 磁気圏・電離層による太陽からの有害帯電粒子の遮断
② 成層圏オゾン層による太陽からの有害紫外線の遮断
③ 濃密大気による隕石群からの地表の保護
④ 濃密大気による地表近くの温度の生物生存域（0〜40℃）への維持
　地球を包む大気のこれらの働きによって地球上に生まれた生命は，40億年も生き続け，今，目にするような豊かな生物圏と人間社会をもたらした．この四つの大気の働きのなかで，④は大気の温室効果（greenhouse effect）とよばれ，地球上での生命の誕生と進化，そして人類文明の発達において極めて重要な役割を果たしてきた．しかし，人類は化石燃料の大規模な消費，それによる大量な二酸化炭素の放出を通じて，大気の温室効果を人為的に強めている．

1.1.1　地球気候と大気の温室効果

　19世紀前半にヨーロッパで始まった気象観測は次第に世界中に広がり，現在，気象観測網は大陸全域と海洋の主な部分をカバーしている．また，多くの気象衛星が地球表面の気象状態を常時観測している．これらの観測結果から，地表近くの温度は極寒冷地帯と赤道熱帯地方とでは，冬季には約50℃，そして夏季には約25℃も違うことが分かった．しかし，年平均温度の地球

---

* 内嶋善兵衛

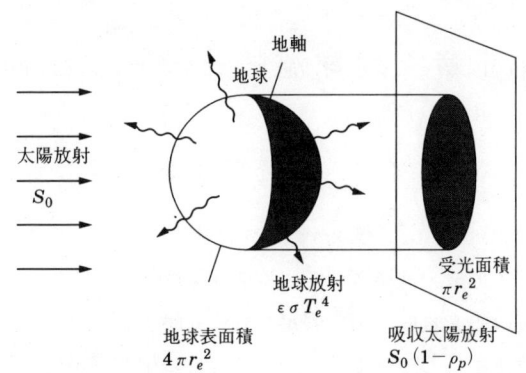

図 1.1　地球の放射エネルギーのバランス模式図（内嶋作成）
　　　　r_e は地球半径

平均値はほぼ 15 ℃で，普通の生物の生存適域 (0～40 ℃) 内にある．地球平均温度が約 15 ℃に維持されているのは，地球が次のような濃密な大気層によって包まれているためである．

　大気の全質量：5.3×10^{18} kg，大気柱の質量：10.39×10^3 kg/m^2
大気質量の 90 % は気象現象の活発な対流圏 (15 km 以下) にあり，地球上の気象現象・海洋現象・生物現象に密接に関係している．

　大気の温室効果の大きさを評価するのに，大気を持たない裸の地球の表面近くの平均温度 (T_e) と現実の地球の表面近くの平均気温 (T_a) とがよく比較される．裸の地球の温度 (T_e) の計算には，図 1.1 に示す地球の放射エネルギーの収支関係が使用される．地球の吸収する太陽エネルギー量と地球表面から赤外放射で宇宙へ失われるエネルギー量とが等しいと考えると，次のエネルギー収支式がえられる（例えば，小倉，1997；Hartman, 1994）．

$$S_0(1-\rho_p)\pi r_e^2 = 4\pi r_e^2 \varepsilon\sigma T_e^4 \tag{1.1}$$

ここで S_0 は太陽定数 (1372 ± 4 W/m^2)，ρ_p は惑星アルベド (0.30 ± 0.01)，σ ($= 5.6710$ W/(m^2 K^4)) はステファン・ボルツマン定数 (Stefan・Boltzman constant)，ε は射出率．$\varepsilon = 1.0$ とおくと，裸の地球の温度は次式で与えられる．

$$T_e = [(S_0/4)(1-\rho_p)/\sigma]^{1/4} = 255 \text{ K} = -18 \text{ ℃} \tag{1.2}$$

その結果を現在の地球の温度と一緒に示すと下のようになる．

裸の地球の温度 (T_e) = -18 ℃，現在地球の温度 (T_a) = $+15$ ℃

この比較は，現在の太陽放射の強さでも大気のない裸の地球の表面付近の温度が -18 ℃ になり，地球は氷結状態になり生物群は生存できないことを示している．一方，濃密大気に包まれた現在の地球の温度は，裸の地球より 33 ℃ も高くなり，$+15$ ℃ に維持されている．この 33 ℃ の温度上昇が地球を生命の惑星にしている地球大気の温室効果である．

1.1.2 温室効果のメカニズム

地球を包む濃密大気は，地球自体の 46 億年の進化過程とその上での生物群の約 40 億年の進化過程との相互作用によって作り出された（Budyko et al., 1989）．その化学的組成は相互作用の進みを反映して，また宇宙からの小惑星の落下などによって大小の振幅と周期で変化し，幾度となく地球気候の破局的劣化をもたらした（Budyko et al., 1988）．現在，地球を包んでいる大気は，表 1.1 のように大別して二つの成分－準定常成分と変動成分－からなっている．

準定常成分は，場所・高さ・季節でほとんど変化せず，ほぼある一定値を示すガス類で，地球大気の大部分 (99％) を占めている．一方，変動成分の含有量はごく僅かであるが，それらの濃度は場所・高さ・季節・人間活動などによって大幅に変化する．準定常成分－窒素・酸素・アルゴン・ネオンなどは，可視域 (0.4～0.8 μm) にエネルギーのほとん

表 1.1　大気を構成するガス

ガス	分子量	容積比 (％)
準定常成分		
窒素 (N_2)	28.02	78.11
酸素 (O_2)	31.99	20.95
アルゴン (Ar)	39.94	0.93
ネオン (Ne)	20.18	18.2×10^{-4}
ヘリウム (He)	4.00	5.2×10^{-4}
クリプトン (Kr)	83.80	1.1×10^{-4}
キセノン (Xe)	131.3	0.09×10^{-4}
熱力学的にアクティブな変動成分 *		
水蒸気 (H_2O)	18.00	0～7
二酸化炭素 (CO_2)	44.00	平均 0.036
メタン (CH_4)	16.04	0.00017
一酸化二窒素 (N_2O)	44.02	0.5×10^{-4}
オゾン (O_3)	47.99	平均 4×10^{-4}
フロン類	－	$2.8 \sim 4.8 \times 10^{-8}$

* 温室効果ガス

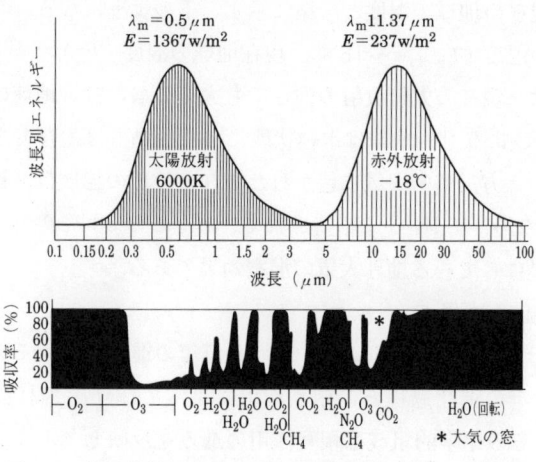

図 1.2 太陽放射と赤外放射の波長別エネルギー分布と大気層の放射吸収率の波長別分布（Goody, 1965 より）

λ_m：最大エネルギー波長，E：エネルギー流束，吸収率の横軸の化学記号（O_2，CO_2 など）はそれらの波長域での放射・吸収を支配しているガス類を示す．

どが分布している太陽放射および波長 3.0 μm 以上の赤外放射をよく透過させる．これに反して，変動成分－水蒸気・二酸化炭素・メタン・一酸化二窒素・フロン類は，地球の放射エネルギー収支に関係している地球から宇宙への外向きの赤外放射を強く吸収し，その温度に応じて再び放出するという特別な能力（熱力学的にアクティブという）を持っている．その様子が図 1.2 に示されている．図から，太陽エネルギーは濃密な大気層をよく透過して地球表面へ入射するが，地球表面の放出する赤外放射は地球大気中の変動成分によって効率的に吸収されることが分かる．太陽からの放射域と地球表面からの放射域との間での地球大気の透過率の違いが，大気の温室効果の原因である．それゆえ，地球大気の温室効果をもたらす水蒸気・二酸化炭素・メタンなどは温室効果ガス（greenhouse effect gas）とよばれている．

これらの温室効果ガスによって，先に説明した＋33℃の大気の温室効果がもたらされている．この温室効果への各ガスの寄与が表 1.2 に示されてい

表1.2 大気中の温室効果ガスの効果比率（Michell, 1989）

温室効果ガス	容積比（ppmv*）	赤外放射の強さ（W/m^2）
水蒸気	0～3000	～100
二酸化炭素	350	50
メタン	1.7	1.7
一酸化二窒素	0.3	1.3
オゾン	30×10^{-3}	1.3
フロン（CFC-11）	0.22×10^{-3}	0.06
フロン（CFC-12）	0.38×10^{-3}	0.12

*ppmは100万分の1

る．大気中の温室効果ガスのため，地表面は大気層から154.48 W/m^{2}の赤外放射を余分に受け取っている．この追加の赤外放射量（放射強制力ともいう）が温暖化の原因である．それへの各ガスの寄与をみると表1.2のように，水蒸気が約2/3を，二酸化炭素がほぼ1/3を分担し，二つのガスで97％を占めている．メタン以下の温室効果ガスは将来大きな役割を演ずると予想されているが，現時点では地球大気の温室効果への寄与はまだ小さい．

現在，地球気候の人為的温暖化に関連して，二酸化炭素以下の温室効果ガスの濃度上昇へ大きな注目が払われているが，水蒸気の濃度変化は考慮されていない．これは，大気中の水蒸気濃度は温度の関数で，二酸化炭素以下の温室効果ガスのように独立的に変化するガスではないためである．すなわち，二酸化炭素以下のガス濃度の変化に応じて気温が決まり，それに続いて水蒸気濃度，したがって温室効果の強さが変化する．

1.1.3 大気温室効果を強める人間活動

人類は約五百万年前にチンパンジー群から枝分かれした．それ以来長く猿人や原人として生態系の恵みにすがって生きてきた．しかし，その優れた大脳皮質の能力を利用して，各種の石器・土器等を発明し，自然の仕組みを解明し，地球上の資源を生活条件の向上に活用し始めた．なかでも18世紀後半からヨーロッパで始まった第一次産業革命そして20世紀半ばにアメリカで誕生し，いま現在世界中に広がっている第二次産業革命は，化石エネルギーの大量利用を基礎とする科学技術文明を築きあげた．そして，化石エネ

表1.3 世界と日本の一次エネルギー使用量（億 t 石油 / 年）

(省エネセンター, 1997)

	石炭	石油	天然ガス	原子力	水力	総計
世界	22.12	32.29	18.87	5.93	2.19	81.36
日本	0.78	2.69	0.51	0.70	0.13	4.82

ルギーなしには人類はもはや生存できない状態になっている．

化石エネルギーの大量使用は，まず石炭の大量採掘・使用から約200年前に始まったが，今世紀半ば以降固体燃料から流体燃料へのエネルギー革命を契機として爆発的に増大している．1990年代初めの世界と日本のエネルギー使用量が表1.3に示されている．先進国を中心として人類は，現在石油換算で約81億tのエネルギーを毎年利用している．これは約70億tの炭素量に相当する．また，人口約1.25億人の日本は石油換算で約4.8億tのエネルギー（炭素換算で約3.6億t）を毎年使用している．これらの化石エネルギーは最終的には二酸化炭素として大気中へ放出される．

二酸化炭素/炭素＝3.66 を利用すると，世界と日本の化石エネルギー利用によって大気中へ放出される二酸化炭素量は次のように推定される．

世界の二酸化炭素放出量＝256.2億 t/年

日本の二酸化炭素放出量＝13.2億 t/年

日本は世界放出量の約5％を担っている．最近の推測によると，放出された二酸化炭素量の約55％が大気中に残留しており，このため大気の二酸化炭素濃度は毎年1.0〜1.5 ppmv 上昇している．残り45％は海洋と中緯度帯の森林によって吸収されていると考えられている．森林帯による炭素の吸収・固定量は，高二酸化炭素大気の肥料効果および窒素酸化物の降下量の増加により増えていると予想されているが，詳細は研究中である．

化石エネルギーの使用は，その他の温室効果ガス−メタン・一酸化二窒素・フロン類等−の大気中への放出量も増加させている．とくにメタンの放出量は，化石燃料の採掘増加，水田面積の増加，反芻家畜の増加，埋設生ゴミの増加などのため増大の一途を辿っている．IPCC (Intergovernmental Panel on Climate Change) によると (Houghton et al., 1996)，1980〜1990間の平

均放出量は5.35億t/年(湿地等からの自然的放出：20％：人為的源からの放出：80％)で，大気中のメタン濃度は約0.01 ppmv/年の速度で上昇し続けている．温暖化の進行につれ湿地等での微生物活性が高まるので，メタン放出量は今後さらに増加すると予想されている．この他，濃度上昇が心配されるのは一酸化二窒素である．窒素肥料は食糧増産の鍵で，21世紀の世界人口を扶養するには食糧増産が欠かせない．粗い推定によると，来世紀半ばには肥料使用量は現在の2～3倍になる．施用した窒素肥料の1～3％が一酸化二窒素として大気中へ放出されるので，強力な温室効果ガスである一酸化二窒素の大気中濃度は今後急増し，無視できない影響を気候温暖化に与えるだろう．

　以上のような人類の生産活動の結果，無限大の容器と思われていた地球大気の化学組成も，第一次産業革命以来変化を続け，その速度は次第に大きくなっている．南極氷床から採取した氷柱内の気泡分析データ・19世紀および20世紀前半の初歩的濃度分析データ・それ以降の最近の濃度観測データから

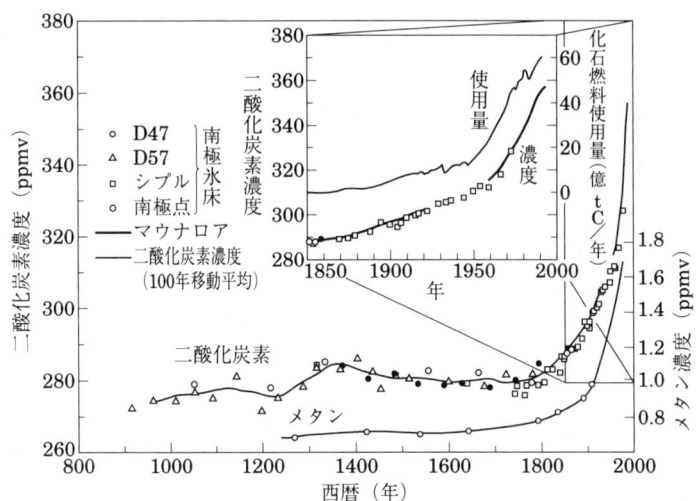

図1.3　過去1000年間における大気中の二酸化炭素・メタンの濃度の変化
(IPCC, 1996；気象庁, 1995より作成)
　　　メタン濃度は南極みずほ基地の氷床コアからの結果

作成した，ここ1000年間の大気組成変化が図1.3に示されている．1800年以前には，若干の変化はあるが二酸化炭素濃度は270〜280 ppmvに維持されてきた．しかし産業革命で化石燃料の大量使用が始まると，これに敏感に反応して上昇し始めた．その傾向は今世紀とくに1950年以降強まり，正に急上昇の勢いである．図内の囲み図はここ百年間の二酸化炭素濃度と化石燃料消費量の年次変化を示している．両者は並行的に上昇し，大気化学組成の変化が化石燃料の消費に起因することを明示している．メタン濃度も，第一次産業革命以前は0.07 ppmvという低レベルに六百年近く維持されてきたが，1800年を境として上昇し始め，現在産業革命前の濃度の約2.5倍の1.7 ppmvに達している．

これらの結果から，人類の生産活動は各種温室効果ガスの大気中への放出，したがって大気の温室効果を強め続けていると結論できる．現在より21世紀末にかけての大気中の各温室効果ガス量の増加は，二酸化炭素濃度の年率1％での増加に相当する勢いである．この勢いで濃度が上昇すると，百年後の大気中の二酸化炭素量は現在値の2.7倍になる．

1.1.4 地球温暖化の現状と予想

すでに説明したように，気温・気圧を主とする地上気象観測が始まったのは，前世紀の半ばすぎの1860年代である．それ以降多くの地点で観測が行われるようになり，現在気象観測網は地球のほとんどをカバーしている．それらの資料は，現在の地球気候の把握だけでなく，ここ約150年間の地球気候の時代的変化を明らかにするのにも極めて有効である．ここ約150年間の地球平均気温と日本の平均気温の年代変化が，世界人口と二酸化炭素濃度の変化と一緒に図1.4に示されている．

図からわかるように，地球平均気温は上下に変動しながらも，150年前より約0.6℃温暖化している．この温暖化は大気中の二酸化炭素濃度の上昇と密接に関係していることが分かる．この温暖化過程のなかに，1920年以前の低温期・1920〜1940年代の顕著な昇温期・1940〜1970年代の停滞期・1980年代以降の顕著な昇温期を認めることができる（内嶋，1996）．第一の低温期は大規模火山噴火の頻発した小氷期の末期に相当している．第二の顕著な

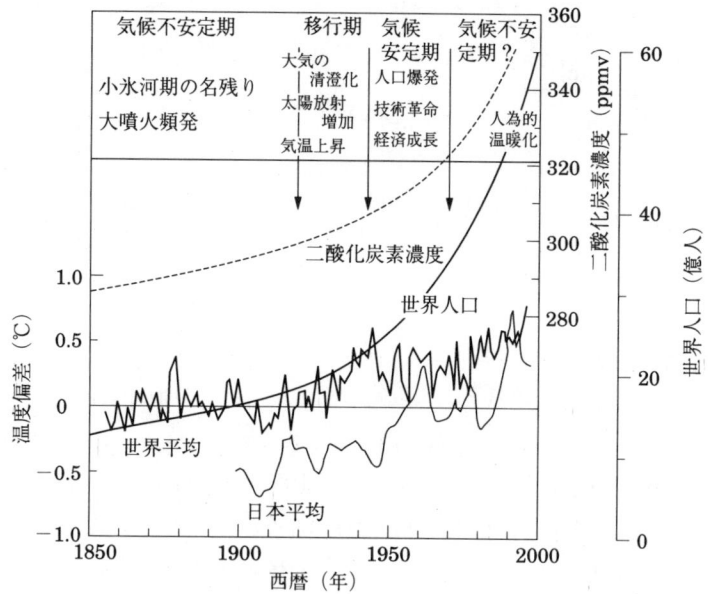

図 1.4 最近 150 年間における地球平均気温・日本平均気温・大気中 CO_2 濃度および世界人口の変化（気象庁資料，1995；内嶋，1996 より作成）

昇温期は火山活動の鎮静化による大気とくに成層圏の清澄化→太陽放射の入射量増加のためである（Budyko, 1973）．第三の停滞期の原因としてコンドラチエフは，1945〜1979 年間に実施された 441 回の大気圏核実験による成層圏汚染（窒素酸化物→硝酸エアロゾル雲による太陽光の反射・散乱）を挙げている．大気圏核実験の禁止後，すなわち第四の顕著昇温期に入ると地球平均温度は急上昇を始め，多くの地点で今世紀の最高気温が続出している．温度変化の波はやや遅れているが，わが国の平均気温も 1940 年代以降，昇温期・停滞期・昇温期と世界の動きと同様な経過を示している．そして，ここ百年間に約 0.8 °C 温暖化している．この温暖化がいつまで続くのか，どれほどの大きさになるのかは，地球上に生きるすべての生物群そして人類社会にとって極めて重要な問題である．しかも，それらはすべて人間活動すなわち化石エネルギーの使用を基礎とする経済活動の拡大と世界人口の増加に原因

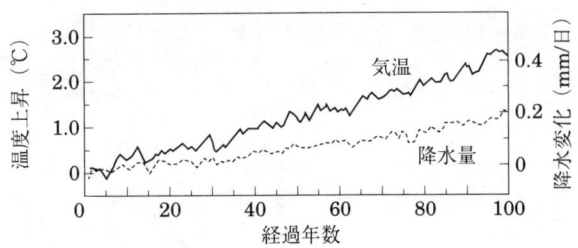

図1.5 CO₂濃度上昇（1 % / 年）による気温・降水量の変化予想（気象庁，1996）

している．気象研究所の海洋－大気結合モデルを，大気中の二酸化炭素濃度が年率1 %で増え続けるという仮定で動かしたときの地球気候の変化予想が，図1.5に示されている．温度・降水量ともに年々変動しながら年数の経過につれて次第に上昇している．50年後と100年後には地球は，現在より約1.3 ℃ そして約2.5 ℃ 温暖化する可能性がある．

この温暖化速度は，過去1.0～1.5万年の後氷期の温暖化速度（0.0033～0.005 ℃/10年）の数十倍である．後氷期の温暖化は自然植生帯の分布と生産力，したがって多くの野生動物の分布そして縄文人の生活・社会に顕著な影響を与えたことが知られている．それゆえ，今後予想される人為的な地球温暖化は深刻な影響を自然生態系・管理生態系そして人類社会へ与えるだろう．

降水状態（降雨・降雪の時間的・地理的分布，降水間隔，降水強度など）や蒸発散強度の変化などの気候モデルによる予想は，温度状態の予想より精度が低いといわれている．

気象研究所のモデルによると，温暖化により百年後，降水量は地球平均で約73 mm（地球平均降水量の約7.5 %）増加する．温暖化につれて短時間集中のシャワー型の雨が多くなり，雨の利用効率は低下すると予想されている．また，温暖化により植物・地面からの蒸発散量が増加して土壌水分の不足が激化し，干ばつが発生しやすくなると心配されている．

1.2 自然植生への温暖化の影響

　気候の変化によって周辺の植生（自然植生）の分布と生産力が大きく変化したことは，化石花粉分析によって詳細に研究されている（Woodward, 1993, Bailey, 1995 ; 林, 1990）. そのような変化は植生にとどまらず，多くの従属栄養生物群の分布と多様性にも，また人類社会にも影響を与えた. それは，植生の生産する生存エネルギーの量と季節変化が，その地域の生態系の ① スケール，② 活動度そして ③ 多様性を決定しているためである. この原則は，地球規模の食糧輸送網が完成されるまでは，人類社会にもそのまま当てはまっていた. それゆえ，今後予想される人為的な気候温暖化にともなう植生気候帯の移動によって引き起こされる自然植生の分布と生産力の変化は，重大な影響を生態系と人類社会に与えるだろう（Rosenzwig & Parry, 1994 ; Wittwer, 1995）.

1.2.1 自然植生帯と気候条件

　地球へ入射する太陽エネルギーは緯度によって大幅に変化する. また大陸と海洋の分布も変化している. これらの変化と地球の自転・公転との相互作用によって，地球上の気候条件は緯度・経度によって変化している. 約4～3億年前に陸上へ進出した植物群は，多様な進化をとげ「この条件にこの生存様式」とよべるほどに，その形態と生理活動を進化させて現在に至っている. そしてそれぞれの気候条件・土壌条件に適した植物群がある空間的なまとまりで分布している. この空間的なまとまりは植生の群系とよばれている.

　この植物群のまとまり－群系の地理的な分布を気候条件との関連で明らかにする研究は，今世紀の初めから行なわれていた. そして植生の発達との関連で気候を研究する植生気候学では，植物の成長を著しく規制する温度資源と水分資源とを評価するため複合気候指標が広く用いられている. その例を示すと次のようである.

　温度資源：暖かさ指数（WI），寒さ指数（CI），有効積算気温（ETS），
　　　　　　生物温度（BT），年平均温度（T_a），最暖月気温（T_w），
　　　　　　最寒月気温（T_c），年間純放射（Rn_a）

水分資源：蒸発散能（PET），蒸発能（PE），実蒸発散（AET），
実蒸発（AE），乾湿指数（K），年間降水量（r_a），
蒸発欠差（ΔE），放射乾燥度（RDI）

例えば，野上・大場（1991）は暖かさ指数を多雨な日本の自然植生帯の地理的分布の研究に利用している．彼らが提示した暖かさ指数と日本の植生帯との関係が図 1.6 に示されている．

Emanuel *et al.*（1985）は，気候温暖化による植生帯の移動の研究に，Holdridge の植生気候分類方式を利用している．彼の方式による植生帯の分類例が図 1.7 に示されている．図から分かるように，温度資源（生物温度）と水分資源（蒸発散能比，年間降水量）とから，植生気候を細かに分類している．ここで蒸発散能比は，年間蒸発散能への年間雨量の比を示す．生物温度は 0 度以上の月平均気温の年積算値の 1/12 で，積算温度の一種である．こ

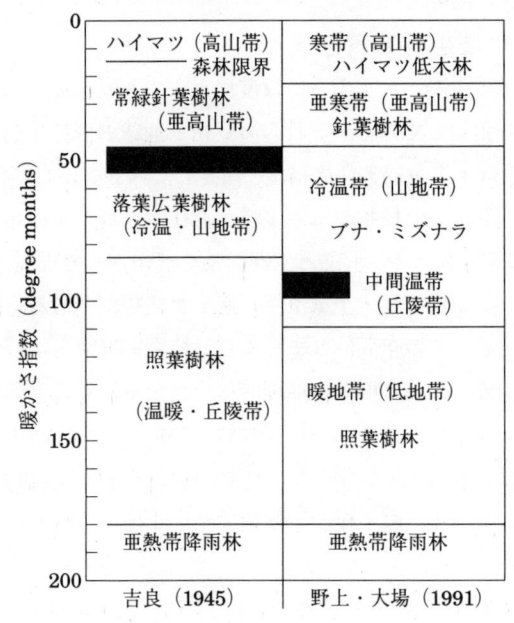

図 1.6 日本の植生帯分布と暖かさ指数（WI）との関係（野上・大場，1991；吉良，1945 より作成）

1.2 自然植生への温暖化の影響

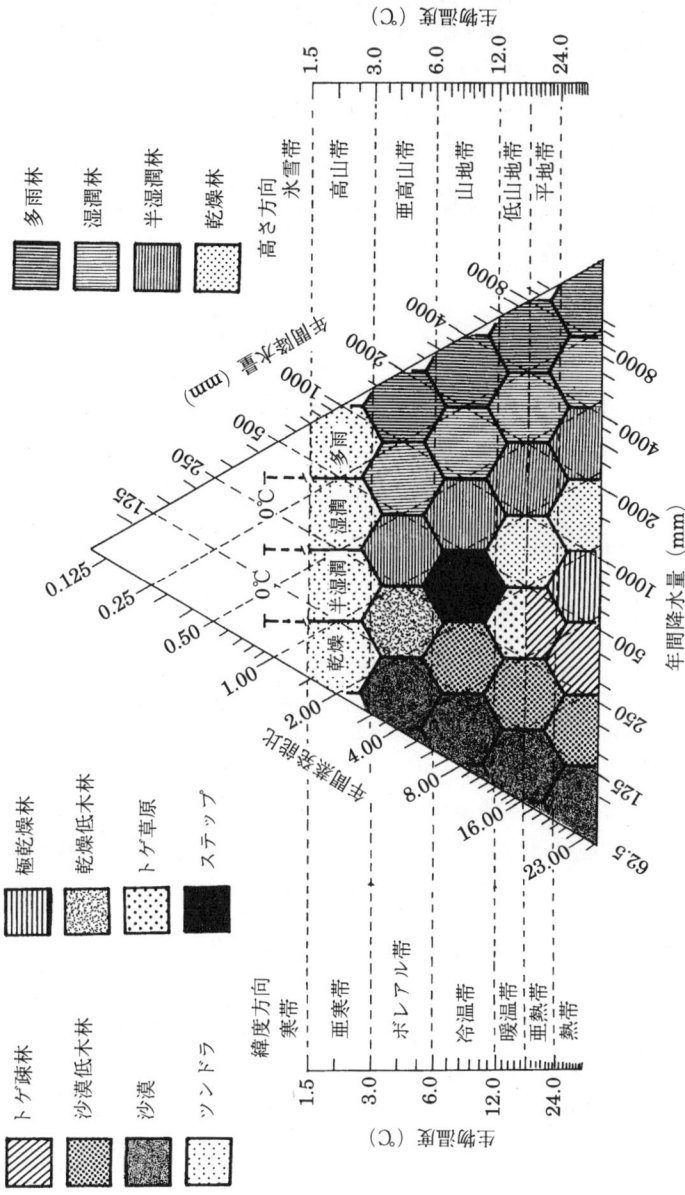

図1.7 Holdridgeの植生分類図(Holdridge, 1947 より内嶋作成)

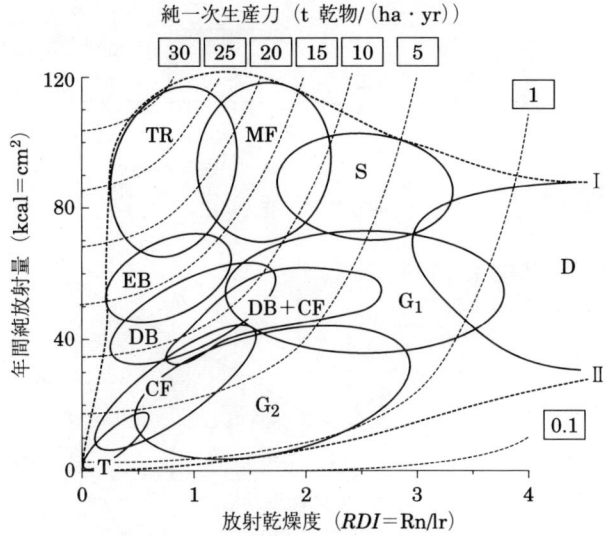

図 1.8 環境因子-植生分布-純一次生産力のグラフィックモデル (Ohta *et al*., 1993 より作成)
TR:熱帯・亜熱帯雨林, MF:モンスーン林, S:サバンナ, EB:常緑広葉樹林, DB:落葉広葉樹林, DB+CF:落葉広葉樹-針葉樹混交林, CF:針葉樹林, G_1:暖温帯草原, G_2:冷温帯草原(ステップ), T:ツンドラ, D:半砂漠-砂漠, I, II:各気候帯での年間純放射量の上限と下限

の他,年間純放射と放射乾燥度を説明変数として,自然植生の純一次生産力と植生タイプの分布を予想するモデルも提示され,利用されている(内嶋・清野, 1987 : Ohta *et al*., 1993). 気候条件,植生分布,純一次生産力を結び付けるグラフモデルが図 1.8 に示されている. 以上の説明から,陸上生態系を支える陸上植生のタイプと生産力は,自然条件なかでも気候資源の分布に密接に関係し,その地理的変化に応じて著しく変化することがわかる. それゆえ,人為的な気候温暖化の進みにつれて気候帯の移動が生ずると,陸上植生帯の移動すなわち植生タイプと生産力との地理的分布も大幅に変化するだろう.

1.2.2 自然植生の分布と生産力への温暖化の影響

図 1.6,1.7 から分かるように,自然植生の主要構成員である樹木種は,それぞれ固有の気候適域を持っている.この固有適域と地域気候条件との適合度によって,また周辺植物群との競合を通じて,各植生帯の地理的分布と高度分布とが決まっている.いま,わが国の森林帯の主な構成樹種の気候的適域のスペクトルを示すと図 1.9 のようになる.寒さに強いハイマツ (*Pinus pumila*) は,暖かさ指数 23 ℃月を中心に分布している.暖かさ指数の増加につれて,より温暖な気候を好む樹種が分布するようになり,$WI > 100$ ℃月の地域には照葉樹林の主な構成種であるカシ・シイ類 (*Quercus acuta, Quercus gilva, Castanopsis cuspidata*) が分布している.

各樹種の気候的適域を定めている暖かさ指数が,気候温暖化によってどの程度変化するかを知るため,気象研究所の海洋-大気結合モデルからのシナリオ (CO_2 濃度上昇:年率 1 %,100 年経過,地球平均気温上昇 2.5 ℃) を使用した.それによると,東アジア域で次の関係がえられた.

$$WI_W = 23.0 + 1.025\,WI_N \tag{1.3}$$

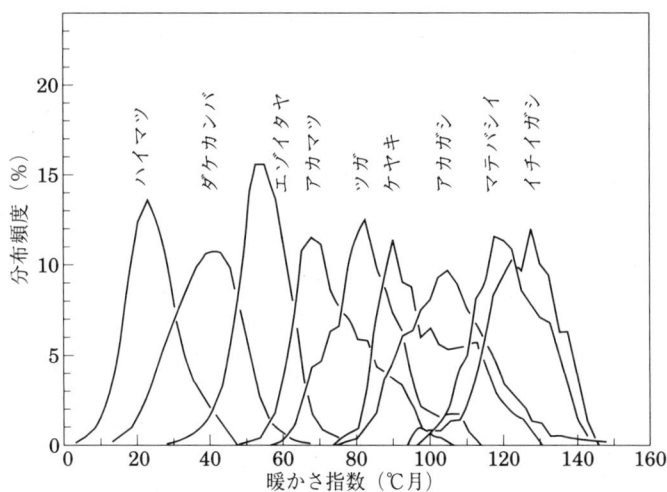

図 1.9 日本の主要樹種の分布スペクトル(環境庁・緑の国勢調査資料より)(野上・大場,1991 より作成)

ここで，WI_W と WI_N は温暖化気候と現在気候での暖かさ指数（℃月）．これから，二酸化炭素倍増による温暖化により冷涼地域（$WI_N < 50$ ℃月）では約50 %，温暖な中緯度地域（$WI_N \fallingdotseq 150$ ℃月）では約25 %，そして亜熱帯・熱帯域（> 200 ℃月）では約10 %，暖かさ指数が増大すると予想される．このような暖かさ指数の増大は，植生帯の移動を引き起こすだろう．植生帯の移動が各樹種の気候適応の移動だけによって生ずると仮定して，二酸化炭素濃度の倍増による温暖化に基づく日本の植生帯の移動を予想した結果が図1.10 に示されている．

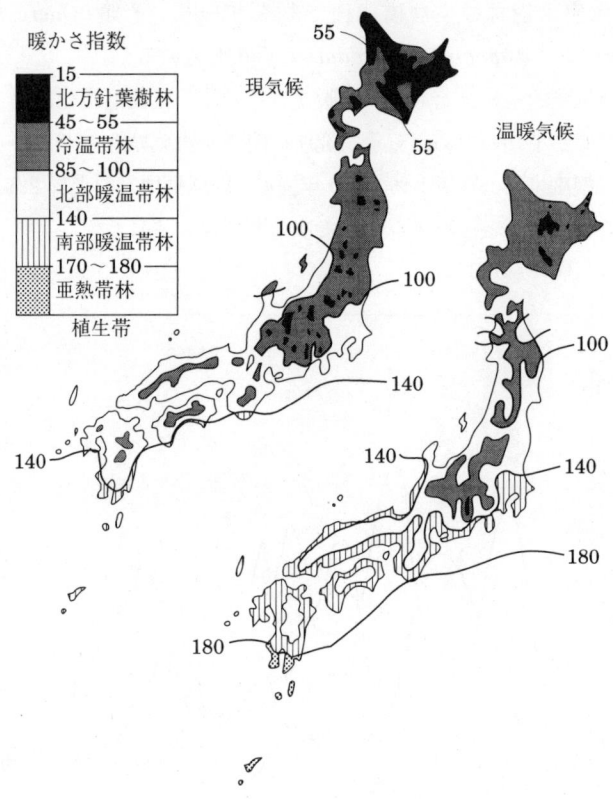

図1.10　日本の植生帯分布への気候温暖化の影響（Uchijima et al., 1992）

図にみられるように，現気候下では北海道の中央部を南北に走る $WI = 55$ 度線は，温暖化により消失し，北海道は山岳地を除いてすべて落葉広葉樹林帯になる．現在，落葉広葉樹林帯と北部暖温帯林とを分ける $WI = 100$ 度線は，関東・中部の山麓をめぐって日本海岸へ伸びているが，温暖化で東北地方の北部まで北上することが予想される．そのあとには南部暖温帯林の北限を示す $WI = 140$ 度線が北上し，関東平野は南部暖温帯林域となり，現在九州南部にある常緑広葉樹林が茂る可能性が高い．そして，九州南部には，ヒルギなどの亜熱帯樹種が繁茂できる気候が出現するようになる．このように気候条件だけを考えると，わが国の主な植生帯が，温暖化によって大幅に北上できるようになる．同様な研究が世界規模でも行なわれている．その一つの結果が，表1.4に示されている．温暖化により，シベリアからカナダをへて周極的に分布し，陸上植生のなかで大きな役割を担っている北方針葉樹林（ボレアル林）は著しく衰退する．反対に熱帯林の生育できる気候域は，現在の約2倍に増すと予想されている．

表1.4 陸上植生の構成（%）への $2 \times CO_2$ 温暖化の影響
(Emanuel et al., 1985より)

植生帯	現在気候	温暖化気候
熱帯林	25	40
亜熱帯林	16	14
暖温帯林	21	25
冷温帯林	15	20
ボレアル林	23	< 1

表1.5 陸上植生のポテンシャル純一次生産量（億t乾物/年）への二酸化炭素濃度と気候温暖化の影響（Melillo et al., 1993より）

	現在気候	GFDLシナリオ	GISSシナリオ	OSUシナリオ
A : 312.5 ppmv	1133	1136	1144	1107
B : 625.0 ppmv	1318	1429	1427	1360
B / A	1.163	1.258	1.247	1.229

GFDL：地球流体力学研究所モデル，GISS：ゴッダード宇宙科学研究所モデル，OSU：オレゴン州立大学モデル．
この計算では約15億haの耕地の生産は無視されている．

このような植生気候帯の移動，すなわち各植生帯面積の変化は純一次生産力の変化をもたらす．自然植生を構成する各樹種が気候帯の移動に従って北上すると仮定して得られた結果が，表1.5に示されている．大気中の高い二酸化炭素濃度の肥料効果と温暖化の効果を考えると，純一次生産量は潜在的には20〜25％増える可能性がある．二酸化炭素濃度の倍増による温暖化を想定して得た日本の植生帯北上（図1.10参照）によって，自然植生の潜在純一次生産量は北日本で約16％，東日本で約6％，西日本で約7％，日本全域平均で約9％増加すると報告されている（Uchijima & Seino, 1988）．

以上のような結果は，各植生帯の各植物種が気候温暖化による植生気候帯の移動に追随して，同じ速度で移動できるという仮定に基づいている．しかし，温暖化に伴う気候帯の移動速度は，中緯度帯では40〜60 km/10年になると予想されている（Uchijima et al., 1992）．一方，化石花粉分析から，後氷期の自然的な気候温暖化による樹種の移動速度は，表1.6のようにマツ・カエデなど風でよく飛散する種子を持つ樹種をのぞいて，植生気候帯の予想移動速度のほぼ1/10にすぎないことが知られている．表1.6の樹種移動速度が近未来の気候温暖化に適用できるかについては疑問が残るが，多くの樹種が気候帯の移動に追随できず，不良気候環境にさらされるだろう．それゆえ，高 CO_2 大気の肥料効果・窒素酸化物の沈着・生育期間の拡大などによる純一次生産力の増大はあまり期待できず，逆に不良環境による生育の遅れ・乱れが発生し，森林が衰退するという予想も出されている．

表1.6 後氷期1.5〜1.0万年間におけるヨーロッパの主な樹種の移動速度（Huntley & Birks, 1983より作成）

樹種	移動速度（km/10年）
モミ類	0.4〜3
マツ	15
トウヒ	0.8〜5
カエデ	5〜10
コナラ	2〜3
クリ	2〜3
クルミ	4
ブナ	2〜3
シナノキ	0.5〜5

1.3 農業生産への影響

 約1.0～0.8万年前,農耕/農業は各地の環境条件に適応して生育している植物群の管理・利用から始まった.それゆえ,農業は生まれながらにして風土産業で,適地適作が生産の向上・安定化の鍵である.過去20～30年間の平均気象をもとに,栽培作物や栽培法が選ばれ,利用されている.しかし地球上の気候は地理的にも時間的にも変化するのが常で,現在より1～2℃温暖であったヴァイキング時代(8～10世紀)および1～2℃寒冷であった小氷期(17～19世紀)には,世界とくに中緯度以北の農業は著しい影響をうけ,作物栽培帯が緯度にして3～5度南北に移動したことが知られている(Parry, 1991).このことは,来世紀に進行する人為的な気候温暖化が作物栽培帯の大きな南北移動と高地への移動をもたらすことを示している.21世紀半ばにおける約百億人の世界人口を考えると,予想される作物栽培帯の移動に伴う農業生産の乱れは,計り知れない影響を社会へ与えるだろう.

1.3.1 作物栽培帯の移動

 よく生育し高い収量を形成できる環境条件とくに温度条件は,作物の種類と品種で大幅に異なる.作物生産の観点から各地域の温度条件を評価するのに有効積算気温(ETS)が広く使用されている.これは次式で与えられる.

$$ETS = \sum T_i \qquad (1.4)$$

ここで,T_i は日平均気温,温度の積算は $T_i \geq 10℃$ の期間について行なう.主な作物の栽培期間の有効積算気温が図1.11に示されている.温度資源の豊かさ(ETS)の増加につれて,栽培できる作物種が次々と変化し地球上の温度資源を効果的に利用していることが分かる.東アジアの主作物－イネは $ETS > 2{,}500℃$ 日の資源量で栽培でき,5000℃日以上の地域では稲の2期作が可能である.麦類はより低温($1{,}000 < ETS < 2{,}000℃$ 日)な冷涼地帯または冷涼期間に栽培される.多くの亜熱帯・熱帯作物はより多くの温度資源を必要とし,約7,000℃日以上の ETS を持つ地域で一般に栽培されている.

 現気候下でのアジア地域の ETS 分布が図1.12に示されている.温度資源

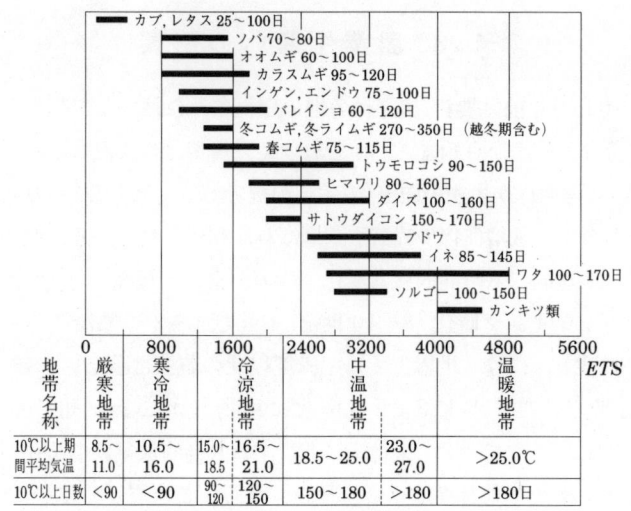

図1.11 作物の温度適域（USDA，1975より作成）

的には北緯65度近くまでオオムギ・カラスムギが栽培可能であるが，日平均気温10℃以上の期間が短いために登熟がむずかしい．それゆえ，麦作安定域の北限は北緯60度付近にある．稲作北限を示す $ETS = 2,500$ ℃日線は，北海道中部を東西に横切り日本海をわたり朝鮮半島の日本海側北部に達し，中国東北地方へと張り出したあと西へと走っている．稲の2期作可能域は，九州南部から中国の長江以南を占めている．

地球気候の人為的な温暖化の進みにより，21世紀末には地球平均気温は約2.5℃上昇すると予想されている．この予想下での ETS −分布を評価した結果が図1.12に括弧内数値として示されている．温暖化によりシベリア平原のかなりの部分が温度的には作物栽培が可能になるが，痩せたポドソルを改良して肥沃な生産地帯に仕上げるには莫大な投資・優れた農業技術・長い時間が必要である．温暖条件では，現在気候下での $ETS = 4,000$ ℃日の地域（日本の東北中部から中国の華北平原地域まで）まで稲の2期作が可能になってくる．これにつれ，より温度資源を必要とする多収な一代雑種稲の栽培域も，現在の中国華南から華中域へと広がってくるだろう．一方，温度的

1.3 農業生産への影響

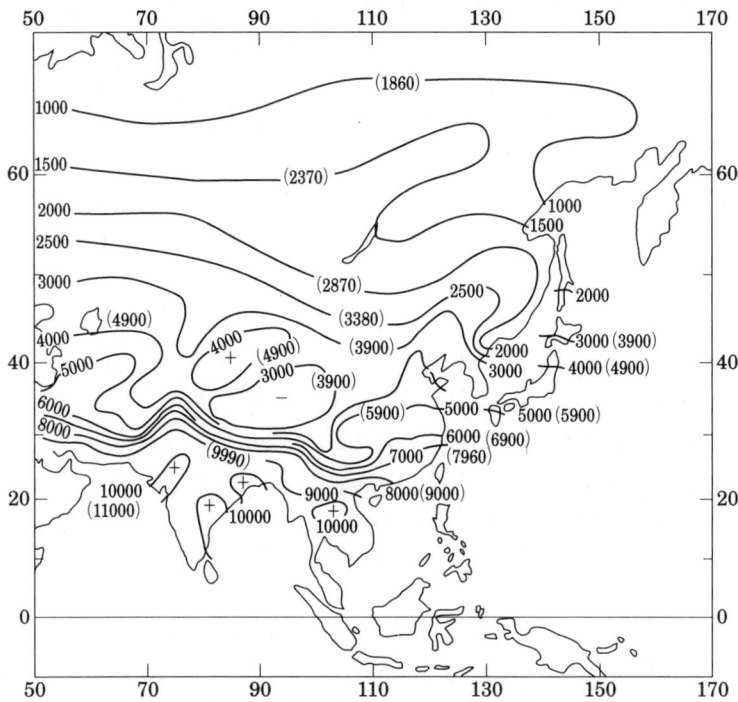

図1.12 東アジアにおける有効積算気温の分布と温暖化の影響（崔，1993に内嶋加筆）
裸数字は現在の，（ ）内数字は温暖化時（100年後）の有効積算温度を示す．

に麦の栽培南限域のインドでは2～3℃の温度上昇で麦品種の多くが栽培不可能になる（Parry，1991）．

一般に農業生産帯および関連技術システムは過去20～30年間の平均的な気象場に適応するように組み立てられるので，上記のような急激な気象場の変化は世界各地の農業生産へ大きな混乱を与えるだろう．人為的な気候温暖化は，平均気象場の変化だけではなく，異常気象（異常高温・低温，異常多雨・少雨など）の発生頻度を増大させ，また極値の強まりをもたらす．例えば，アメリカ大平原のコーンベルト（アイオワ州）では1.7℃の温暖化で熱波日（日最高気温35℃以上，連続5日以上）の発生確率が3倍になると報告され

ている．このような異常高温は，夏作物の開花・受精を著しく妨げるだけでなく，多くの家禽・家畜類の生理異常と生産低下そして熱死を多発させる．また，体温調節機能の弱い若・高齢者に強いヒートストレスを与え，熱中症を多発させる（安藤，1996）．

1.3.2 作物の光合成・蒸散への高CO_2大気の影響

植物は光合成産物を基礎として成長するため，体内の水分状態をある好適域に維持しなければならない．このため植物は，葉の気孔を通じて二酸化炭素を吸収すると同時に，気孔から多くの水を失っている．多くの光合成産物を生産しよく成長するには，植物は多量の水を根系を通して土壌から吸収しなければならない．このことは，植物の光合成活動と蒸散活動とのあいだに密接な関係，すなわち植物は葉面の気孔を介して二酸化炭素と水蒸気を交換していることを示している．葉面の蒸散速度（E_t，$gH_2O/m^2 s$）と純光合成速度（P_n，$gCO_2/m^2 s$）はそれぞれ次のように表わされる（Loomis & Conner，1995）．

$$E_t = A(e_s - e_a)/(r_b + r_l) \tag{1.5}$$
$$P_n = (C_a - C_c)/(r'_b + r'_l + r'_m) \tag{1.6}$$

ここで，e_s と e_a とは葉温度（T_f，℃）での飽和水蒸気圧と大気の水蒸気圧（hPa），$A(=217/(T_f+273))$ は水蒸気圧から絶対湿度（gH_2O/m^3）への換算係数，r_b と r_l とは葉面境界層抵抗と気孔抵抗（s/m），C_a と C_c は大気中と葉緑体中の CO_2 濃度（gH_2O/m^3），r'_b，r'_l，r'_m は CO_2 への境界層抵抗，気孔抵抗および葉肉抵抗（s/m^2）．

葉内外での水蒸気・二酸化炭素の交換を左右する拡散抵抗の大きさは，葉面に存在する気孔の開き方に密接に関係している．気孔の開きは大気中の CO_2 濃度に関係し，一般に濃度上昇に連れて気孔は閉じてくる．その様子が図1.13に示されている．代表的な作物－イネ・トウモロコシ－の間で，光合成と蒸散の CO_2－濃度への応答が著しく違っている．光合成の初期産物が C_3－有機酸（PGA，3－phosphoglyceric acid）である C_3 植物－イネでは光合成は二酸化炭素の上昇につれ急激に増大し，明瞭な飽和現象を示さない．また蒸散速度の減少は僅かである．一方，初期産物が C_4－有機酸（オキシロ

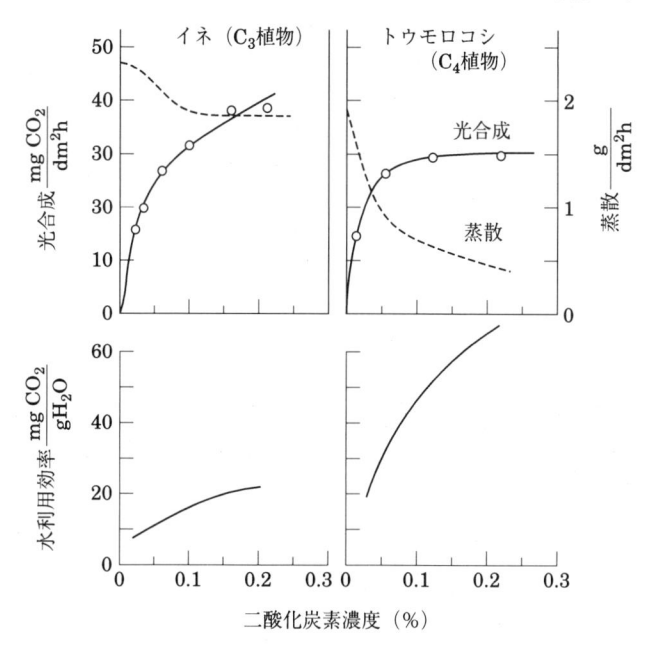

図 1.13 作物の葉の光合成速度と蒸散速度の二酸化炭素濃度による変化（秋田，1980）

酢酸など）である C_4 植物－トウモロコシでは，光合成速度は二酸化炭素濃度の上昇につれすぐに飽和し，いわゆる高二酸化炭素濃度の肥料効果は弱い．蒸散速度の急減から推測されるように，これは葉面の気孔の閉じ方がトウモロコシでより急激で，気孔拡散抵抗が急増するためである．このため，単位蒸散量当たりの光合成量を示す作物葉の水利用効率（WUE, water use efficiency）はトウモロコシで急増し，イネの葉ではかなり緩やかである．図の結果は個葉の実験であるが，ダイズ群落での実験（CO_2 濃度－330 ppmv →800 ppmv）でも，水利用効率が二酸化炭素濃度の増大により約2倍になることが報告されている（Arkley, 1982）．

1.3.3 作物の乾物生産と収量への高 CO_2 大気の影響

作物群落による乾物生産量（ΔW, $gCO_2/(m^2h)$ または kg 乾物/m^2 period）と葉層吸収日射量（R, $MJ/(m^2h)$ または $MJ/(m^2 period)$）との間

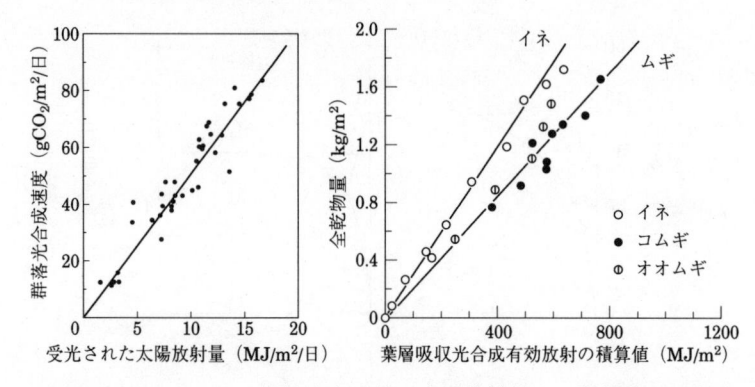

図1.14 左:ヒマワリの純光合成量と太陽放射量との関係(Loomis & Conner, 1995より)
右:葉層吸収太陽放射量と全乾物重との関係(堀江・桜谷, 1985より)

には,図1.14のように比例関係が知られている.これから次のような経験式が多くの研究者によって提出されている(Monteith, 1977).

$$\Delta W = \varepsilon R_0 \{1 - \exp(-kL)\}$$
$$W_T = \sum \Delta W \tag{1.7}$$
$$Y = h_0 W_T$$

ここで,ε は日射エネルギーの乾物または二酸化炭素量への変換効率(日射変換効率),R_0 は群落上の日射エネルギー,L と k は作物群落の葉面積指数と太陽光の消散係数,W_T は収穫直前の乾物総量(kg/m^2),Y は収量(kg/m^2),h_0 は好適条件での収穫係数.

多くの研究から日射変換効率は,作物種・葉群構造・日射強度などで変化するが,コムギ・トウモロコシ・ダイズなどで 1.2〜4.2 gCO_2/MJ,またコムギ・オオムギで 2.13,イネで 2.99 g 乾物 / MJ になることが知られている.1.3.2で説明したように,高 CO_2 大気は光合成活動を活発にし,乾物生産を促進する.これは作物群落の日射変換効率が二酸化炭素の濃度上昇につれて大きくなることを意味している.Horie(1993)は高 CO_2 大気中での稲栽培実験から,ε と濃度上昇度($\Delta C = C_a - C_0$)との間に次の経験式をえている.

$$\varepsilon = \varepsilon_0 [1 + \{(0.54\Delta C)/(370 + \Delta C)\}] \tag{1.8}$$

ここで，C_0 と C_a とは標準二酸化炭素濃度 (330ppmv) と高濃度大気中の二酸化炭素濃度 (ppmv)，ε_0 は標準二酸化炭素濃度下での日射変換効率．これは，日射変換効率が二酸化炭素濃度の上昇につれ双曲線的に大きくなり，$\Delta C = 300$ ppmv で約 1.25 倍になることを示している．すなわち，他の条件が一定なら，稲群落の乾物生産は CO_2 濃度倍増で 25％ 増加する．収穫係数 (h) が変化しないと仮定すると，収量 (Y) も大気中の CO_2 濃度の上昇につれ増加することが予想される．イネ・ダイズの収量への CO_2 濃度の影響実験の結果が図 1.15 に示されている．データのバラツキは大きいが，両作物の収量は二酸化炭素濃度の上昇につれて，ほぼ式 (1.8) で示される曲線に近い形で増加している．

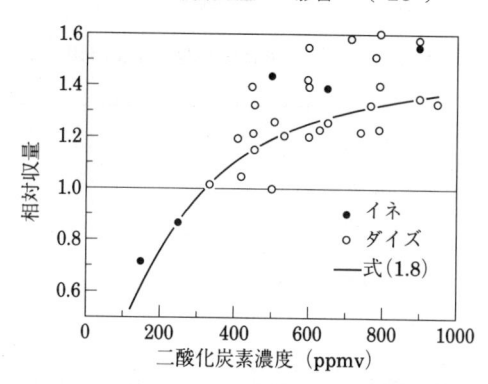

図 1.15　C_3 作物（イネ・ダイズ）の収量への大気中の CO_2 濃度の影響 (Baker & Allen, 1993 より内嶋作成) と式 (1.8) からの曲線

作物気象の研究から日射変換効率・収穫係数は栽培期間，とくに出穂・開花期の温度条件と土壌水分条件によって変化することが知られている．イネ・ダイズ・トウモロコシなどの夏作物は，日最高気温の高い夏季に開花・受粉するので，高温害の影響を受けやすい．日最高気温が 35 度をこえると受粉の失敗により，不稔種実が多発し減収すると報告されている (Satake & Yoshida, 1978)．すでに説明したように，気候温暖化は異常気象－熱波を多発させ，世界の作物生産へ大きな被害を与える可能性が高い．Horie (1993) は弱高温耐性稲品種（アキヒカリ）での実験から，収穫係数に関係の深い稲小穂の稔実率 (δ, %) と開花期の最高気温 (T_m, ℃) との間に下のような経験式をえいる．

$$\delta = 100/[1 + \exp\{0.853(T_m - 36.6)\}] \tag{1.9}$$

上式は，日最高気温が 35 度以上になると稔実率，したがって収穫係数が低

表1.7 二酸化炭素濃度倍増（330→660 ppmv）と作物の増収率
（Kimball, 1983 より作成）

作物	増収率（%）
ワタ	104
果菜類（キュウリ，ナス，ペッパー，トマト）	21
葉菜類（キャベツ，レタス，フェスタ）	19
マメ類（インゲン，エンドウ，ダイズ）	17
穀類（オオムギ，コメ，コムギ）	36
C_3 作物平均	26 ± 9

下し，減収することを示している．イネの高温耐性は品種で異なり，コシヒカリはアキヒカリより耐性が高い．とくに東南アジアのインデイカ系イネは日本のイネより高温耐性が強い（Satake & Yoshida, 1978）．

上の説明から分かるように，温度・水分・養分が好適な条件下では，多くの C_3 型作物の収量は二酸化炭素濃度の上昇につれ増加し，2倍濃度では20〜30 % の乾物生産と収量がえられる．表1.7は現在までの結果をまとめたものである．多くの C_3 作物種の平均として 26 ± 9 % の増収率が期待される．このような増収をうるには，窒素・リン酸肥料を十分与え，病害虫と雑草の被害を防止することが必要である．先進国ではそのような高度農業技術を使用できるが，発展途上国では使用が難しいので，高 CO_2 大気の肥料効果は期待できないといわれている．

1.3.4 雑草・病害・害虫への気候温暖化の影響

農薬の多用や遺伝子工学による作物改良により，有用作物の雑草・病害・害虫被害の防除は大きな効果を挙げているが，これらの有害生物群による食糧生産の被害は，現在でも無視できない．温暖化は植物・作物群のみならず有害生物群の活動の期間と地域とを広げ，農林業への被害をさらに強める可能性が高い．

雑草は作物群と日射エネルギー・水分・無機養分を競争的に利用しており，その繁茂は収量低下の重要な原因である．雑草による減収は，北アメリカで 11〜15 %，アジア・ヨーロッパ・南アメリカで 10〜20 %，旧ソ連地域で 15〜20 % と報告されている．世界の主要農業地域で問題になる雑草17種のう

ち13種はC_3作物耕地内のC_4雑草（タイヌビエ・メヒシバ・カヤツリグサ・イヌビエ・エノコログサなど）である．すでに説明したように，高CO_2大気はC_3作物の生育を促進し，雑草との競争力を強めるので，C_4雑草の被害は次第に軽減することが期待される．一方，多くの発展途上国のある熱帯・亜熱帯の広大な半乾燥地帯のC_4作物（トウモロコシ・ソルガム・ミレットなど）の耕地にはC_3雑草が分布しているので，将来これらの雑草群の生育が促進され，食糧生産を妨げるようになるだろう．

表1.8 温帯地域と熱帯地域における作物病害数の比較
(Swaminathan, 1979)

作物	報告された病害数	
	温帯	熱帯
イネ	54	500〜600
トウモロコシ	85	125
柑橘類	50	248
トマト	32	278
マメ類	52	250〜280

　作物に寄生し生育を妨げ，減収をもたらす病原生物（カビ類・細菌類・ウイルス類など）は，一般に高温・多湿な気象条件を好む．表1.8は温帯域と熱帯域での作物病害数を比較している．多湿で温暖な熱帯には，温帯域のそれと比較にならない数の病害があり，作物の成長と収量形成を妨げている．本章の1.2で示したように，温暖化につれて温暖な熱帯・亜熱帯気候域が温帯域に広がってくる．それゆえ世界の主な食糧生産基地である中緯度農業帯の作物群は多くの病原生物に冒され，その防除は大変な問題になるだろう．

　気候温暖化につれ，害虫分布域は広がり，その固体群密度は高まり，作物被害は相当に増大すると予想されている．害虫－昆虫は変温動物で，その発生動態とくに年間発生世代数は温度に密接に関係している．この関係は次の有効積算温量一定の法則で近似できる．

$$\text{有効積算温量} = N(T - T_0) \tag{1.10}$$

ここで，Nは発育に要する日数，TとT_0は日平均気温と発育ゼロ温度（℃）．多くの研究から，T_0は熱帯・亜熱帯の昆虫で11.4 ± 2.0℃，暖温帯で11.9 ± 1.7℃，冷温帯で8.6 ± 2.4℃と変化することが，またイネの重要害虫ヨコバイ・ウンカ類の有効積算温量は東南アジアのクロスジツマグロヨコバイなどの400〜480度日から日本のセジロウンカなどの320〜370度日と地域によ

第1章 地球温暖化と植物生産

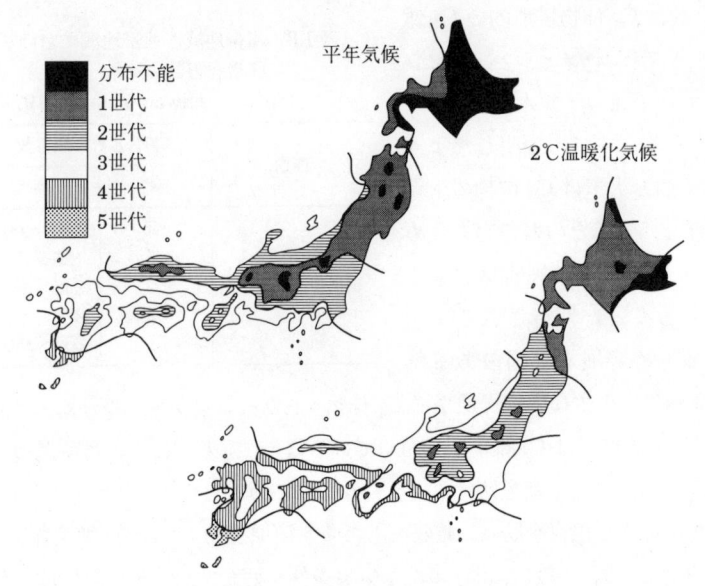

図 1.16 ツマグロヨコバイの年間発生世代可能回数への気候温暖化（＋2℃）の影響（農林水産技術情報協会，1994）

って変化することが分かった（農林水産技術情報協会，1994）．2℃の温暖化と上の法則を使用してツマグロヨコバイの年間世代数への温暖化の影響を予想して結果が，図 1.16 に示されている．日本の全地域において，温暖化による高温期間の拡大のため年間世代数が現在より少なくとも1回多くなり，害虫の個体群密度が早期より危険水準以上になりやすい．それゆえツマグロヨコバイ類駆除が必要になるだろう．この他，温暖化にともなう害虫越冬地域の拡大（北上）と飛来害虫の定着が重要問題になるだろう．現在でも西日本は中国の中南部および南西諸島からの害虫飛来の危険にさらされているが，これらの害虫類の越冬・定着は農業生産だけでなく，生産物の流通にも大きな影響を与えるので，今後注意深く監視する必要がある．

1.4 21世紀の食糧シナリオ

　食糧は人類の生存を支える代替不可能な究極の資源である．農業は地球上に入射する太陽エネルギーを作物群・家畜類の生理活動を利用して，人類の生存エネルギーに変換し収穫する，最古でかつ最重要な産業である．それは地球生態系の力を活用することに基礎を置いている．21世紀，世界人口は百億人の大台に接近し，人々はより豊かな生活を目指して経済活動をさらに活発化させる．そして所得の上昇にともなって多デンプン質食事から肉類・乳製品をより多く摂る食事への移行が中進諸国を中心にして起こるだろう．このためより多くの穀類生産が必要になってくる．一方，食糧生産の基盤である地球環境と地球生態系の劣化・変質は一層進み，食糧生産の拡大を妨げる可能性が高い．

1.4.1　食糧の需給を撹乱する要因

　この問題に関連して多くの報告が出されているが，それらは図1.17のようにまとめることができる．需要を撹乱する要因は，世界人口とくに発展途上国での急激な人口の伸びと大都市域への過度な集中の進行，そして経済活動の活発化による所得の向上である．これらは食糧の総需要量の増大だけでなく，消費の過度な集中を招く．そして，食糧の輸送配分システムへの依存度の強化そして農業地帯と非農業地帯との社会的格差の拡大を招くだろう．このため大都市域への人口集中はさらに進むという悪循環に陥る恐れがある．

　他方，供給（生産）を撹乱する要因は三つに分けることができる．地球環境の劣化は，気候温暖化・異常気象多発，耕地土壌の汚染と劣化，水の劣化（酸性雨）と汚染，有害紫外線量と下層大気中のオキシダント濃度の増加などを含んでいる．これらはすべて人口増加と工業生産活動の肥大に密接に関係している．次の生産撹乱要因は，農業生産を支える基盤的な資源の不足・枯渇である．そのなかでとくに重要なのは，作物の成長と収量形成を左右している淡水資源の不足である．世界の人口爆発域－熱帯・亜熱帯の半乾燥地帯は現在でも深刻な淡水資源不足で，食糧生産だけでなく日々の日常生活も水

第1章 地球温暖化と植物生産

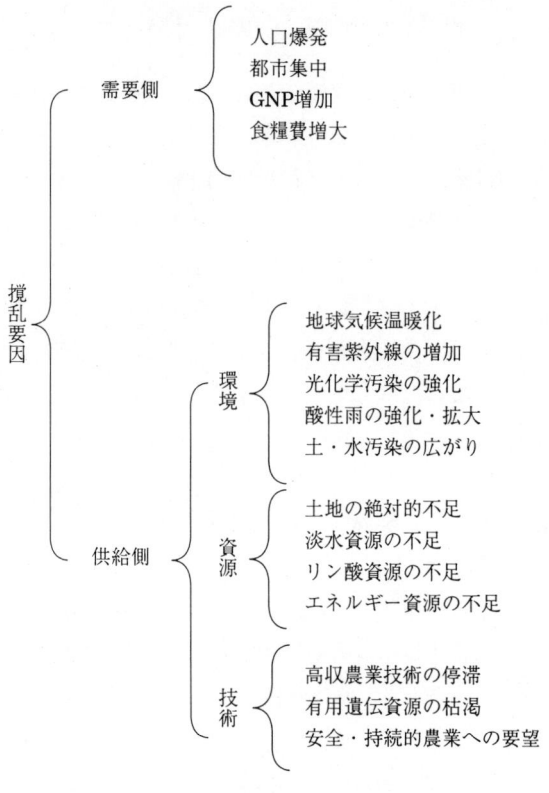

```
            ┌ 需要側 ┬ 人口爆発
            │        │ 都市集中
            │        │ GNP増加
            │        └ 食糧費増大
            │
            │        ┌ 環境 ┬ 地球気候温暖化
            │        │      │ 有害紫外線の増加
            │        │      │ 光化学汚染の強化
攪乱要因 ┤         │      │ 酸性雨の強化・拡大
            │        │      └ 土・水汚染の広がり
            │        │
            └ 供給側 ┼ 資源 ┬ 土地の絶対的不足
                     │      │ 淡水資源の不足
                     │      │ リン酸資源の不足
                     │      └ エネルギー資源の不足
                     │
                     └ 技術 ┬ 高収農業技術の停滞
                            │ 有用遺伝資源の枯渇
                            └ 安全・持続的農業への要望
```

図1.17 食糧の需給攪乱の要因（内嶋原図）

不足に悩まされている．また，中緯度の先進農業国（例えばアメリカ，オーストラリア，中国，旧ソ連など）も淡水資源の確保が農業生産の鍵になっている．

次に重要な問題は土地資源の不足である．現在，世界の農業は約13億haの耕地，1億haの永年作物畑，30億haの牧野・採草地を用いて行なわれている．その総計は44億haで，地球上の全陸地面積（148.9億ha）の約1/3になる．この他，約40億haの森林から多量の木材を収穫している．地球上の陸地は人類だけの物ではなく，多くの野生動植物の生存のために欠くことのできない資源でもある．しかし，来世紀半ばの人口百億人時代には，1人当たりの陸地面積は約1.5haになる．これには大沙漠・高山地帯・氷雪地帯などの不毛地域も含まれている．それゆえ植物生産に適した地域は，1.5haの半分にすぎない．以上のことは，食糧生産の基盤である土地資源が近い将来絶対的な不足に陥ることを示している．

今後浮かび上がる資源問題としては，リン鉱石資源や化石エネルギー資源がある．作物類の光合成・成長活動に必要なリン分は，長い年月を通じて海

洋プランクトン－魚類－鳥類サイクルで濃縮固定されたグアノ鉱石等から精製され耕地に施用され，再び海洋へと失われている．このため利用可能なリン鉱石資源は減少の一途で，その枯渇が危惧されている．現在の高収性農業は化石エネルギーなしには考えられない．それゆえ化石エネルギーは，食糧生産したがって人類の生存を左右する資源である．地殻内の化石エネルギーは地質時代の生物活動に基づく有限の資源で，その有効可採年数は数十年から百年と予想されている．一方，人口爆発と生産活動の肥大により，化石エネルギー消費は現在以上の速度で増大し，エネルギー資源の有効可採年数はさらに短くなる可能性もある．

　食糧生産を制約する最後の因子は，長年月をかけて蓄積された農業の実際の情報を背景に，今世紀半ばの第二次産業革命によって花開いた革新的な農業技術の進歩の停滞である．確かに遺伝子工学・DNA工学による作物の改良は華々しく報道されているが，作物収量の飛躍的上昇をもたらした種々の農業技術（高収性作物・家畜・家禽品種の育成，効果的な肥料・農薬の開発，効率的な農業機械類の開発など）は，環境破壊と食品汚染等の問題で，その連続的開発と広域適用に足踏みがみられ始めている．このような農業技術の停滞傾向が，21世紀の食糧増産へどのような影響を及ぼすかは，今後の研究課題である．

1.4.2　21世紀の食糧シナリオ

　ほぼ1950年代に始まる第二次産業革命を背景に高収性農業技術が世界的に展開され，人類の主要食糧である穀類の生産は驚くほどの勢いで増大した．その様子が，その間の世界人口の伸び・1人当たりの穀類生産量の変化と一緒に図1.18に示されている．今世紀後半を通じて穀類生産量は順調に伸び，人口増にも係わらず，1970年代末までは人当穀類生産量も1950年頃の230 kg/（人・年）から1980年代の350 kg/（人・年）へと増加した．しかし，その増加は次第に弱まり，1990年代には停滞から減少へと移行したように思われる．この原因としては，うえに挙げた農業技術の停滞・異常気象の頻発・耕地面積の減少などが考えられる．21世紀の穀類生産と人口増加の予想は難しい問題であるが，生産技術の停滞を考慮してなされた一つの予想

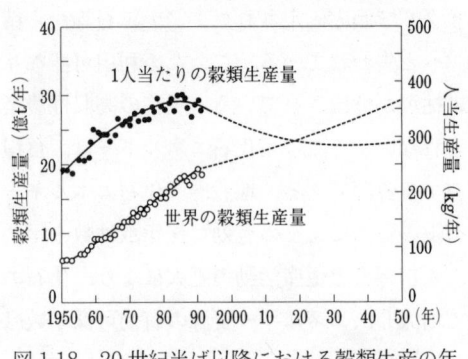

図1.18 20世紀半ば以降における穀類生産の年次変化と予想（Kendall & Pimentel, 1994より作成）

(Kendall & Pimentel, 1994) が図に示されている．21世紀前半における穀類生産の増加速度は，20世紀後半のそれの約1/2に減少し，人当生産量は人口増を反映して緩やかに減少し，2050年頃には1950年頃の水準に戻ると予想されている．穀類生産増大の鈍りの影響は，世界人口のほぼ75％を占める発展途上地域で深刻になり，世界的な人類移動が発生する可能性があると指摘されている（Doos, 1994）．

いくつかの条件を仮定して作成した2050年の世界食糧シナリオが表1.9に示されている．いくつかの仮定をおいて楽観的・常識的・悲観的の3シナリオが作成された．現在の世界人口予想によると，楽観的・悲観的の両シナリオは非現実的である．常識的シナリオでは2050年の世界人口を100億人とし，耕地面積は現在より10％減少すると想定している．また，穀類の平均収量を4.52 t/haと現在より70％も高く仮定し，総生産量を28億tと現在の1.5倍を見込んでいる．最近の国連人口統計は，発展途上域での出生率の低下と平均寿命の短縮を考慮して，2050年の世界人口を約95億人と下方修正している．それゆえ，常識的シナリオはかなり現実性が高いが，達成するには現在以上の多収穫技術と3倍の化学肥料が必要である．これらが達成されるならば，地球上の人々に平均して年間280 kgの穀類を供給できるだろう．

しかし，表にもあるようにアジア・アフリカでは食糧事情は好転せず，逆に悪化し数億の栄養不良人口が残される可能性がある．進む地球環境の劣化のなかでは，常識的な食糧シナリオの達成も極めて困難な課題である．これの解決には，次のような諸問題の研究が必要である．

表 1.9　2050 年における世界の食糧シナリオ
(Kendall & Pimentel, 1994 より作成)

	1991	2050		
		悲観的シナリオ	常識的シナリオ	楽観的シナリオ
世界人口（億人）	55.0	130.0	100.0	78.0
穀類用耕地（億 ha）　全体	7.04	7.04	6.20	8.45
灌漑耕地	1.13	1.19	1.12	1.70
穀類生産総量（億 t）	18.65	24.00	28.00	32.00
穀類生産（kg / 人・年）	345	192	280	410
平均収量（t / ha）	2.65	3.41	4.52	3.79
相対肥料使用量（%）	100.00	300.00	300.00	450.00
特徴	いくつかの発展途上国で食糧不足があり，約10億人が栄養不足にさらされる．	これでは平均穀類消費量が現在のインドの水準に低下し，多くの人々が食糧不足になる危険性がある．	アジアの大部分とアフリカで1人当たりの穀類生産量が200kg以下になるが，世界平均280kgになり，先進国では食事内容の見直しが必要になってくる．	アフリカ（131kg）を除いて，すべての国で220 kg以上となるが，このような増産は不可能に近く，可能としても環境劣化は著しくなり回復不能になる危険性がある．

① 環境ストレス耐性の高い多収作物品種の育成と普及
② 環境・食品の汚染を発生させない多収穫技術の開発
③ 食糧の利用効率を高める備蓄・輸送・配分システムの確立
④ 優良農地・野生生物の保全のための地球生態系の合理的利用法の策定と実践
⑤ 劣化・汚染農地の効果的修復技術の開発

　この他，健康維持のための食品の調理と摂取法の確立と普及が欠かせない．さらに，地球が人類と他の生物群にとってただ一つの安全な生息場所であることを思うと，人類と他の生物群との持続的な共生と人類の生存エネルギーの生産－農業とを，この狭い地球上でいかにして両立させるかという，かって人類が直面したことのない重い問題が浮かんでくる．

引用文献

秋田重誠,1980:光合成と呼吸の作物間差に関する研究(Ⅱ)光合成・光呼吸・乾物生産への二酸化炭素濃度の影響の作物間差.農技研報告,D‐**31**,59‐64.

Allen, Jr. L. H., 1990 : Plant responses to rising carbon dioxide and potential interactions with air pollutants. *J. Environ. Qual.,* **19**, 15‐34.

安藤 満 編,1996:「地球温暖化による人類の生存環境と環境リスクに関する研究」,国立環境研究所,pp. 254.

Arkley, R. J., 1982 : Transpiration and production. In : *Handbook of Agricultural Productivity,* eds. by Rechcigl, Jr. M., CRC Press, Wisconsin, 209‐211.

Bailey, R. C., 1995 : *Ecosystem Geography,* Springer‐Verlag, New York, pp. 204.

Baker, J. T. and L. H. Allen Jr., 1993 : Contrasting crop species responses to CO_2 and temperature : rice, soybean and citrus. *Vegetatio,* **104 / 105**, 239‐260.

Budyko, M. I., 1973:「気候と生命」(内嶋善兵衛・岩切 敏 訳),東京大学出版会,pp. 488.

Budyko, M. I., G. S. Golytsyn and Yu. A. Izrael, 1988:「地球的な気候破局」(内嶋善兵衛 訳),学会出版センター,pp. 145.

Budyko, M. I., A. B. Ronov and A. L. Yanshin, 1989:「地球大気の歴史」(内嶋善兵衛 訳),朝倉書店,pp. 198.

Doos, Bo.R., 1994 : Environmental degradation, global food production, and risk for large‐scale migration. *Ambio,* **23** (2), 124‐130.

Goody, R. M., 1964 : *Atmospheric Radiation. Vol. I, Theoretical Basis,* The Clarendon Press, Oxford, pp. 250.

Emanuel, W. R., H. Herman, H. H. Shugart and M. P. Stevenson, 1985 : Climatic change on broad‐scale distribution of terrestrial ecosystem complexes. *Climatic Changes,* **7** (1), 29‐43.

Hartman, D. I., 1994 :*Global Physical Climatology,* Academic Press, Tokyo, 245‐250.

林 一六,1990:「植生地理学」,大明堂,pp. 269.

Holdridge, L. R., 1947: Determination of world plant formation from simple climate data. *Science*, **105**, 367-368.

Horie, T., 1993 : Predicting the effects of climatic variation and effects of CO_2 on rice yield in Japan. *J. Agr. Met.*, **48** (5), 567-574.

堀江　武・桜谷哲夫，1985：イネの生産の気象的評価・予測法に関する研究(1)固体群の吸収日射量とバイオマス生産との関係．農業気象，**40**，331-342.

Houghton, J. T., L. G. Filho, B. A. Callander, N. Harris, A. Kattenberg and K. Maskell, 1996 : *Climate Change 1995 - The Science of Climate Change*, Cambridge Univ. Press, Cambridge, pp. 752.

Huntley, B. and H. J. B. Birks, 1983 : *An Atlas of Past and Present Pollen Maps for Europe* : 0-13000 *years ago*, Cambridge Univ. Press, Cambridge, pp.173.

Kendall, H. W. and D. Pimentel, 1994 : Constraints on the expansion of the global food supply. *Ambio*, **23** (3), 198-205.

Kimball, B. A., 1983 : Carbon dioxide and agricultural yield : An assemblage and analysis of 430 prior observations. *Agron. J.*, **75**, 779-788.

吉良龍夫，1945：農業地理学の基礎としての東亜の新気候区分，京都帝国大学農学部園芸学教室，pp. 23.

気象庁 編，1995：「地球温暖化監視レポート1994」，大蔵省印刷局，pp. 47.

気象庁 編，1996：「地球温暖化予測情報，Vol. **1**」，大蔵省印刷局，pp. 82.

Loomis, R. S. and D. J. Conner (eds.), 1995：「食料生産の生態学Ⅱ」（堀江　武・高見晋一 監訳），農林統計協会，153-205.

Melillo, J. M., A. D. McGuire, D. M. Kicklighte, Ⅲ. B. Moove, J. Vorosmarty and A. L. Schloss, 1993 : Global climate change and terrestrial net primary production. *Nature*, **363**, 234-240.

Monteith, J. L., 1977 : Climate and the efficiency of crop production in Britain. *Phil. Trans. Royal Soc. London,* B-**281**, 277-294.

野上道男・大場秀章，1991：暖かさ指数からみた日本の植生．科学，**61**(1), 35-49.

農林水産技術情報協会 編，1994：「東アジア地域における気候変動と病害虫発生に関する基礎調査」，農林水産技術情報協会，pp. 164.

小倉義光，1997：「一般気象学」，東京大学出版会，117-120.

引用文献

Ohta, S., Z. Uchijima, and Y. Oshima, 1993 : Probable effects of CO_2 - induced climatic change on net primary producdtivity of natural vegetation in East Asia. *Ecol. Res.*, **8** (2), 199-213.

Parry, M. L., 1991:「気候変化と食糧生産」(内嶋善兵衛 訳), 農林統計協会, pp. 159.

Rosenzweig, C. M., and M. L, Parry, 1994 : Potential impact of climate change and world food supply. *Nature*, **367**, 133-138.

Satake, T., and S. Yoshida, 1978 : High temperature-induced sterility in indica rices at flowering. *Jpn. J. Crop Sci.*, **47** (1), 6-17.

崔 読昌 編, 1993:「世界農業気候と作物気候」, 浙江科学技術出版社, pp. 266, 付図 83.

省エネルギー・センター 編, 1997:「省エネルギー便覧 - 1997」, 省エネルギー・センター, pp. 263.

Swaminathan, M. S., 1979 : Global aspects of food production. In : *World Climatic Conference*, WMO, 365-405.

内嶋善兵衛, 1996:「地球温暖化とその影響」, 裳華房, pp. 202.

内嶋善兵衛・清野 豁, 1987:「世界における自然植生の純一次生産力」, 農環技研・九州農試, pp. 102.

Uchijima, Z. and H. Seino, 1987 : Probable effects of CO_2 - induced climatic change on agroclimatic resources and net primary productivity in Japan. *Bull. Natl. Inst. Agro - Environ. Sci.*, **4**, 67~88.

Uchijima, Z., H. Seino and M. Nogami, 1992 : Probable shifts of natural vegetation in Japan due to CO_2 climatic worming. In : *Ecological Processes in Agro- Eco - systems*, eds. by Shiyomi, M. *et al*, NIAES - **1**, 189-201.

USDA 編, 1975:「ソビエト農業地図」, 農林水産省内部資料, pp. 63.

Wittwer, S. H., 1995 : *Food, Climate and Carbon Dioxide*, Lewis Publishers, New York, pp. 236.

Woodward, F. I., 1993:「植生分布と環境変化」(内嶋善兵衛 訳), 古今書院, pp. 205.

第2章　耕地環境の計測と評価

2.1　耕地微気象の計測方法

2.1.1　温度の測定法 *

(1) 温度の表示方法

　大気の暖かさ，冷たさを示す概念である．摂氏温度目盛では水の氷点の温度を0度 (℃)，水の沸点の温度を100度に定めて，その間を100等分している．華氏温度目盛では氷点を32度 (°F)，沸点を212度に定めている．また絶対温度またはケルビン温度目盛ではKを用いる．摂氏 t (℃) と絶対温度 T (K) には，$t = T - 273.15$ の関係がある．気象学では絶対温度を用いるが，気温は摂氏 (℃) や華氏 (°F) で表わす．

　$°F = ℃ \times (9/5) + 32$

(2) 温度計の種類

　温度（気温，地温，水温，表面温度）の測定について述べる．温度計にはガラス管に水銀，アルコール，灯油などを封入した棒状温度計（液体封入温度計）があり，最高・最低温度が測定できる．また，バイメタル温度計，白金抵抗温度計，サーミスタ温度計や温度変化による起電力の発生で計測する銅・コンスタンタン組み合わせ熱電対温度計，さらには赤外線放射温度計などがある．

　本書では微気象の観測が主であるため，細かい変動に応答する測器が必要であり，白金抵抗温度計，サーミスタ温度計，熱電対温度計が適する．また，赤外線放射温度計による画像で温度差を求める方法は，物体の表面温度を計測するため葉温などの測定に使用するが，気温とする場合には補正が必要である．

---

* 真木太一

(3) 温度の計測法

(a) 気温の測定法

気象観測露場での定常的な観測で百葉箱内ではバイメタル温度計,フース型最高・最低温度計を用いるが,微気象観測では熱電対をよく用いる.熱の伝わり方には対流,放射,伝導があるが,気温は空気の温度であるので空気とよく接触させる必要がある.とくに風が弱い時には通風した方が精度が向上する.したがって一般には,通風乾湿計のように通風して測定する.また温度計の支持物体も気温に近づけるか,断熱材を使用する.一方,日射や周辺からの放射があると誤差が生じるので,その影響を軽減する必要がある.

野外観測では感部の大きい温度計では日除けが必要である.直径 0.6 mm,長さ 2 mm の熱電対温度計では日中に 4 ℃高く,夜間には 0.5 ℃低くなるが,直径 0.1 mm のものでは 0.2〜0.3 ℃の差である(今,1997).日除けは簡単なものでもよく,片屋根型のものや感部をアルミ箔で 1 cm 程度の空間を空けて覆う.ファンで通風した筒(シェルター)内で測定すると精度が向上する.一般に筒は縦に設定し,上部には雨が入らないように傘を付ける.筒の外側にはアルミ箔を貼り付けたり,白ペンキを塗るが,内側は黒色にする.

野外では通風による観測が一般的であるが,ハウス内部では通風による測定も可能であるとはいえ,小さい空間での微細な測定には強制通風は周辺の環境を乱して精度の高い測定ができなくなるため,感部の周辺のみの被覆で通風は行なわないことが多い.群落内での気温測定にも放射除けが必要である.高精度を要しない場合で,0.1 mm の銅・コンスタンタン熱電対では放射除けを付けなくてもよいが,この場合には銀ロウはんだ付けの状態で使用する.

なお,最近ではデータロガー付きの安価な温度計(例えばサーモレコーダー,おんどとり)が市販されており,パソコン処理が可能で便利になっている.

(b) 地温,水温の測定法

熱収支法で地中熱流量を算定する場合には地中温度(地温)を数点,深さ

別に測定する必要があるが，熱電対を地中に直接埋めて測定するとよい．地中では熱容量が大きく温度の時間変化も小さいので，むしろ太めの熱電対がよい．地表面温度では 0.1 mm の細い線を利用して地表面に薄く土を被せるが，感部が地上に出ることがあり，誤差が出やすいため，何点か測定して平均する．定常観測では曲管地中温度計を用いるが，自記はできない．

水温の測定ではやはり熱電対が適する．流水では十分固定して測定する．

(c) 物体の表面温度の測定法

植物体温や葉温の測定法は熱電対を物体の表面に貼り付けたり，穴をあけて熱電対を指し込んで測定する．葉温の測定で短期間ではセロテープの小片で貼り付ける．1～2週間程度であれば葉内に穴を開けて合成ゴムの接着剤で固定した状態で測定する．

放射温度計は非接触，非破壊で測定できるので葉を痛めない．放射温度計は直上から測定すると誤差の原因になり，あまり測定部より離しても近づけても精度が落ちる．一般には 30～50 cm 上方のやや斜めから測定するが，角度が大きくなり過ぎると葉の向きや他の物体の影響を受けて好ましくない．なお，物体は放射率（射出率）に違いがあるため，厳密には補正を要する．

(4) 気温測定の注意事項

微細気象として気温を測定する場合には絶対値で 0.1 ℃，各点相互間差では 0.05 ℃ と高い精度が必要である．特殊な場合にはそれ以上の精度が必要である．群落，植被層内で測定する場合には感部が小さいことが望ましい．

気温の水平分布を求める場合には直線状または面状に測器を配置する．防風施設による気温変化を求める場合には風下から風上へと水平分布を求めるが，等間隔で測定するのではなく，防風施設の近くを密に測定するのが効率的である．例えば，風上から $-20, -10, -5, -3, -1, -0.5, 0.5, 1, 3, 5, 7, 10, 15, 20, 30 H$（高倍距離，防風施設高 H の倍数で表わした距離）のように配置する．水田の冷水を測定する場合には水口付近の測点を多くし，水尻の方は少なくする．

また，垂直分布を測定するには，風速分布が対数分布に近く，気温も地表面に近いところが変化が大きいため，接地面に近い方を密に測定して，上層

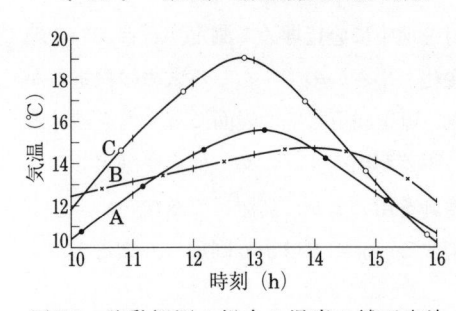

図2.1 移動観測の場合の温度の補正方法
（真木，1997）

は少なくてもよい．例えば4, 2, 1, 0.5, 0.25 m などとする．この場合，片対数グラフにプロットすると等間隔になる．植被層がある場合には2 m の草丈の時に温度変化が植被層のトップ付近で大きいため，0.2, 0.5, 1, 1.5, 1.8, 2, 2.2, 2.5, 3, 4, 6 m などとする．なお，例えば温度精度が 0.5 ℃ の時，0.5 ℃ 以下の温度範囲内に多くの測定点を配置しても意味がない．

圃場内で代表的な垂直分布を求めるには，圃場が狭いと境界の影響が出て境界層が十分発達しない状態で測定することになり，代表性が失われる．理想的には測定高度の100倍の水平方向への距離が必要であるが，どんなに少なくても30倍は必要である．主風向がある場合には圃場の風下側に移動させて吹走距離（フェッチ）を少しでも長くする．ただし，その場合でも圃場の風下末端からは5倍は離すことが不可欠である．

A，B，C 地点など，何回も巡回するような移動観測の場合には，温度補正を図2.1（真木，1997）のような手順で行なう．例えば，A 地点の値が 10：10 に 10.7 ℃，11：10 に 12.9 ℃，12：10 に 14.7 ℃ 時に，その値をグラフにプロットして，それらを通る滑らかな線（A 線）を引き，11：00，12：00 の正時の値を 12.5 ℃，14.4 ℃ などと読む．同様に B，C 線を描いて各正時の値を読み取る．

2.1.2 湿度の測定法 [*]

(1) 湿度の表示方法

空気中の水蒸気の含まれる割合が湿度であり，水蒸気を含んだ空気を湿り（湿潤）空気，水蒸気のない空気を乾き（乾燥）空気とよぶ．湿度の表示は多

---
[*] 真木太一

様である．なお，気象系と工学系では用語の使用が一部混乱している場合がある．

① 飽和水蒸気圧 e_s（hPa, mb, mmHg, kg/cm^2）

　ある温度の大気が含み得る最大の水蒸気圧 e（大気圧の内の水蒸気が占める分圧）である．理論式をもとにしたゴフーグラッチ（Goff − Gratch）の実験式（日本農業気象学会，1997）を用いるが，近似式にマレー（Murray）の式，$e_s = 6.1078 \exp\{at/(t+b)\}$ があり，t は気温 ℃，水上で $a = 17.269$，$b = 237.3$，氷上で $a = 21.875$，$b = 265.5$ である．

② 水蒸気圧 e（hPa, mb, mmHg, kg/cm^2）

　スプルング（Sprung）の式で風速 3 m/s 以上の通風状態では，湿球が氷結していない時，$e = e'_s - 0.000622\,P\,(t_d - t_w)$，湿球が氷結している時，$e = e'_s - 0.000583\,P\,(t_d - t_w)$ である．この定数を乾湿計定数とよび，t_d は乾球温度 ℃，t_w は湿球温度 ℃，e'_s は t_w における飽和水蒸気圧，P は大気圧で，国際単位（SI 単位系）では Pa（パスカル）を用いる．簡易乾湿計では，無氷結時に $e = e'_s - 0.0008\,P\,(t_d - t_w)$，氷結時に $e = e'_s - 0.0007\,P\,(t_d - t_w)$ である．

③ 飽差 e_d（hPa, mb, mmHg, kg/cm^2）

　水蒸気圧 e と同温度の飽和水蒸気圧 e_s の差．$e_d = e_s - e$

④ 相対湿度 RH（％）

　水蒸気圧 e と同温度の飽和水蒸気圧 e_s との百分率，$RH = 100\,e/e_s$ で，100％は飽和空気，0％は乾き空気，その間は不飽和空気である．

⑤ 絶対湿度 AH（kg/m^3）

　空気 1 m^3 中に含まれる水蒸気質量であり，$AH = 0.79\,e/(1 + 0.00366\,t_d)$，$t_d$ は乾球温度 ℃，e の単位は hPa または mb である．

⑥ 露点温度 t_p（℃）

　空気を冷却する時に水蒸気が凝結し始める時の温度で，その場合の飽差は 0 hPa，RH は 100％である．$t_p = -b\ln(e/6.1078)/\{\ln(e/6.1078) - a\}$，水上で $a = 17.2694$，$b = 237.3$，氷上で $a = 21.8746$，$b = 265.5$ である．

⑦ 混合比 x (kg/kg′)

ある温度で乾き空気1 kgに対する空気中に含まれる水蒸気質量の比. kg′ は乾き空気 (dry air) を指す. $x = 0.622\,e/(P-e) ≒ 0.622\,e/P$

⑧ 比湿 q (kg/kg)

湿り空気1 kgに含まれる水蒸気質量である. $q = 0.622\,e/(P - 0.378\,e) = x/(1+x)$

(2) 湿度計の種類

湿度測定には, アスマン通風乾湿 (球温度) 計, 気象庁型通風乾湿計, 熱電対・サーミスタ・白金抵抗温度計による通風乾湿計, 毛髪湿度計, 光電管式・水晶振動子式・塩化リチウム露点計, 電気抵抗式・水晶振動子式湿度計, 赤外線湿度計など種々の測器が用いられる. なお, 気象庁の定常観測では塩化リチウム露点計から静電容量型湿度計に移行している. 湿度は気温よりも測定が難しく, 測定精度は一般にやや低い. 測器は時々検定を要する.

(3) 湿度の計測法

湿度について, 体積 V (m^3), 質量1 kg, 圧力 p (hPa) の乾き空気と体積 V (m^3), 質量 w (kg), 圧力 e (hPa) の水蒸気を混合して同体積の湿り空気ができたとすると, 湿り空気の質量は $(1+w)$ kg, 圧力は $(p+e)$ Pa となる. ここで圧力 $p+e$ を全圧, p と e を分圧とよぶ. e はとくに水蒸気分圧とよぶ. 温度が変化しても加湿や除湿を行なわない限り, 湿り空気中の w や $1+w$ の値は変化しない特性がある. 湿り空気の湿度を計算する場合には上述の関係式や湿り空気線図, 湿り空気表を用いる. また, 湿度計算・湿度換算には

表2.1 単位の換算表

標準気圧 atm	水銀柱 mmHg	kg/cm^2	mb	Pa
1	7.60×10^2	1.0340	1.0133×10^3	1.0133×10^5
1.3158×10^{-3}	1	1.3605×10^{-3}	1.333	1.333×10^2
9.671×10^{-1}	7.350×10^2	1	9.800×10^2	9.800×10^4
9.869×10^{-4}	7.50×10^{-1}	1.0204×10^{-3}	1	10^2
9.869×10^{-6}	7.50×10^{-3}	1.0204×10^{-5}	10^{-2}	1

注) 1 kPa = 10 hPa = 1 000 Pa = 10 mb

プログラムソフトが市販されている．なお，単位の換算表は表2.1（林，1997）のとおりである．

　湿り空気線図は1枚の図に乾球温度，湿球温度，水蒸気圧，露点温度，相対湿度，混合比 x ，エンタルピー i の状態値を示したものであり，これらの内どれか二つの値が決まると相互に各値が求められる．ある空気の状態を表わす図上の1点を状態点とよぶ．斜交軸で横軸に i ，縦軸に x を取って作成したものを $i-x$ 線図とよび，内田の線図（日本農業気象学会，1997）がよく利用される．

　0℃の乾球温度 t 線が混合比 x 線と直角になるように縦軸 x や斜交するエンタルピー目盛を定めている．湿り空気のエンタルピーは乾き空気と水蒸気のエンタルピーの和である．乾き空気のエンタルピーは0℃における値を0とし，水蒸気のそれは0℃の飽和水の値を0としている．湿り空気線図は0℃の乾き空気のエンタルピーを0としている．なお，エンタルピー i はある温度を基準にした場合の空気の持つ熱量であり，0℃を基準にした時の乾き空気のエンタルピー i_a ，と水蒸気のエンタルピー i_w を用いると，$i = i_a + i_w \cdot x = 1.005 t_d + (2501 + 1.846 t_d) x$ ，ただし，x は混合比 kg/kg′，t_d は乾球温度℃である．

　また，比容積 v（m^3/kg′）は湿り空気中の乾燥空気1 kg当たりの湿り空気の容積である．$v = 0.00455 (x + 0.622)(273.15 + t_d)$

（4）湿度測定の注意事項

　湿度測定は基本的には温度測定の項で述べた測点配置の要領と同様である．風速，気圧，日射，感部の大きさなどによって変わり，風速1 m/s以下では誤差が大きくなる．湿度計の通風では3～5 m/sになると，乾湿計定数は安定する．乾湿計では水分の保持を一定にする必要がある．埃が付くと蒸発速度が減少して湿球の温度が上昇する傾向があるため，感部のガーゼをよく交換する．

　湿度計にも日射に対して放射除けが必要である．一般には筒型のシェルターで覆う．乾球に対する放射遮断が完全でも湿球は乾球より温度が下がるので放射の影響が出る．例えば直径5 mmの湿球で通風2 m/s，湿球の温度

低下が5℃の時,湿球に0.1℃の昇温の影響が出る.乾球と湿球の干渉を少なくするには別々の放射除けを付けるか,乾球を湿球の風上側に設定する(真木,1997).

微細気象観測では精度上,通風乾湿球温度計がよく利用される.精度は±1%まで求めることが望ましい.湿度を精度よく求めるには同時観測が必要であるが,測器が多くなるので精度との兼ね合いで測点数を決める.移動観測ではアスマン通風乾湿計が適し,1地点で約5分間の測定時間がかかるが精度は高い.最近では感部の小さいディジタル表示の測器を用いることが多い.

垂直分布の測定で群落内ではとくに弱風時や植被密度が高い場合には通風すると環境が乱され好ましくない.できるだけ小型の測器を利用する.この場合にも放射除けが必要である.群落内での湿度計の配置高度は温度計や風速計と少し異なる.群落が疎な場合には地面近くで測定間隔を狭くする.また逆に密な場合には群落上面近くで密に測定し,その下方では等間隔でよい.群落間では同一高度での温湿度の変動が大きいので数カ所で測定して平均する.

2.1.3 風の測定法[*]

(1)風向・風速の表示法

風には風向,風速の2要素がある.風は立体的な水平縦(進行方向)・水平横(左右方向)・垂直(鉛直)(上下方向)成分の方向を持った空気の動きで,3成分の風向と風速の合成量(ベクトル)として表わされる.この風の内,時間的空間的に均一でない流れを乱流,乱れの小さい層状の流れを層流とよぶ.

(a)風向

自然風,人工風ともに平均的な風向と瞬間的な風向がある.平均風向は一定時間の平均の風向であり,瞬間風向は瞬時間の風向である.ただし風速の場合も同様であるが,何秒以上が平均,何秒以下が瞬間という定義はなく,

---

[*] 真木太一

風向計の応答特性，記録，利用目的で変わる．

風向は N，NNE…N の方位または 1～16 の数値で表わされ，NNE が 1 で N が 16 である．また 8 方位，36 方位および N 方向を基準 0 として 0～360 度の角度で表わすことも多い．風速が 1 m/s 以下になると作動しなくなる風向計もあるが，その時には煙，旗，吹き流しなどで判断する．風速 0.2 m/s 以下では静穏（calm）として風向なし（－）で表わす．研究では当然これ以下でも必要な場合がある．一般に風向は 10 分間の平均で求める．

(b) 風速

自然風・人工風ともに風速には平均的な風速と瞬間的な風速があるが，風向と同様，平均，瞬間の定義はなく，応答特性，記録，使用目的などで変わる．平均・瞬間風速は風速の強弱，昼夜間，大気安定度，障害物の有無などで変わる．なお，一般的には毎正時前 10 分間の平均風速を用いる．

風速の単位は m/s，cm/s が多く使用される．その他，km/h，kt/h（knot），mile/h，ft/s などがある．換算は 1 m/s＝3.6 km/h＝1.9438 kt＝2.2369 mile/h＝3.281 ft/s である．なお，1 kt＝1,852 m，1 mile＝1,609.3 m である．

平均風速はある時刻 t からある測定時間 t_0 内に変化する風速を平均化した値である．瞬間風速は極めて短時間（瞬間）内に変化する風速である．ある時刻 t から短時間 Δt の時刻 $t+\Delta t$ までの風程（一定時間に風が進んだ距離）を Δt で割った値を時刻 t における瞬間風速とよぶ．したがって，瞬間風速でも時間が全く 0 ではなく Δt 経過しているため，実際は Δt と t_0 の違いのみであり，区分平均と物理的には同じである．超音波風速計では瞬間値に近いが，エーロベーンや三杯風速計では時間がやや長い瞬間値である．

一般に最大瞬間風速は平均風速の 1.2～1.8 倍である．強風時や夜間ではそれより小さくなる．また海上から風が吹く時には 1.5，陸上から吹く時は 1.9 などであり，さらに応答速度の早い超音波風速計では 3.0 倍になることもある．

(2) 風向・風速計の種類

① 風杯型風速計には三杯風速計（気象庁制式の風杯型風程風速計），矢羽根・

風杯型風向風速計，光電式風向風速計，小型ロビンソン風速計，電磁式風向風速計

② 風車型風速計には気象庁制式のプロペラ型風向風速計（エーロベーン，コーシンベーン，ミニスカイ），ビラム風向風速計，微風向風速計（クリーンベーン，アネモシネモ），ギル型風向風速計，ベクトル風速計，垂直風速計，ベークレー風向計，バイベーン（2方向風向計）

③ 風圧型風速計にはピトー管風速計，森式風向風速計，壁面風圧計，ストレンゲージ風圧計

④ 熱型風速計には熱線風向風速計，熱電対風速計，サーミスタ風速計

⑤ 超音波風速・風向・温度計

⑥ ボルテックス風速計

⑦ 光風速計（レーザー，太陽光）

⑧ 風向風速の目視観測には風旗，吹き流し，気球がある．自然物（煙，波，樹木）を用いたビューフォート風力階級表はかなりの精度で風速を求められる．

(3) 風向・風速の計測法

(a) 測器の選定・配置

　微細気象の観測として，障害物のない場合には三杯風速計，超音波微風速計などが多く使われる．なかでも光電式微風速計が多い．とくに群落内で測定する場合には熱線・熱電対・超音波・三杯微風速計などが適する．群落の植被層上では観測しやすいが，層内では葉や茎があるため難しく，感部の小さいものが適する．熱線風速計はあまり感部の細いものは切れるので若干太めのものか，カバーの付いたもの，超音波風速計ではできれば 5 cm スパンのものを使用する．なお，群落内や防風施設付近での垂直風速を求める場合には超音波風速計が最適であるが，垂直風速計やギル型風速計も使う．

　一方，定常観測では気象庁制式が適する．測器は障害物のない開けた場所（測器と障害物との距離が障害物の高さの 10 倍以上）で独立のタワーや支柱で高さ 10 m（国際基準）で測定する．農業気象では 6 m，アメダスでは 6.5 m 高度で測定するが，研究観測では目的に合った高度とする．なお建物の屋

上に設定する場合もあるが，いずれにしてもタワーや台から少なくとも2m
は離す．

局地気象観測では風速計を多く配置できる場合はよいが，多くは移動観測
をで対応する．なお，風洞内での模型実験では感部の小さい熱線風速計が適
する．

(b) 風速の水平・垂直・イソプレット分布

風速の水平分布は同一高度で面状または直線状に測定する．しかし測定機
器が多くなるので移動観測にすることも多い．移動観測を行なうには固定
(基準)点を設定して，風速計を各高度または1点に設定して，他の風速計を
移動させて測定し，基準点の風速計とで補正して求める．またこの時に移動
点に数台の風速計を用いれば風速の垂直分布が求められる．なお，これら水
平・垂直風速分布を図上にプロットすれば，等値線(イソプレット)分布が求
められる．

風速の垂直分布測定には気温測定と同様，上層は疎に接地下層は密に測定
する．また，対数分布に配置す
ると後で計算や解析の時に便利
である．

なお，一般的な場所での気温・
地温・湿度・風速の測定法を各測
定機器の配置として図2.2(真
木，1997)に示す．これは基準
点に1セット，移動点に1セット
の測器を配置して，移動点の測
器を付けたポールを移動しなが
ら測定し，後で基準点との関係
から補正して求める．

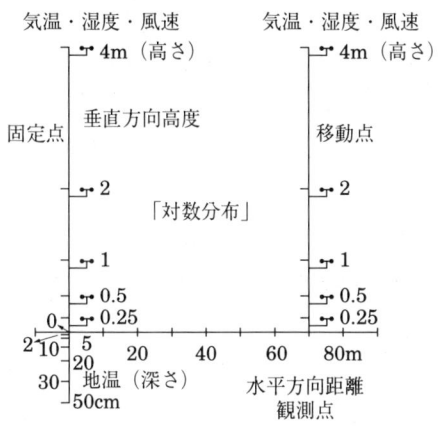

図2.2 一般的な場所での気温・地温・湿度・
風速計の配置方法(真木，1997)

(4) 風向・風速測定の注意事項

風向・風速の測定上での注意点として，次のようなことがある．
① 風速計の検定(気象庁検定付が望ましいが，風洞や屋外で各自で検定もで

きる)
② 取り扱い説明書を前もって読み操作に習熟しておくこと
③ 観測高度・位置の確認
④ 測器への日射,降雨,湿気,塩分,砂埃など外部条件の影響の軽減
⑤ コネクターや記録計との応答性など記録計との連結関係の確認
⑥ 風向計の方位や指向性のある熱線・超音波風速計の配置・方向の確認
⑦ 風速計・風向計やその他の測器との干渉や影響(とくに微風速計では障害物による風の乱れ)の軽減に配慮
⑧ 観測場所の障害物の影響
⑨ 観測時間前後の状況(野帳へ日時,場所,観測状況)の記録
⑩ 測器の維持点検などである.

2.1.4 放射の測定法 *

　放射とは,物質から電磁波や粒子などが放出される現象の総称で,目に明るく感じる太陽光から,目に見えないX線,紫外線,赤外線,マイクロ波などを含む.黒体の表面から射出される全波長の放射エネルギーは,ステファン・ボルツマンの法則として黒体表面の絶対温度の4乗に比例する.すなわち,表面温度約6,000 Kの太陽放射のエネルギーは $0.3 \sim 4\ \mu m$ の波長範囲に分布し,表面温度約300 Kの地球上の物体からの放射エネルギーは $4 \sim 100\ \mu m$ の範囲に分布する.このように表面温度の違いによって放射量と波長域に差があるため,便宜的に太陽放射(日射)を短波放射(shortwave radiation),地球放射を長波放射(longwave radiation)または赤外放射(infrared radiation)という.放射量の単位は Wm^{-2} であり,波長は μm やnmで表わされる.

　耕地に達した太陽エネルギーは,その耕地の特徴に応じて熱,運動エネルギーなどに姿を変えて,特有の環境を作り出している.耕地の環境を把握するには,耕地上の放射特性を明らかにしなければならない.そのためには耕地上の放射の出入り(収支)を調べる必要があり,耕地面上の放射収支量

---
* 早川誠而

(radiation balance, radiation budget), すなわち短波と長波の正味放射量（または純放射量といい下向き放射量と上向き放射量との差, net radiation) を測定する必要がある.

(1) 短波放射量の測定

短波放射量は，太陽放射量のことであり，太陽から直接届く直達日射量と天空から散乱されて届く散乱日射量からなる．単に日射量あるいは全天日射量ともいわれ，これを測定する測器を日射計という．一般によく使われる日射計としては，熱型と量子型がある．熱型は，放射量を温度変化として検出する方式で，感部の被覆にガラスドームが使われる．これは風の影響を防ぐためと半球の全方向からの放射を受け入れるためである．量子型は，放射量の変化を直流電流や電圧の変化として検出する方式で太陽電池日射計はこの方式に分類される．測器の選択は，精度，応答速度（時定数ともいい出力応答63%），使いやすさ，記録の容易さ，丈夫さなどを総合的に考えて決定する．分光特性は，熱型測器では問題にならないが，量子型では分光特性を確認してその都度基準となる熱型日射計との関係を検討しておく必要がある．応答速度は，日射計を移動させながら測定する場合や日射量が変動する場合に問題になる．熱型測器は量子型に比べ応答速度が遅いのでその点の注意が必要である．群落内で測定する場合は受光部を細長くした管型日射計を用いる．

(2) 正味放射量の測定

耕地上の放射収支は，正味短波放射量と正味長波放射量との和で表わされ，これを正味放射量という．正味放射量は，正味放射計を用いて測定する．これは，上下両面の受熱板の温度差を熱電堆により検出する熱型の測器である．上下の受熱板への気流の影響を等しくする必要があり，通風あるいは風防型で風の影響を防ぐことができるが，一般的には，両者を組み合わせた通風風防型が使われる．風防に使われるポリエチレンは，ポリエチレンドームで覆うことにより風の影響を防ぐとともに，ポリエチレンは短波放射も長波放射も透過する性質があるためである．通風風防型の放射収支計は，本体に組み込まれたブロアーにより，ポリエチレン内外に送風する．水滴，水蒸気

第2章　耕地環境の計測と評価

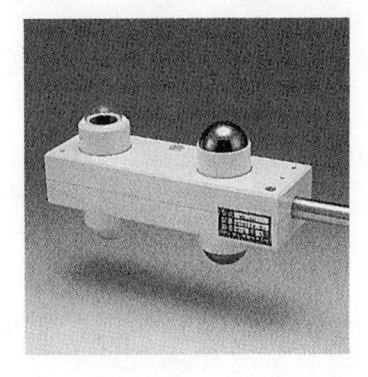

図2.3　長短波放射計

や霜が付着すると透過率が違ってくるので，乾燥空気を送風し，ドームにこれらが付着する事を極力抑えている．通常の使用の場合，ポリエチレンドームは1カ月程度で交換するが，汚れがひどい場合は適宜交換する．最近では，図2.3に示すように，全天日射計2台と赤外放射計2台より構成され，上向きと下向きの四つの成分をそれぞれ独立に測定し，長波および短波の収支が一度に測定できる測器もある．

(3) その他の放射の測定
(a) 波長別放射

　放射の測定に関しては，そのエネルギー量だけでなく，質が問題となることがある．例えば，光合成や隔測計測による植物生育・診断などでは波長別放射量の測定が重要となる．波長別放射量の測定には，フィルターを組み合わせてある波長幅の放射量を測定するものと放射のスペクトルを連続的に測定するものとに分けられる．フィルターを組み合わせたものは安価であるが，フィルター交換の手間暇や自然条件下では放射量は時々刻々に変化するため，同時性の重要さから連続測定器がよく用いられる．図2.4に示す分光放射計は，入射放射を回折格子により分光し，接続したコンピュータにより波長別の感度を補正し，任意の形式（波長別放射量，光合成有効放射量，光量子）で出力する．測定波長域は紫外の200 nmから，可視・近赤外にいたる2,500 nm間の任意の波長域の測定が可能な機種があ

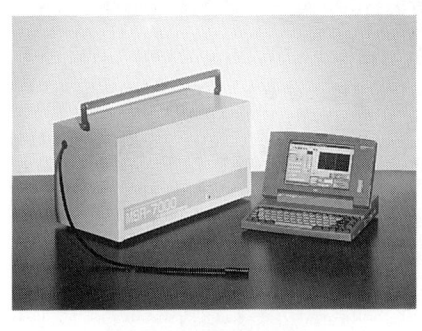

図2.4　波長別分光放射計

り，用途と予算を考えて選定を行なう必要がある．
(b) 光合成有効放射・紫外線放射

　光合成有効放射量の測定は波長別の放射計でも測定できるが，専用で測定する光合成有効放射計がある．これは熱型の受感部とフィルターを組み合わせて光合成に有効な 380～710 nm（日本では 395～705 nm を使う測定器もある）波長域の放射量を測定するもので同様の原理で，紫外域の放射量を測定する紫外線放射計がある．

(c) 光量子束密度

　400～700 nm の波長域では光量子と光合成量には高い相関があることがわかり，最近の光合成に関する研究では光合成有効放射計に代わって光量子計が使われることが多い．光量子計は，400～700 nm の光量子束密度を測定するものであり，この波長域の光量子を単位時間，単位面積当たり（μ mol m^{-2} s^{-1}）で表わす．

(d) 日照

　日照時間は太陽の直射光が地表を照らした時間であり，国際的に取り決められた日照時間を規定するしきい値（120 Wm^{-2}）以上の照射時間を計測する．日本では太陽電池式や回転式がよく使われる．太陽電池式はアメダスにも採用されている遠隔測定用の日照計である．3個の太陽電池を三角柱の南東面，南西面，北側面にくるように配置し，直達日射は午前中は南東面より，午後は南西面より入る．散乱日射量が各面において等しいとすれば，直達日射量は南側の2面の合計出力から北側の出力の2倍を引くことで得られる．その直達日射量が 120 Wm^{-2} 以上のときを日照有りとしてカウントするようになっている．回転式日照計は，気象庁の正式測器で，一定速度で回転する反射鏡があり，反射鏡が1回転する間に，光センサーで直達日射量の強度に応じたパルス状の信号を発し，このパルス出力を計測することによって日照時間（120 Wm^{-2}）を測定する．パルスの高さから直達日射量が得られるので，簡易な直達日射計としても利用できる．

2.1.5 二酸化炭素（CO_2）の測定法 *

(1) CO_2 の赤外線吸収波長

CO_2 の測定には測定精度がよいことや連続測定ができることなどの理由で，一般に赤外線ガス分析計が使用される．一原子分子の不活性ガスや N_2，H_2，O_2 などの2原子分子のガスを除いて，ほとんどのガスは赤外線の波長域において，そのガス固有の吸収帯を持っている（図2.5）．CO_2 の分析ではガスの吸収帯の一つである 4.3 μm を分析に使用し，雰囲気中の他のガスの影響を受けにくいようになっている．

(2) 赤外線ガス分析計の構造

赤外線ガス分析計にもいろいろな構造のものがあるが，ここでは一般的と思われるものを紹介する．図2.6 にその赤外線ガス分析計の概略を示す．光

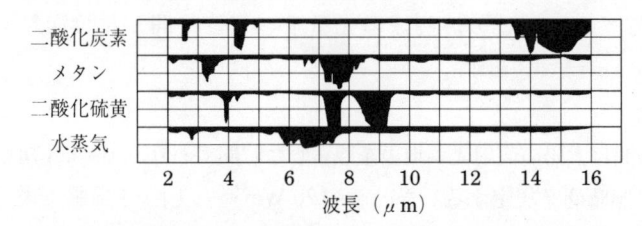

図2.5 各種ガスの赤外線吸収帯（中田：自動制御機器便覧，1962 より抜粋）

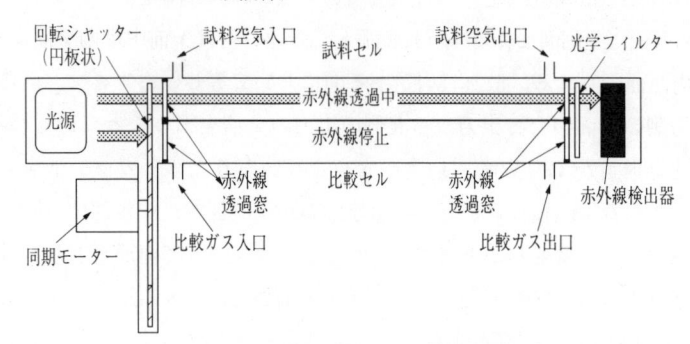

図2.6 赤外線ガス分析計の概略図

---

* 鱧谷　憲

源は安定して発熱させる必要があるので,太いタングステン線を石英管に入れたものやセラミックスの発熱体により構成され,CO_2ガスの吸収帯域をカバーするためにおよそ1,000 Kに熱せられている.光源で発生する赤外線が検出器にたどり着くまでに,試料セルのなかでCO_2ガスにより吸収される.そのため,検出器からの信号はセルのCO_2ガスの濃度を反映する.セルから出てくる赤外線の大きさI_0はランバート・ベールの法則にしたがい,

$$I_0 = I_I e^{-\varepsilon(\lambda) \cdot \rho \cdot l} \tag{2.1}$$

となる.ここでI_Iはセルに入る赤外線の大きさ,$\varepsilon(\lambda)$は赤外線の波長λでの吸収係数,ρはセルのガスの密度,lはセルの長さである.(2.1)式はセル内で吸収される赤外線の大きさがガスの密度に対して指数関数的に減少することを示している.

赤外線ガス分析計では試料セルと比較セルを用いて零位法による測定を行ない,周囲温度の影響を防ぐことにより,測定精度や安定性を向上させている.比較セルを既知の濃度の気体で満たし,同期モーターにより毎秒数回から数100回チョッパーを回転させ,試料セルと比較セルからの赤外線の大きさの差からCO_2ガスの濃度を測定する.

赤外線の検出器にはCO_2ガスを封入した入れ物を用意し,そこに赤外線が入ると内部エネルギーが増加するので,その圧力変化をコンデンサーマイクロフォンや微風速センサーで取り出すものや,赤外線の量を直接に測定することができる素子などが使用される.また,検出器の前にはCO_2ガスの吸収帯である4.3 μmのみを透過させる光学フィルターが取り付けられている.

装置の内部はセル内の結露防止や試料空気の温度の影響を防ぎ,装置の安定性を保つためにおよそ50 ℃に温度調節されている.また光源から検出器までの赤外線の到達過程の多くは内面の反射によるので,光源の入れ物や両セルの内面は金メッキが施され,効率よく赤外線を通過させ雰囲気による内面の腐食による感度の経年変化も防いでいる.両セルの両端には赤外線透過材料(フッ化カルシウムCaF_2など)による透過窓が取り付けられ,試料ガスの流出を防いでいる.

(3) CO_2 濃度の単位

CO_2 濃度の単位は ppm (parts per million) がよく用いられるが,これは百万分の 1 を 1 ppm としたある量に,いくつの量があるかを表わす比率のことであり,厳密には単位ではない.大気中のガスの濃度の場合とくに体積比であることを示すために ppmv として表わされたり,空気 1 mol 当たり何 mol の CO_2 ガスが含まれているかを示す意味で,mol 表示 ($1\ \mu mol/mol = 1$ ppm) で表わすこともある.

(4) CO_2 密度の計算

試料セルの温度は一定に保たれているので,試料空気の温度が CO_2 濃度の測定値には影響しない.しかし,試料空気の CO_2 密度は温度によって変化する.求める試料ガス密度 ρ_c は,

$$\rho_c = \rho_0 \cdot C \cdot \frac{T_0}{T_a} \tag{2.2}$$

となる.ここで,C は CO_2 濃度,ρ_0 は純ガスの標準状態の密度,T_0 は標準温度 (273.15 K) を表わす.ただし,T_a (K) は取りこみ口の気温であるので,CO_2 密度の計算には試料空気の採集時に,その温度を測定しておく必要がある.

(5) CO_2 濃度の測定

赤外線ガス分析計で CO_2 濃度を精度よく測定するために次のようにいくつかの留意する点がある.

(a) ウォームアップ特性

赤外線ガス分析計では装置各部の温度の変化は測定値に影響を及ぼす.そのため,高精度の分析計では光源やセルや検出器の温度は電子回路により常に一定に調節されている.しかし分析計の起動時などで装置の各部の温度が不均一であると,測定値は一時的に不安定になる.

ウォームアップ特性の例として,一定の CO_2 濃度の標準ガスをガス分析計に送り,分析計起動時からの分析計の指示値の変化を調べた結果を図 2.7 に示す.ガス分析計の精度が 1 ppm とすると,この例ではおよそ 3 分位から

所定の精度が得られている．しかし，装置が十分安定するまでには100分程度必要であることがわかる．各ガス分析計の特性や外気温などによりウォームアップ時の特性は異なるが，一般的には数時間のウォームアップ運転を推奨する．

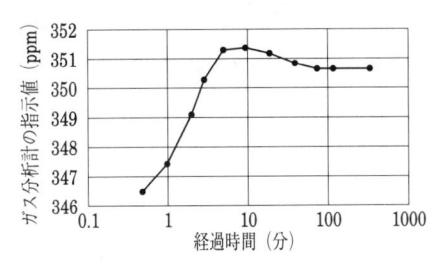

図 2.7 ガス分析計のウォームアップ特性（実測値）

(b) 圧力特性

試料セルで吸収される赤外線の大きさは CO_2 の密度に関係するが，セルの温度が一定になっているので，測定値は試料セルの圧力に影響する．試料セル内のガス密度 ρ は気体の状態方程式より，

$$\rho = C \cdot \rho_0 \cdot \frac{P}{P_0} \cdot \frac{T_0}{T_1} = C \cdot P \cdot k \tag{2.3}$$

となる．ただし，P はセルの圧力，P_0 は標準圧力（1気圧），T_1 は，セルの温度を表わす．ここで，$k = (\rho_0/P_0) \cdot (T_0/T_1)$ とし，ρ_0, P_0, T_0, T_1 が一定とすると，k は一定となるので，ρ は C と P のみの関数となる．このことは標準ガスでガス分析計を検定したときのセルの圧力と同じ圧力でガス分析計を使用する必要があることを意味する．例えば，大気中の空気の CO_2 濃度を 360 ppm として測定しているときに，セルの圧力が 3 hPa 変化すると，およそ 1 ppm の誤差が生じる．ガス分析計に試料空気をポンプなどで送りこむ場合には分析計の空気の出口は圧力が加わらないように注意する必要がある．また，大気圧が変化しても同様の誤差が生じる．

大気の気圧が数分で急変することはあまりないので，濃度差の測定では，取りこんだ試料空気を電磁弁などにより数 10 秒から数分ごとに切り替えることにより，気圧の変化の影響を相殺することができる．

(c) 回転チョッパーの密閉

赤外線ガス分析計は図 2.6 に示すように回転チョッパーのところが密閉さ

れいるものが多いが,使用するガス分析計によってはこの部分が開放になっていて,分析計の容器の密閉度が不十分なものもある.この場合には赤外線は当然チョッパー部分で外気に曝されることになり,測定値にはそのための誤差が加わる.この場合には分析計の容器の密閉を厳重にして,N_2ガスを流すかソーダライムなどの薬品によりCO_2を吸着させるなどで,容器内部のCO_2を排除すると,その誤差をなくすことができる.

2.1.6 土壌水分の測定法 *

作物をとりまく環境要因の一つとして水要因がある.作物体の構成の大部分が水でできていることや養分吸収をはじめ,光合成,蒸散などにも水が大いに関与している.このように植物は生育にとって必要不可欠な水を,降水または灌漑によって供給された土壌中の水分を吸収して生命を維持している.降水量および降水の分布は年による変動が大きい.したがって,土壌水分の変動は作物栽培,生育にとって極めて大きな影響を与えることはいうまでもないが,土壌の物理的な諸特性にも大きく関与している.

さらに,持続的な環境保全型農業展開の観点から,耕地での作物生産が順調に行なわれるためには,耕土層内の養分状態と作物の体内水分を適当な状態に維持することが重要で,耕土層内の水分を好適にするためには,圃場内の水の供給と支出の均衡を保つ必要がある.

ここでは,作物生産に関わる土壌水分の動態を把握するために土壌水分の測定法について述べる.土壌水分の測定は古くから多くの方法が提案され,用いられている.これらの方法は脱水前後の重量変化を直接秤量するものから,土壌または土壌と水分的に平衡状態にある試料の理化学的性質を測って間接的に水分量を求めるものなどがあり,その原理は極めて多岐にわたっている.

土壌水分量の表示法は普通,質量百分率による場合と容積百分率による場合がある.前者は熱乾土基準で算出する場合と風乾土基準で示される場合とがある.灌漑などの実践的な意味から,なるべく未撹乱試料の三相分布を測

* 大場和彦

っておき，仮比重から体積百分率に換算する方が望ましい（2.2.7 参照）．

(1) 熱乾法

　最も基本的な熱乾法は絶対測定である．試料を採取して 105 ℃，24 時間乾燥機に入れて土壌を乾燥する．しかし，部分的に測定対象物を破壊し，測定に長時間を要するので，連続測定は不可能である．

(2) テンシオメータ法

　多孔質物質例えば素焼のカップに水を満たすとすべての孔隙は毛細管としてメニスカス（毛管現象によって曲面になった液体の自由表面の形）が形成され，内外の圧力差によって水は内外いずれへも通すが，空気の侵入は許さない隔壁を作る．このような多孔質カップを目的とする土層に埋設し，導通管をつけて圧力計へと接続し，内部を水で満たして気密にするとカップ付近の土壌中の皮膜水はカップ壁を通じて内部の水と接触し，水圧的平衡状態に達するまで水の出入が行なわれる．この平衡状態が圧力計（水分張力）に示される．水分張力から水分量を求めるにあたって，砂柱法，吸引法，圧膜法および遠心法による水分張力－水分曲線を作成する必要がある．テンシオメータ法は連続測定ができるが，測定範囲が pF 0～2.8 と比較的狭いことが欠点である．

(3) 中性子散乱法

　中性子源（Ra-Be，Am-Be）から放出される速中性子は原子核との散乱によって減速され熱中性子となるが，中性子に対する水素原子の減速能は他の原子に比べて極めて大きいことを利用したものである．速中性子線源付近の熱中性子密度は，その周囲の物質中に含まれる単位面積当たりの水素原子数によって決定される．BF_3 計数管や Li シンチレーションで散乱中性子密度を測定することによって，組成中に水素原子数をもたない物質中の水分量を決定することができる．水分測定領域は湿潤の場合 18 cm から乾燥の場合 30 cm の球体状の範囲内で，その範囲の平均水分値を示し，測定域は pF 0～4.2 まで可能である．この方法は対象物を破壊しないで使用できること，深層までの水分変化を連続測定が可能であるが，水素原子を含む有機物等の影響と放射線を利用するので使用には法律の制限がある．ここで，南九州畑

作台地で求めた各種火山灰土壌の検定曲線を図2.8に示す．これは1,000 ml採土管による土壌の体積含水率と中性子計数率の関係を求めたもので，土壌の種類による影響がない（大嶋ら，1986）．

（4）熱伝導率法

土壌の熱伝導率は土壌中の水分量で大きく変化することを利用して，土壌熱伝導率を測定するもので，熱伝導方程式から導き出した次式より求まる．

温度が上昇する過程：

$$T - T_0 = (q/4\pi k) \ln(t + t_0) + d \tag{2.4}$$

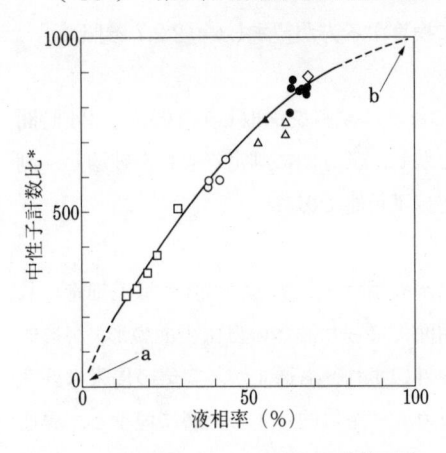

図2.8 畑作台地における挿入型中性子水分計計数比と液相率の関係（大嶋ら，1986）
（宮崎県都城市月の原台地）
□砂礫，○ボラ，△クロボク，▲アカホヤ，●ローム，◇クロニガ，
a 空気中，b 水中
*：中性子計数比＝｛中性子水分計計数率（cpm）／水中飽和計数率（12,900 cpm）｝×1000

温度が低下する過程：
$$T - T_0 = (q/4\pi k)[\ln(t + t'_0) - \ln(t - t_1 + t'_0)] + d' \tag{2.5}$$

ここで，q は加熱量（$Jcm^{-2}s^{-1}$），k は熱伝導率（$JK^{-1}cm^{-1}s^{-1}$），T_0 は初期温度，T は加熱後の温度，t は加熱時間で，t_1 は加熱した時間で，t_0, d, t'_0 および d' は t によらない定数である．したがって，温度上昇 $T - T_0$ と $t + t_0$ の対数に比例することを示す．

土壌の熱伝導率は双子型ヒートプローブ法で測定される（粕淵，1982）．ヒートプローブはステンレス細管内に線熱源と熱源の温度を測定する温度センサーを内蔵したものである．ヒートプローブから一定の発熱があると，土壌の熱伝導率が大きい場合には熱が多量に流れるためプローブの温度上昇は小さい．この時の温度変化を測定し，上記の式から熱伝導率を求め，熱伝導

率から土壌水分量に変換する．温度上昇は1℃以下に抑え，センサー付近の水分移動を生じさせないようにする必要がある．この方法は水分の測定範囲が広く，土壌溶液濃度の影響を受けないが，土壌の固相率毎に校正曲線を決める必要があり，更に熱伝導率は温度の影響を受けるため，表層付近では温度を考慮する必要がある．

(5) TDR法

土壌中で時間領域での電気パルス（電磁波）の反射特性を捉え，その特性を用いて土壌水分を測定する方法である．土壌中の誘電率は，空気・土壌・水がそれぞれ1 : (3~7) : 80 で，水の値が相対的に大きいので，伝播速度を測定することによって水分量の計測が可能である．伝播速度は次式で表わされる．

$$\varepsilon = (c/v)^2 = (ct/2L)^2 \tag{2.6}$$

ここで，ε は誘電率，c は真空中での光速，L はプローブの長さ，v は土壌中を伝播する電磁波速度，t は土壌中に埋設したプローブを電磁波が往復するのに要する時間である．

Topp *et al.* (1980) は誘電率 ε と体積含水率 θ との関係式を次のような多

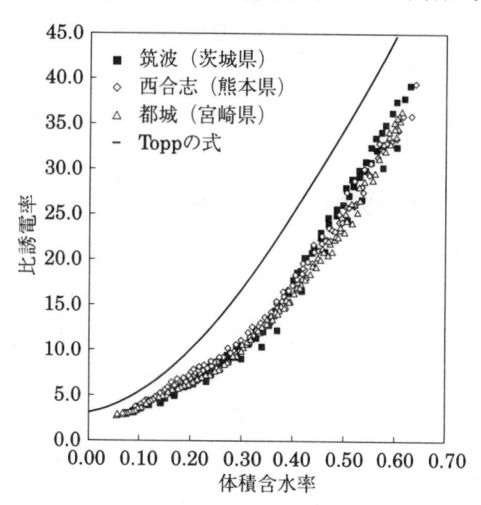

図 2.9 各地の黒ボク土での体積含水率と比誘電率の関係（宮本・安中，1998）

項式で示している．

$$\theta=-5.3\times10^{-2}+2.29\times10^{-2}\varepsilon-5.5\times10^{-4}\varepsilon^2+4.3\times10^{-6}\varepsilon^3 \qquad (2.7)$$

これは種々の土壌に対して成立し，普遍式ともよばれているが，日本での黒ボク土については若干小さくなることが報告されている（宮本ら，1998）．その校正式の結果を図2.9に示す．TDR法ではプローブの長さによって測定体積が決まり，その平均水分量で示され，土性，土壌密度，土壌溶液濃度，土壌温度の影響をほとんど受けないとされているが，ガラス質分，粘土質分，有機質分が多い場合，上記の校正式に適合しないので，適切な校正式の模索が行なわれている（筑紫，1998）．また，センサーは2〜4線式のプローブがあり，3線式は欠点が少ない．

引用文献

筑紫二郎，1998：TDR水分計の応用とその問題点．平成10年度農業土木学会九州支部シンポ，1 - 17．

林　真紀夫，1997：湿度の測定，「新訂 農業気象の測器と測定法」，農業技術協会，59 - 89．

粕淵辰昭，1982：土壌の熱伝導に関する研究．農技研報告，B - **33**，1 - 54．

今　久，1997：温度の測定，「新訂 農業気象の測器と測定法」，農業技術協会，41 - 58．

真木太一，1997：温度，湿度，風速の分布，「新訂 農業気象の測器と測定法」，農業技術協会，170 - 182．

宮本輝仁・安中武幸，1998：関東ローム表土の体積含水率—比誘電率関係の特徴．農土論，**194**，165 - 166．

中田　考，1962：「自動制御機器便覧」，オーム社，IV，89 - 93．

日本農業気象学会，1997：「新訂 農業気象の測器と測定法」，農業技術協会，pp. 345．

大嶋秀雄ら，1986：都城市月野原台地における層位別液層率の季節変化．土肥誌，**57**（5），468 - 473．

Topp, G. C, J. L. Davis and A. P. Annan, 1980 : Electromagnetic determination of soil water content : Measurement in coaxial transmission lines. *Water Resour. Res.*, **16**(3), 574 - 582.

2.2 耕地環境の評価方法

2.2.1 熱収支法による評価法[*]

大気と耕地，林地や裸地面などにおいて太陽放射は植物体や土壌温度(地温)の上昇，水の蒸発の熱源(潜熱)，または隣接する空気の加熱(顕熱)に使用される．このような熱の配分や水のやりとりは，表面の条件によって異なっており，我々の環境や植物の生理的活動と密接な関係をもっている．耕地気象や林地気象はこのような熱や水の交換の結果作り出されているので，熱の配分や水のやりとりを知ることが大切である．ここでは，熱収支法による評価方法について紹介する．

(1) 熱収支ボーエン比法

農耕地における熱収支式の関係は次式で表わされる．

$$Rn - G = H + lE = lE(1 + B_0) \qquad (2.8)$$

ここで，Rn は純放射量($kW \cdot m^{-2}$)，G は地中伝導熱量($kW \cdot m^{-2}$)でそれぞれ純放射計，地中熱流計で測定する量である．水田の場合は，式(2.8)のなかに水体の貯熱量の変化項を加える必要がある．水面の熱収支については岩切(1977)，井上(1988)を参考にされたい．式(2.4)のなかのB_0はボーエン比とよばれ，B_0は，顕熱フラックスと潜熱フラックスの比(H/lE)として表わされる．水田における熱収支ボーエン比法による測定のための測器の配置を図2.10に示す．図(A)に示す図は通風による乾球と湿球温度を測る装置で，熱電対を用いて自作したものである．ボーエン比法では2高度(z_1, z_2)での気温すなわち乾球温度T_{D1}, T_{D2}(℃)と水蒸気圧力e_1, e_2(hPa)の測定値を使って，次の関係からHとlEを近似的に求めるものである．測定のための機器の配置図は図2.10(B)に示し，図右側には乾球差と湿球差を測定する模式図である(内嶋，1982)．

---

[*] 大場和彦

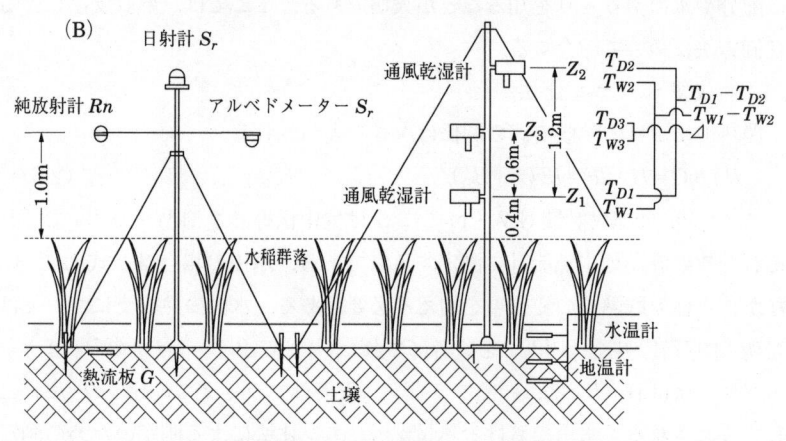

図 2.10 水田における熱収支観測のための測器配置模式図
　　　(A) 簡易な通風乾湿計（桜谷・岡田，1985）
　　　(B) 熱収支観測のための測器配置図（内嶋，1982を一部改変）

T_{D1}, T_{D2} は高さ，Z_1 と Z_2 の乾球温度，T_{W1}, T_{W2} は湿球温度，Δ は T_{W1} に対する飽和水蒸気曲線の傾度

$$B_0 = \gamma \frac{(T_{D1} - T_{D2})}{(e_1 - e_2)} \tag{2.9}$$

ここで，γ は乾湿計定数（hPa・℃$^{-1}$）であり，次式で示される．

$$\gamma = C_P P / 0.622\, l \tag{2.10}$$

ここで，C_P は空気の定圧比熱（1.0042 J ℃$^{-1}$ g^{-1}）で，P は大気圧（hPa）で，l は蒸発潜熱（J・g^{-1}）で，それぞれ海抜 h（m）と湿球温度 T_W（℃）の関数で

次式で表わされる.なお,T_{W3} は高度 z_1,z_2 間での平均湿球温度である.

$$P = 1013 - 0.1093\,h \tag{2.11}$$

$$l = 2500.80 - 2.3668\,T_{W3} \tag{2.12}$$

式 (2.9) のなかでの水蒸気圧は次の乾湿計公式から求めることができる.

$$e = e_{wS} - [0.000660\,(1 + 0.00115\,T_W)]\,P(T_{D3} - T_{W3}) \tag{2.13}$$

ここで,e は 2 高度間の平均乾球温度 T_{D3},平均湿球温度 T_{W3} における水蒸気圧 (hPa),e_{wS} は平均湿球温度に対する飽和水蒸気圧を示し,近似的に Murray の式で精度よく求められる.

$$e_{wS} = 6.1078\,\exp\!\left(\frac{17.2693882\,T_{W3}}{T_{W3} + 237.30}\right) \tag{2.14}$$

式 (2.5) の e_1 と e_2 は,一般に気象定数表から求めることができるが,今日のパソコン普及により直接,式 (2.13),(2.14) をプログラムして求めるのが一般的である(桜谷・岡田,1985).一方,計測方法が自動化されている場合,式 (2.15) で示すように高度 1,2 での乾球と湿球温度差を用いてボーエン比を求めた方が計測上とデータ処理で容易になる.

$$B_0 = \frac{T_{D1} - T_{D2}}{(1 + \varDelta/\gamma)(T_{W1} - T_{W2}) - (T_{D1} - T_{D2})} \tag{2.15}$$

ここで,T_{D1},T_{D2},T_{W1},T_{W2} は図 2.10 に示す測器の配置から得られる温度で,$\varDelta$ は T_{W3} に対する飽和水蒸気圧曲線の傾度 (hPa・℃$^{-1}$) である.$\varDelta$ は式 (2.14) を T_{W3} について微分した式で高精度に求めることができる.

$$\varDelta = \frac{25029.9221}{(T_{W3} + 237.30)^2}\,\exp\!\left(\frac{17.2694\,T_{W3}}{T_{W3} + 237.30}\right) \tag{2.16}$$

式 (2.8) から,ボーエン比を用いて顕熱フラックスと潜熱フラックスを書き換えると次式になる.

$$H = \frac{B_0(Rn-G)}{1+B_0}, \quad lE = \frac{(Rn-G)}{1+B_0} \qquad (2.17)$$

(2) バルク法

熱収支式 (2.8) のなかで，顕熱と潜熱のフラックスは，次のようなバルク式でも表わされる．

$$H = C_P \rho C_H U(T_S - T) = C_P \rho C_H U \delta T$$
$$lE = l\rho C_E U(q_S - q) = l\rho \beta C_H U[q_{SAT}(1-rh) + \Delta \delta T] \qquad (2.18)$$

ここで，U は風速 (m/s)，$q_{SAT}(T)$ は気温 T に対する飽和比湿，$\Delta = (dq_{SAT}/dT)$ は飽和比湿の温度に対する傾度，rh は相対湿度である．蒸発効率 $\beta = (C_E/C_H)$ は，地表面が十分に湿っている場合では $\beta = 1$，砂漠などの土壌が極端に乾燥している場合には $\beta = 0$，それ以外では $0 \leq \beta < 1$ となるが，β についてはまだ不明な点が多い (近藤，1994)．

(3) 熱収支ボーエン比法の計算方法

ここでは，都城市九州農試畑地利用部圃場において 1986 年 5 月 24 日 12 時での 30 分間平均値で得られたトウモロコシ群落上での測定値を用いて，ボーエン比と顕熱・潜熱フラックスを式 (2.15) および式 (2.17) から求める計算手順を述べる．

$h = 82$ m，$T_{D3} = 26.3$ ℃，$T_{W3} = 19.1$ ℃，$\Delta T_D = 0.18$ ℃，$\Delta T_W = 0.46$ ℃
$Rn = 0.702$ kW・m^{-2}，$G = 0.020$ kW・m^{-2}

(2.8) 式から　　　　$l = 2455.59$ J・g^{-1}
(2.6) 式から　　　　$\gamma = 0.660$ hPa・℃$^{-1}$
(2.10) 式から　　　$\Delta = 1.378$ hPa・℃$^{-1}$
(2.11) 式から　　　$B_0 = 0.145$

得られたボーエン比から，式 (2.16) により潜熱と顕熱フラックスを求めると以下のようになる．

$lE = 0.596$ kW・m^{-2}
$H = 0.086$ kW・m^{-2}

潜熱フラックスを蒸発散量に置き換えると以下の値が得られる．

$E = (0.596 / 2455.59) \times 60 \times 30$
$= 0.0002427 \times 60 \times 30 = 0.437 \, \text{mm} \cdot 30 \, \text{min}^{-1}$

(4) 熱収支法の成果

　ここでは，南九州畑作台地の比較的平坦で均一な表面におけるカンショ畑での熱収支の測定例を図2.11に示す．カンショ畑の生育初期，中期および後期における熱収支項と気象要素の日変化を示したものである．上段はアルベドの変化で，生育が進むにつれてアルベドは大きな値を示す．下段には熱収支項の日変化を示しているが，純放射量の配分をについてみると，図示した7月14日，8月10日および10月14日においてそれぞれ99.8％，108.3％，94.7％が蒸発散量として使われ，そのためボーエン比は日中を通じて0に近く葉温の上昇も小さい．また，8月10日の午後に潜熱フラックスが純放射量を上回っているのは移流の影響である．

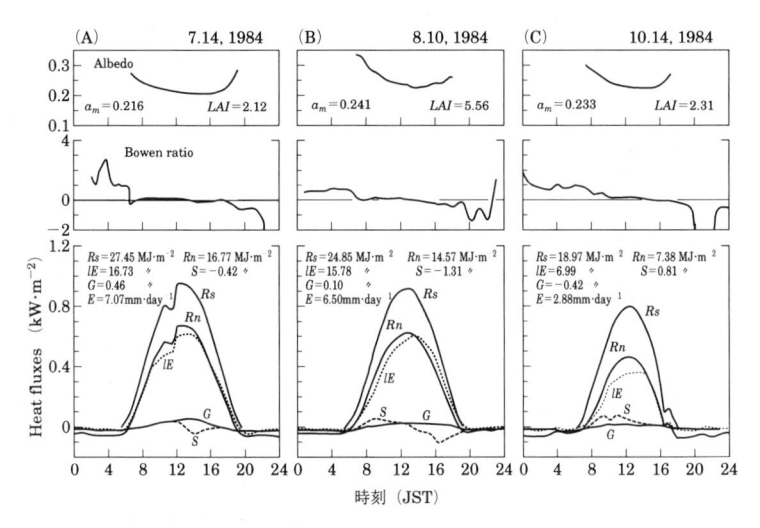

図2.11　カンショ畑における生育時期別の熱収支と気象要素の日変化（大場，1988）

a_m：日アルベド，LAI：葉面積指数，Rs：日射量，Rn：純放射量，lE：潜熱量，S：顕熱量，G：地中伝導熱量，E：蒸発散量を示し，日量である．

(5) 熱収支評価手法の問題点

熱収支ボーエン比法では，対象表面の面積が十分に広く，その表面の性質の影響を受けた境界層が形成されていることを前提にしている．また，表面が起伏のない均一であることも条件として入っている．ただし，ボーエン比は熱と水蒸気に対する拡散係数が等しいものと仮定しているので，測定期間中に放射や風の場に著しい変化がないことが条件である．観測地点の風上側，風下側に接近して樹林や建造物がある場合には観測値に対する影響が大きいので注意が必要である．また，B_0 は表面が湿っていると小さな値を示し，乾燥してくるにつれて値が大きくなる．$B_0 > 1$ 以上になる乾燥した表面上での熱収支項の決定にボーエン比法を使うと顕熱，潜熱フラックスの計算精度が低下するといわれている．また，B_0 は条件によっては正の値をとることも，負の値になることもある．負の値は顕熱の流れの上下方向の向きが潜熱の流れの向きと逆であることを意味している．また，砂漠や熱帯地域の乾期期間中などの高温乾燥な気候条件下で裸地面に灌漑し，表面を湿らせると B_0 が負の値を示すが，このような条件下での本手法は適応できない．

2.2.2 空気力学的評価法（傾度法）[*]

空気力学的方法は，フラックスが傾度に比例することを利用して傾度の測定からフラックスを推定する方法である．少なくとも2高度に風速計と温度計，そして対象とする気体の濃度計（あるいは空気吸入口）を設置する必要がある（図2.12参照）．例えば物理量 s のフラックス（F）は，

$$F = -K \frac{\partial \bar{s}}{\partial z} \tag{2.19}$$

と表わすことによって求めるものである．ここで，$\bar{s}$ は s の平均値，K は渦拡散係数，z は高度である．大気の安定度が中立に近いときは，平均風速（$\bar{u}$）の鉛直分布に対数法則 $\partial \bar{u}/\partial z = u_*/(kz)$ が適用できるので $K = k u_* z = k^2 z^2 (\partial \bar{u}/\partial z)$ から

---

[*] 文字信貴

2.2 耕地環境の評価方法 （ 67 ）

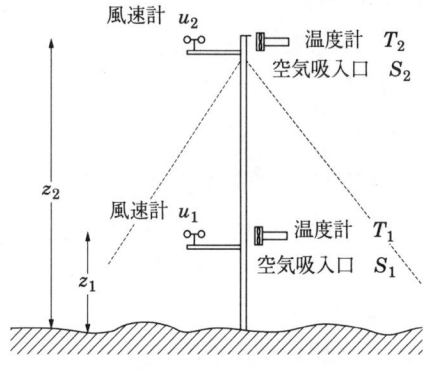

図 2.12 2 高度の測定点による傾度法（空気力学法）の設置例

$$F = -k^2 z^2 \frac{\partial \bar{u}}{\partial z} \frac{\partial \bar{s}}{\partial z} = k^2 \frac{(\bar{u}_2 - \bar{u}_1)(\bar{s}_1 - \bar{s}_2)}{\left[\ln\left(\frac{z_2 - d}{z_1 - d}\right)\right]^2} \qquad (2.20)$$

のように近似できる．ここに u_* は摩擦速度 $u_* = (-\overline{u'w'})^{1/2}$，次節参照），$d$ は地面修正量である．k はカルマン定数で普通 0.4 の値が用いられる．この関係を用いて多くのフラックス観測がこれまで様々な植生上で行なわれてきた．

　大気の安定度が中立から離れるときはフラックスと傾度の関係はモーニン・オブコフの相似則を用いて表わすことができる．モーニン・オブコフの相似則とは，大気乱流は基本的に運動量フラックス $\overline{u'w'}$ と顕熱フラックス $\overline{w'\theta'}$ を用いてすべて同じ形に表わされるというものである．この法則に従えば，風速，温位，比湿，二酸化炭素など気体濃度の鉛直勾配はそれぞれ，$\partial \bar{u}/\partial z = (u_*/z)\Phi_m$，$\partial \bar{\theta}/\partial z = (\theta_*/z)\Phi_h$，$\partial \bar{q}/\partial z = (q_*/z)\Phi_q$，$\partial \bar{c}/\partial z = (c_*/z)\Phi_c$ と表わされる．ここに，$\theta_* = -\overline{w'\theta'}/u_*$，$q_* = -\overline{w'q'}/u_*^2$，$c_* = -\overline{w'c'}/u_*$，$\theta$ は温位，q は比湿，c は気体濃度である．関数 $\Phi_m, \Phi_h, \Phi_e, \Phi_c$ は，モーニン・オブコフの長さ，$L = u_*^2 \bar{\theta}/(kg\theta_*)$ で対象高度 z を割った，無次元量 z/L（$=\zeta$ とおく）のみの関数である．

　これらを用い，関数 $\Phi_m, \Phi_h, \Phi_e, \Phi_c$ を物理量 s について一般的に Φ_s と

書けば式 (2.17) は

$$F = k^2 \frac{(\bar{u}_2 - \bar{u}_1)(\bar{s}_1 - \bar{s}_2)}{\Phi_m \Phi_s \left[\ln\left(\frac{z_2 - d}{z_1 - d}\right)\right]^2} \tag{2.21}$$

のように書ける．普遍関数 Φ_s のうち Φ_m, Φ_h については Businger-Dyer の式（例えば Kaimal & Finnigan, 1994, あるいは Arya, 1988 参照），

$$\Phi_m = (1 - 15\zeta)^{-1/4}, \quad \Phi_h = \Phi_m^2 \quad \zeta \leq 0$$
$$\Phi_m = 1 + 5\zeta, \quad \Phi_h = \Phi_m \quad \zeta > 0 \tag{2.22}$$

が広く使われている（図 2.13）．Φ_e, Φ_c については Φ_h と等しいと考えられる．なお，ζ とリチャードソン数 R_i

$$R_i = \frac{g}{T} \frac{\frac{\partial \bar{\theta}}{\partial z}}{\left(\frac{\partial \bar{u}}{\partial z}\right)^2} \tag{2.23}$$

の関係は，

$$\zeta = R_i \quad R_i < 0$$

$$\zeta = \frac{R_i}{1 - 5\zeta} \quad 0.2 > R_i \geq 0 \tag{2.24}$$

のように求められているので，傾度のみ測定してフラックスを評価すること

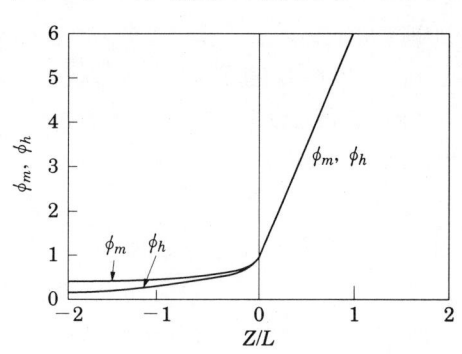

図 2.13 無次元プロファイル関数の安定度変化
　　　　実線は式 (2.22) を示す．

が可能である．ここに g は重力の加速度，T はその層の平均気温である．

ところが，森林上ではこの普遍関数は式 (2.21) とは大きく異なり，しかもバラツキが大きい．一般的な特徴として，森林上では熱や物質は勾配が小さくても輸送量が大きくなる傾向が認められる．これは，群落のすぐ上では，樹冠部の大きな凹凸によって作られた乱れが支配する領域があり (roughness sublayer ともよばれる)，相似則が成立しないためであると考えられる．したがって，傾度法において濃度などの上下差が得やすいという理由で，あまり下層の測定点を群落に近づけすぎると正しいフラックスの測定ができない．この層より上に出るためには群落高の 2～3 倍くらいの測定高度が必要であるとの考えがある (例えば，Kaimal & Finnigan, 1994)．しかし，あまり高い層では傾度も小さくしかもフェッチが不足するという問題が発生するなどの矛盾が生じる．

傾度法は鉛直方向の測定点を多くすればそれだけ精度が向上する．無次元プロファイルの方程式を積分すれば，

$$\frac{\bar{u}}{u_*} = \frac{1}{k}\left[\ln\frac{z}{z_0} - \psi_m(\zeta)\right]$$

$$\frac{\bar{\theta} - \theta_0}{\theta_*} = \frac{1}{k}\left[\ln\frac{z}{z_h} - \psi_h(\zeta)\right] \tag{2.25}$$

の様に書ける．ここに，$\psi_m(\zeta)$ と $\psi_h(\zeta)$ は ζ のみの普遍関数である．例えば，式 (2.22) のプロファイルを用いれば，これらの関数は次のように書くことができる (Paulson, 1970)．

$$\left.\begin{aligned}\psi_m &= \ln\left[\left(\frac{1+x^2}{2}\right)\left(\frac{1+x}{2}\right)^2\right] - 2\tan^{-1}x + \frac{\pi}{2} \\ \psi_h &= 2\ln\left(\frac{1+x^2}{2}\right)\end{aligned}\right\} \quad \zeta < 0 \tag{2.26}$$

$$\psi_m = \psi_h = -5\zeta \qquad\qquad \zeta \geq 0$$

ここに，$x = (1-15\zeta)^{1/4}$，$\zeta = z/L$ である．したがって，図 2.14 に示すように，$\ln z - \psi_m(\zeta)$ と u のプロットから u_* が，$\ln z - \psi_h(\zeta)$ と θ のプロットから θ_*，したがって，顕熱フラックスが求まる．同様に CO_2 などのフラックスも求めることができる．例えば，図 2.14 の上段の測定例で最も右端のプロファイルでは式 (2.24) を用いれば u_* が 0.41 ms^{-1} となり，下段の図では同じ測定時間のものは左端で θ_* が 0.35 ℃ となるので顕熱フラックス H は $\rho C_p \overline{w'\theta'} = -\rho C_p u_* \theta_* = 171$ Wm^{-2} のように求めることができる．

傾度法では風速の勾配の測定を必要とするが，問題は，夜間など風速が弱くなると3杯風速計などは起動風速以下となり停止してしまうことが多いことである．完全に停止しなくても，動いたり止まったりする（この判定がずっと見ているわけには行かないので困難）とフラックスの評価ができなくなる．風杯風速計使用上のもう一つの注意点は，風速の変動に対する応答が加速時には速やかであるが，減速時には遅れることである．したがって，乱れの大きな流れのなかでは風杯風速計による風速は過大評価になり，これが 10% にも及んで無視できないことがあるので，実際に設置する場所で超音波風速計などと比較して確かめておくことが望ましい．

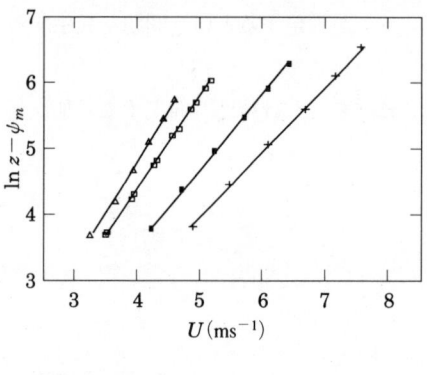

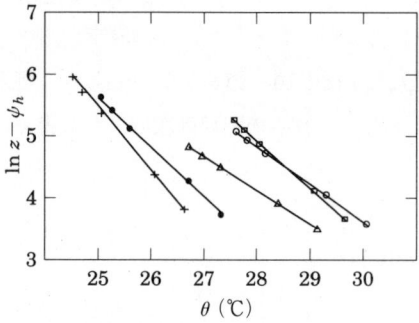

図 2.14 安定度補正を行ったプロファイル (Paulson, 1970)
　　　　上段は風速，下段は温位

2.2.3 渦相関による評価法 *

地表面や植物群落のすぐ上の気層では気流は大きく乱れており，その混合によって熱，水蒸気や微量気体は上下に輸送される（図2.15）．渦相関（eddy correlation）法あるいは乱流変動法はこの乱れを測って乱流フラックスを求める方法であり，用いる仮定がない直接的な方法である．渦相関によるフラックス（F）は次のように示される．

$$F = \overline{ws} = \overline{w's'} + \overline{w}\,\overline{s} \tag{2.27}$$

ここに s は対象とする気体の空気中での密度，w は風速の鉛直成分である．バー（ ¯ ）は時間平均を，プライム $'$ は平均からの偏差を示す．平坦で一様な地表上で $\overline{w} \approx 0$ であると仮定できる場合には右辺の第2項は無視できるのでフラックスは w と s の共分散で表わされる．図2.15の w と c の信号を例にとれば，同じ時刻の偏差 w' と c' について $\overline{w'c'}$ を測定時間（例えば30分間）平均してフラックスを求めることができる．この例では w' と c' は逆相関になっているので $\overline{w'c'}$ は負の値をとることになる．

微量気体のフラックスについては第2項が無視できないことがある．Webb *et al.*(1980) は次の様な補正が必要であるとした．まず質量保存の原理から，乾燥空気の鉛直フラックスはゼロ，$\overline{w'\rho'}=0$，と考えて式 (2.27) は

$$F = \overline{w's'} + \mu \bar{s}\,\overline{w'q'} + (1+\mu\sigma)\frac{\bar{s}}{\bar{\theta}}\overline{w'\theta'} \tag{2.28}$$

と書ける．ここに μ は水蒸気と空気の分子量の比（= 0.622），σ は水蒸気と空気の密度の比である．この式の右辺第1項は測定された微量気体フラックス，第2項は水蒸気フラックスからの寄与，第3項は顕熱フラックスからの寄与を表わす．この補正を行なうために，微量気体フラックスの渦相関観測には顕熱や潜熱のフラックスも測って置かねばならず，たいへん複雑となる．

渦相関法を用いる場合，フラックスに寄与するすべての周期の変動をとら

---

* 文字信貴

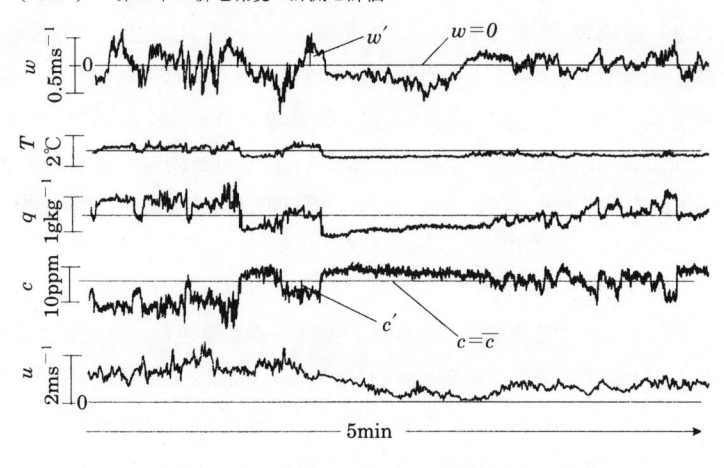

図2.15 日中の森林上で得られた乱流変動の測定例

えることが必要なことである．センサーには10 Hz以上の高周波変動をとらえる応答特性と0.001 Hz程度の変動を測定できる安定性がともに必要である．風速の鉛直成分（w）については，この条件を満たす超音波風速計が一般に使われる（図2.16）．蒸発散測定のための湿度の乱流変動の測定については，空気に直接触れて測定するタイプ（乾湿球温度計，容量型湿度計など）と赤外線や紫外線の吸収を利用するタイプとに分けられる．前者は一般に応答特性が優れないので，高周波成分の補正が必要である場合が多い．赤外線の吸収を利用するものにはオープンパスのものとクローズドパスのものがある．オープンパスのセンサーは光路が大気に出ているので乱れを直接計れるがメンテナンスなしでは長期間放置するには問題がある．クローズドパスタイプのものは出力は安定しているがチューブで吸引しなければならないので速い変動に追従できないことがある．

渦相関法のデータ収録と解析に際しては様々なことを考慮に入れなければならない．ある周波数f_cまでの情報を得たいときはサンプリング間隔Δtは$\Delta t = 1/(2f_c)$とすればよい．ただし，この信号にそれ以上の高い周波数の不必要なノイズなどが含まれている場合は，それらはf_cのところで折り返して低周波側に現われてしまうという性質を持っている．これはエイリアシン

図 2.16　三次元超音波風速計とオープンパス CO_2・水蒸気変動計の組み合わせ例

グとよばれる現象で，映画で走っている車の車輪が止まったように見えることがあるのはこの現象である．これを無くするためには f_c よりも高い周波数が現われないようにフィルター（アナログまたはデジタル）をかけるか，または適当な周波数まで細かくサンプリングを行なう必要が生じる．

　サンプリング時間，あるいは平均化時間は，十分な長さを持ち，フラックスに寄与するすべてのスケールを含まなければならない．すなわち，定常性が保証される長さが必要である．地面近くの測定では一つの測定時間として 30 分から 1 時間程度の長さが適当である．長すぎると日変化など乱流現象とは無関係な非定常性が含まれるようになる．

　時系列データに含まれるトレンドが大きいと低周波数側が増大するという好ましくない影響がでる．もし，直線的に増加する（または減少する）トレ

ンドが含まれているとパワースペクトルにはf^{-2}に比例する成分が加わることになる.これを防ぐためには,ハイパスフィルターを用いたり,移動平均を計算して原時系列から差し引くなどの処置が必要である.トレンドが直線など単純な形であれば,最小自乗法などを用いて除去してもよい.

超音波風速計など風速計を用いる場合それをどの様に設置するかという,設置角度の問題が生じる.水平で一様な地形上で水準器を利用して厳密に設置しても,取り付け器具やポールなどの影響で平均流が水平にならない場合があることは以前から知られており,その補正も行なわれてきた.傾斜角が大きい複雑な地形上の森林などで渦相関法を用いたフラックスの測定を行なう場合は座標をどのように選ぶかが問題となる.

渦相関法はこのように複雑な手法ではあるが,それ以外の間接的な手法はすべて何らかの大きな仮定を用いる必要があり,とくに植物群落に対してはその仮定も曖昧なことが多いので,最後には渦相関法に頼らざるを得ない.全要素が測定が困難な場合には比較的測定が容易となった顕熱フラックスだけでも渦相関法で測っておくと全体の精度向上に役立つと思われる.

渦相関法でフラックスが測定できる微量気体は限られている.オープンパスでフラックスが測定できるのはCO_2くらいである.したがって,微量気体濃度については応答の悪い測器で測定するだけで渦相関法に近いやり方でフラックスを評価しようとする方法が検討されていて,その一つがREA (Relaxed Eddy Accumulation)法あるいは簡易渦集積法とよばれ,現在かなりの野外実験が実用化に向けてなされている.原理は,フラックスは次の様に表わされるというものである.

$$F = b \cdot \sigma_w (S^+ - S^-) \tag{2.29}$$

ここで,σ_wは風速鉛直成分の標準偏差,またS^+,S^-は気流が上を向いているときと下を向いているときのそれぞれの気体密度の平均である.bは実験定数であり約0.5である.サンプリング装置は小型にできるので,簡単なポールの上や気球などにも取り付けることもできる(Hamotani *et al.*, 1997).

2.2.4 水収支式による評価法 [*]

(1) 水収支式

　地球上の降水，蒸発，流出，土壌への貯留などの水循環の実態は水収支で表わされる．水収支は水資源問題や環境問題，あるいは農業生産の問題を考える際，非常に重要な概念である．なぜなら，地球の生態系や人間活動は水によって大きく制限されており，水資源を有効に活用するためには水収支の実態把握が必要不可欠となるからである．一般に水収支式は次のように表わされる．

$$P = E - Q_i + Q_0 - F_i + F_0 + \Delta G \tag{2.30}$$

ここで，P は降水量，E は実蒸発散量，Q_i は対象とする領域内への地表面流入量，Q_0 は対象とする領域内からの地表面流出量，F_i は対象とする領域内からの地下成分流入量，F_0 は対象とする領域内からの地下成分流出量，ΔG は貯留量の変化である．

　通常，水収支式を適用する場合，降水量データの使用が前提となることが多く，その他は対象とする時空間スケールによって測定可能な項目が変化する．また，水収支の各項は現在のところ，気温や湿度，気圧等の気象観測と異なり，いずれにおいても観測誤差や推定誤差がかなり含まれるといった点に注意する必要がある．したがって，水収支各項の観測値や推定値の精度を高めることが，水収支の評価を行なうにあたって重要となる．

(2) 河川流域を対象とした場合の水収支式

　ある流域を対象とした場合，領域内に入ってくる成分 Q_i や F_i は考慮する必要はなくなるので水収支式は次のように表わすことができる．

$$P = E + Q_0 + F_0 + \Delta G \tag{2.31}$$

ただし，式(2.31)のなかで地下水流出量に相当する F_0 と流域の貯留量あるいは広域の土壌水分量の変化に相当する ΔG の正確な評価は現在のところ困難である．

　さらに，大河川流域を単位として1年程度の長い期間を対象とした場合，

---

[*] 広田知良

流域貯留量 ΔG の変化は,降水量 P や実蒸発散量 E,流出量の変化と比べて無視できるようになり,さらに地下水流出量 F_0 も無視できるとき,水収支式は次のように表わすことができる.

$$P = E + R \tag{2.32}$$

ここで,R は河川流出量(地下水流出量が無視できるとき $R \fallingdotseq Q_0$ とみなせる)である.この式 (2.32) より,年単位であれば,観測により直接求めることが容易でない流域単位の実蒸発散量も降水量と河川流出量の測定値により推定することができる.例えば,近藤(1994)によると,この水収支法で求められた日本国内における森林蒸発散量は北日本では 500〜700 mm/yr,南日本では 700〜1,000 mm/yr 程度と報告されている.また,地球全体を考えた場合は,$P = E$ となる.

河川流域を対象として水収支法を適用した場合の問題点は,蒸発量の推定精度は降水量と河川流出量の測定精度に左右されることである.とくに広域の降水量の正確な算定は容易ではない.

(3) 圃場スケールにおける水収支

圃場スケールを対象とした場合,実蒸発散量 E はライシメーター法や微気象学的方法によって求めることができる.また,ある土層の ΔG (mm) は土壌水分量の観測値より次式から求めることができる.

$$\Delta G = \sum_{i=1}^{n} w_i \tag{2.33}$$

$$w_i = \frac{1}{100}(\theta_i' - \theta_i)H_i \tag{2.34}$$

ここで,θ_i は第 i 層の初期の土壌水分量(%),θ_i' 第 i 層のある時間ステップ後の土壌水分量(%),H_i は第 i 層の土壌の厚さ(mm),n は層数である.

さらに,式 (2.30) の F_i に相当する地下からの毛管補給量も土壌物理学的手法により,対象とする土壌下端の不飽和透水係数を求めて,この深さの土壌水分ポテンシャルの勾配を合わせて測定すれば,両者を掛け合わせて,毛

管補給量を求めることも可能である．したがって，圃場スケールにおいては実測値に基づいて時間単位のスケールでの水収支の実態把握や議論が可能である．

ただし，圃場を対象としての観測は，観測機材一式を揃えるには比較的高価となり，しかもいずれも測定精度を要求され，観測技術の習熟を要する．例えば，対象土壌を1m層とした場合，土壌水分量の僅か1％の観測誤差がGの10mm相当水量の誤差となる．これは1日の蒸発散量の値を上回り，致命的な誤差である．また，水収支を評価するに当たっては，土壌は一般に不均一であるため，土壌水分や土壌物理係数について空間的に代表性のある値をいかにして観測するかといった問題やそれぞれの観測値の水平スケールの違い（蒸発量は微気象学的方法なら数十〜数百m，土壌水分はセンサーの大きさに依存し，数cm〜数十cm，土壌物理学実験は50ccあるいは100ccサンプラーの大きさ）を十分に考慮しなければならない．

(4) ソーンスウエイトによる気候学的水収支法

水収支各項の精度のよい観測や推定を行なうことは容易ではないが，一方，入手容易な気象データから土壌の水収支の概略を簡単に計算できる方法がある．ここでは，このような方法の一つとしてソーンスウエイトによる気候学的水収支法とよばれるものを紹介する．この方法は植物が利用できる土壌の最大有効水分量$mPAW$を予め決めておけば，降水量Pと可能蒸発散量PET（与えられた気象条件のなかで地表面が十分に湿っている場合に起こるであろう蒸発散量）の月値のみから月水収支の概略を簡単に計算できるものである．これにより，農業生産を行なう上で必要な土壌の乾湿の把握が容易に行なえ，灌漑の必要な時期の判断材料にできる．

この方法は次のような考え方に基づいて計算される．

① 根圏の土壌の深さ（植物の根が水を吸うことのできる範囲の土壌の深さ）を定義する（一般に数十cm〜1.5m程度が採用される）．

② 植物が利用できる土壌の最大有効水分量$mPAW$は根圏の土壌の深さ$DEPTH \times$（圃場容水量FC － 永久しおれ点PWP）である．

③ 土壌は圃場容水量FC（あるいは最大有効水分量$mPAW$）まで水分を貯留

できる．

④圃場容水量（あるいは最大有効水分量 $mPAW$）を超えると水分は土壌に貯えられず，流出あるいは排水，すなわち土壌の余剰水 S として扱われる．

⑤根圏の土壌水分量の損失 ΔG は実蒸発散量 E によってのみ生じる．

⑥降水量 P が可能蒸発散量 PET より大きい場合は，可能蒸発散量 PET と実蒸発散量 E は等しい．可能蒸発散量 PET の方が降水量 P より大きい場合は，実蒸発散量 E は降水量 P に土壌水分の損失量 ΔG が加わる．

⑦実蒸発散量 E は，可能蒸発散量 PET と土壌水分量に依存する．

⑧蒸発散による土壌水分の損失 ΔG は，土壌水分量の値が植物が利用できる土壌水分量の下限値（永久しおれ点）に達するまで生じる {（または，植物が利用できる可能水分量 PAW が 0 になったときまで）: PAW =現在の土壌水分量の値から永久しおれ点における土壌水分量の値を差し引いた値で有効水分量の残量である．

⑨植物が利用できる有効水分量の残量 PAW が 0 になったら蒸発散による土壌水分の損失 ΔG は生じない．

⑩降水量 P が可能蒸発散量 PET より小さい場合，実蒸発散量 E =可能蒸発散量 PET ×（有効水分量の残量 PAW /最大有効水分量 $mPAW$）で求める．

⑪雪は土壌への浸透水あるいは余剰水 S として扱われる．

したがって，ソーンスウェイトによる土壌の水収支式は次のように表わされることになる．

$$P = E + \Delta G + S \tag{2.35}$$

ここで，P は降水量，E は実蒸発量，ΔG は土壌水分貯留量の変化，S は土壌の余剰水である．ソーンスウェイトの水収支計算方法の流れを図 2.17 に示す．計算のスタートは植物の有効水分量の残り PAW が設定できる時期，例えば，あきらかに PAW が 0 となる乾期の終わり，あるいは明らかに PAW = $mPAW$ とみなせる雨が多い時期の終わりから始めるとよい．表 2.2 に降水量 P と可能蒸発散量 PEP を用いた水収支の計算例を示す．

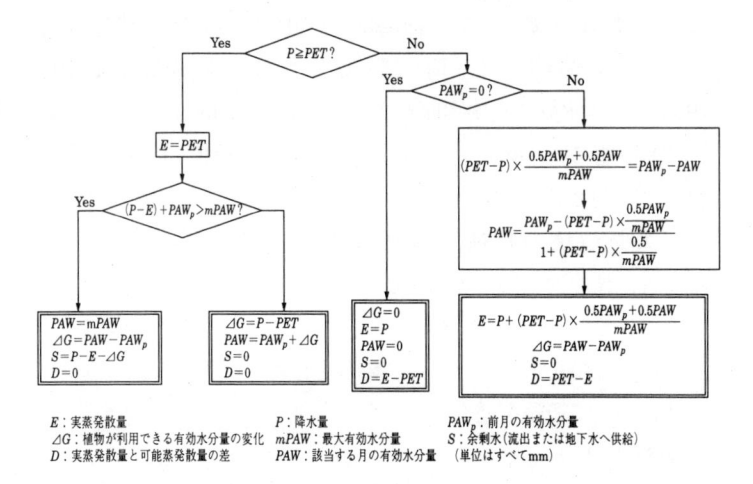

図 2.17 月水収支を計算するための流れ図

表 2.2 降水量 P とポテンシャル蒸発散量 PET を用いた土壌水収支の計算例
（単位はすべて mm）

	1月	2月	3月	4月	5月	6月	7月	8月	9月	10月	11月	12月	年
P	19	15	20	20	41	62	57	35	33	18	15	21	356
PET	0	0	3	47	111	134	146	126	64	24	1	0	656
ΔG	15	0	0	-21	-24	-4	-1	0	0	0	14	21	0
PAW	50	50	50	29	5	1	0	0	0	0	14	35	
E	0	0	3	41	65	66	58	35	33	18	1	0	320
S	4	15	17	0	0	0	0	0	0	0	0	0	36
D	0	0	0	-6	-46	-68	-88	-91	-31	-6	0	0	-336

$FC = 0.10 \, \text{m}^3/\text{m}^3$, $PWP = 0.05 \, \text{m}^3/\text{m}^3$, $DEPTH = 1.0$ m として $mPAW = 50$ mm とする．

　この方法は計算を簡単に行なうために多くの仮定を含んでおり，土壌の水収支の概略を限られたデータから把握する目的として有効な方法であると認識しておいた方がよい．

(5) 水収支のモデル化

　前項のような方法で一般気象データから水収支各項をより精度よく評価したい場合は，蒸発量，土壌水分あるいは貯留項，流出の各項のよりよいモデル化や算定法を開発することが必要となる．これらの研究は現在，活発に行

なわれている段階にある．より詳細について知りたい場合は教科書としては次のようなものを挙げておく．例えば，蒸発についてはBrutsaert (1982)や近藤 (1994)，土壌水分や土壌物理過程についてはCampbell (1987)，流出過程については日野ら (1989)，水収支全般については槇根 (1980) に詳しいので，これらを参照されたい．

2.2.5 大気環境の特性と評価法 *

農耕地では，植物や土壌，水面などが表面を覆い，周囲とは異なった環境が形成されている．このような特徴ある空間は，内部境界層とよばれる，それぞれ特徴ある環境を形成し，周辺に影響を与えている．ここでは，大気環境の評価法について概略を述べる．

(1) 大気の鉛直構造

大気の鉛直構造とは，大気の温度，気圧および物質がどのような高度分布をしているかを示す概念である．大気の鉛直構造は，日射などの影響により，場所，季節，時刻により時々刻々と変化し，特徴ある大気環境を作り出している．平均的にみると，気温の鉛直分布から，対流圏，成層圏，中間圏および熱圏の4層に分けられる（図2.18）．対流圏とは，そこで積雲や積乱雲などの対流運動が発生する鉛直方向の範囲の意味であり，日常の天気現象がみられる気層である．対流圏は大きくは地表面の影響を直接受ける大気境界層と受けない自由大気に分けられる．

地面や植物表面近くの厚さ10〜数十mの大気下層では，大気の乱流によってよくかき混ぜられた気層が形成される．この気層を接地気層（surface layer）あるいは接地境界層（surface boundary layer）とよぶ．耕地上の植物は，この大気の限られた気層のなかで生育し，接地気層の影響を直接的に受ける．例えば，接地気層内では地表の摩擦の影響が強いため風は短い周期で不規則に変動する．この不規則な流れを乱流といい，乱流中では様々な大きさの渦が存在し，これによって上層と下層の空気が混合され運動量，熱，水蒸気，CO_2などの輸送が行なわれる非常に大切な層といえる．接地境界層

---

* 早川誠而

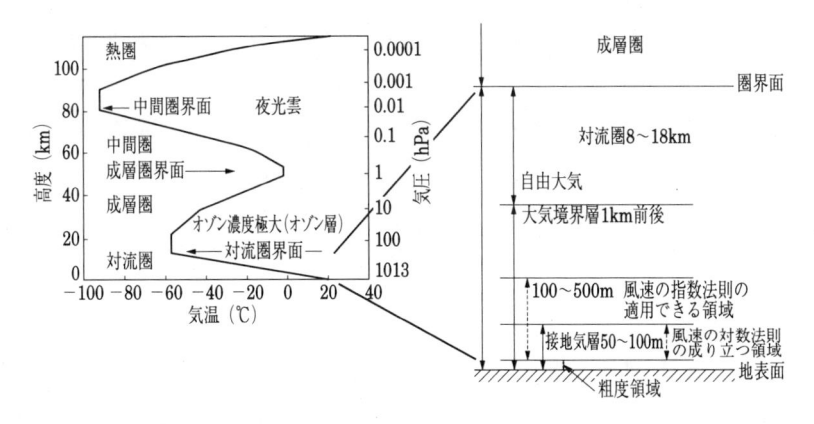

図 2.18 大気の鉛直構造

が上層の気層に対して相対的に暖かい場合には,浮力によって対流が発生し,この対流によって空気が鉛直方向に混合され,混合層(エクマン層)が形成される.その厚さは,数百 m から 1〜2 km にも達する.植生が存在する耕地上の接地境界層は,大気境界層内でのエネルギーや物質輸送と大きく関わっており,地球環境への影響を評価する上で非常に重要な役割を持つ気層といえる.

(2) 大気安定度

大気の安定度は,大気境界層内での熱,水蒸気,CO_2 輸送や汚染物質の拡散などに影響を与える重要な項目である.空気塊が断熱的(空気塊と周囲の大気との熱のやりとりがない)に上昇する場合には,100 m につき約 1 ℃ 下がる.これを乾燥断熱減率(Γ_d)という.気塊をある高さに持ち上げたとき,周囲の大気の温度に比べ気塊の温度が低い場合を安定な大気状態,高い場合を不安定な大気状態,気温の鉛直勾配が,断熱減率に等しい場合が中立な大気状態という.大気の減率が断熱減率より大きい場合には,上昇した空気塊は周辺大気温度より高くなりさらに上昇を続けようとする.このような大気状態を不安定な大気という.一方,気温減率より小さい成層中を空気塊が上昇する場合は,その空気塊は周囲の気温より低くなり,上昇が止まる.

すなわち対流が起きにくくなり，この場合の大気は安定である．とくに，上方に行くにつれて温度が上昇している層ができたとき，その層を逆転層といい，強安定となる．

水蒸気で飽和している空気塊が断熱的に上昇する場合，凝結に伴い凝結の潜熱を放出するので，気温の低下の程度は乾燥断熱減率より小さくなる．これを湿潤断熱減率（Γ_w）という．大気が乾燥空気の上昇に対して安定であっても湿潤空気の上昇に対して不安定となる場合がある．これを条件付き不安定といい，このような条件で何らかの原因（地表面が太陽熱で暖められ気塊

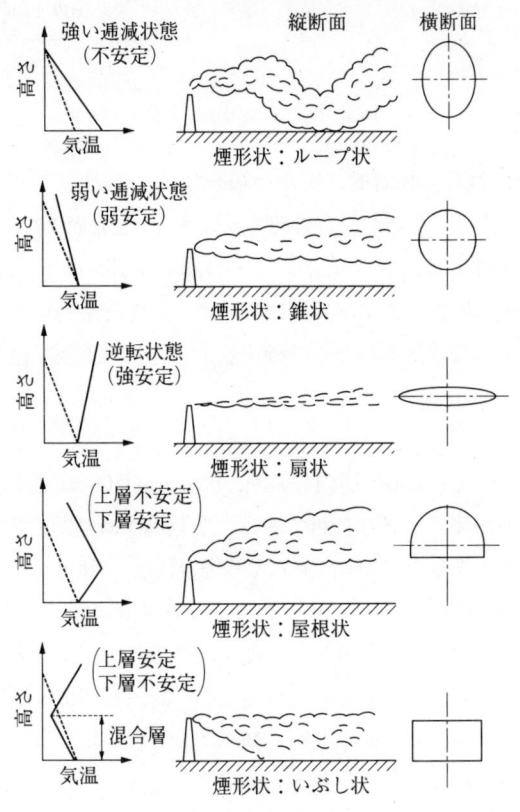

図 2.19 気温分布と煙の形状（池田，1993）
（実線は気温分布，点線は乾燥断熱減率線）

2.2 耕地環境の評価方法

が上昇）で雲ができると，乾燥大気に対して安定であるものが湿潤大気に対して不安定となり，気塊は更に上昇し続けるため積乱雲が発生し，場合によっては巨大積乱雲となって集中豪雨の発生となる．

乾燥断熱減率に沿って，空気塊を 1,000 hPa まで持ってきたときの気塊の温度を温位とよび，どの高さでも温位が等しい場合を中立，上空ほど温位が高い場合を安定，低い場合を不安定という．

大気の安定度を決定する気温の鉛直分布は汚染物質の拡散にも大きな影響を与える．地表面付近の大気中の気温の勾配と煙の拡散状況に関する典型的な例を図 2.19 に示す．粗度の違いによる風の力学的原因や地表の熱的原因によって物質は鉛直方向に強く混合される．この混合層における混合の程度は，そのときの大気の状態によって異なる．逆転状態の大気中では拡散が小さく，また上空に逆転層がある場合には，混合は地表面から逆転層の底までの高さで主として行なわれ，逆転層の存在は上方への物質の拡散を押さえられ，高濃度汚染の原因となる．

このような大気の安定度をパスキル（Pasquill）は地上風速，日射量，および雲量を組み合わせ，A～Fの6段階に分類し，各安定度に対する物質の拡散幅を多くの実験結果と理論的推定に基づき決定した．わが国では，雲量に代わり日射量と赤外放射量（夜間について）を用いた安定度分類が使われ（表 2.3），大気環境評価（汚染物質の拡散，濃度の評価）に盛んに用いられて

表 2.3 Pasquill 安定度階級分類表（原子力安全委員会気象指針，1982）

風速 (U) m/s	日射量 (S) kW/m^2				放射収支量 (Q) kW/m^2		
	$-S$ ≥ 60	$0.60 > S$ ≥ 0.30	$0.30 > S$ ≥ 0.15	$0.15 > S$	$Q \geq$ -0.020	$-0.020 > Q$ ≥ -0.040	$-0.040 > Q$
$U < 2$	A	A-B	B	D	D	G	G
$2 \leq U < 3$	A-B	B	C	D	D	E	F
$3 \leq U < 4$	B	B-C	C	D	D	D	E
$4 \leq U < 6$	C	C-D	D	D	D	D	D
$6 \leq U$	C	D	D	D	D	D	D

(3) 風速の鉛直分布の評価

　風速の鉛直分布を表わす式として，対数法則とべき法則がよく用いられる．一般に，接地気層より上空（高度 200〜500 m 程度）の風を推定する場合には，べき法則が使われ，接地気層内（地表から 50 m 程度）での風の推定には対数法則が使われる．

　べき法則は $U_z = U_s (Z/Z_s)^p$ の式で表わされ，添え字 s は地上（一般には地上 10 m）を意味し，p は安定度と地表面の起伏に関係する係数である．パイバル観測（気球による測風）や鉄塔などを用いての観測から種々の気象条件下での p の値を求め表 2.4 に示すようにパスキル安定度階級に対する値が得られている．地表面の起伏状態は，地表の摩擦抵抗を増すため，平坦な郊外部と都市域では p の値を変える必要があり，都市域では p の値は表の 1.5 倍程度とされている．

　大気最下層の接地境界層内では，鉛直方向の熱や運動量の流束（フラックス，flux）がほぼ一定と近似され，この層のなかで中立な場合には風速は対数分布（$U_Z = U_*/\kappa \cdot \ln(Z/Z_0)$，$U_*$：摩擦速度，$z_0$：粗度長）に従うことが知られている．すなわち，高さを対数で表わすと，平均風速と高さの対数との間には直線関係が成り立つ．これが対数法則とよばれるものである．森林や作物群落上では樹高や群落の高さによる影響を考慮した地表面からの仮の高さ（d：地面修正量）を地面とする仮想地表面（$z-d$）を考えることによってこの対数関係が同様に成立する．

表 2.4　Pasquill 安定度とべき指数 P との関係

パスキル安定度	A	B	C	D	E	FとC
P	0.1	0.15	0.20	0.25	0.25	0.30

(4) 安定度の評価

　大気安定性の理論的評価には，リチャードソン数とモーニン—オブコフの長さがよく用いられる．リチャードソン数は 2.2.2 の式 (2.23) のように表わされ，式の分子は熱的な乱流エネルギーの生成を意味し，上層と下層の温位の勾配を示し，正の場合は大気が熱的に安定で，負の場合は不安定であるこ

とを示す．また，分母は機械的な乱流エネルギーの生成を表わし，風が強いほど大きくなる．一方，モーニン―オブコフは，接地気層内における乱流特性量を相似理論を用いて近似的に表わした．このなかで，安定度を示す量で長さの単位を持つモーニン―オブコフの長さ（L）とよばれる空間的に平均的な安定度を表わすパラメータを用いた．リチャードソン数とモーニン―オブコフの長さの間には，Businger らによって関係式（式（2.24））が導き出されている（2.2.2 参照）．

(5) 各成層の安定度を考慮した場合の拡散係数の鉛直分布

　昼間は，風が強く中立状態として扱うことが多い．中立状態（風の対数法則）とした場合と各成層の安定度を考慮した場合の計算および実測から得られた気温の垂直分布を図 2.20 に示す．地面付近は垂直の温度勾配が激しく，中立とした場合にはこの現実の気温勾配を再現できない．一方，各成層の安定度を考慮した場合は，地面付近の温度勾配から生じた不安定の強さを評価したため，拡散係数がその影響を受け，これに対応した温度分布を表現したため現実に近い分布になった．このように気層内では，いろいろの要素が絡み合って複雑に気象環境の場が形成されているといえる．熱源（周囲より地表面温度が高い）が存在する場合の各場所における拡散係数の垂直分布を図 2.21 に示す．$p-1$ は熱源の影響を受けない風上側の中立な状態における分

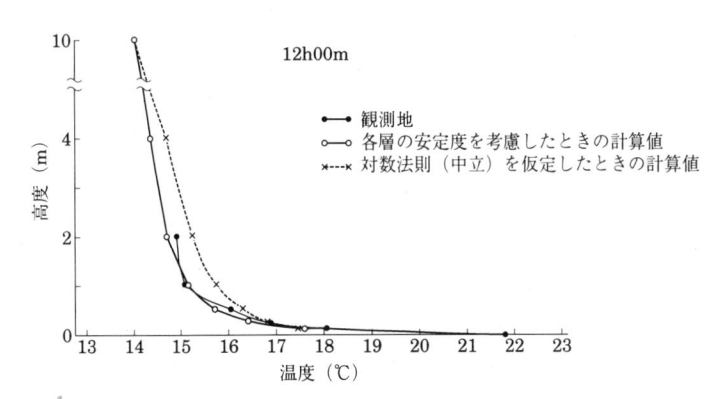

図 2.20　計算および観測から得られた気温の垂直分布（早川ら，1984）

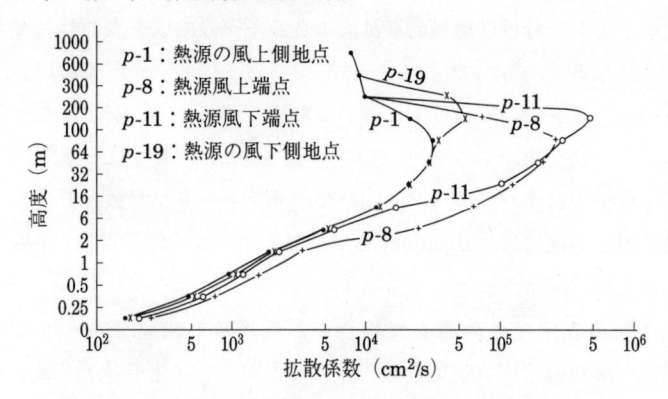

図2.21 各地点における拡散係数の垂直分布（早川ら，1981）

布で，熱源の影響によって不安定層が次第に上空に発達するに従って，拡散係数も不安定な影響のため次第に上空で大きな値となっている．すなわち，成層の不安定の程度によって，拡散係数が変化し，それに伴って新たな温度場が形成され，またこれが拡散係数に影響を及ぼす．このように相互に影響を及ぼしながら成層の場の特徴が規定される．

(6) 移流条件下における物理量やフラックスの鉛直分布

自然条件下では，無限に均質な面は考えられない．耕地を例にとって考えても，ある場所では裸地で，あるところでは作物が育っており，それぞれが独特の気象環境を作り出している．空気塊が，ある場所から異なるタイプの地表面を持つ場所に移動すると場所が異なることの効果（移流効果，advection effect）を受ける．異なることによる不連続の境界線は前縁とよばれ，空気が流れるときは，まず前縁の表面で始まって，次第に上方へ広がっていき，新しい表面に影響された特徴ある空気層すなわち内部境界層が形成される．例えば，図2.22にあるように，風上の湿った表面（植物群落，水面）から乾燥した表面へ風が吹く場合を考える．乾燥した表面では蒸発量が少ないため表面温度は高くなり，気層の温度も高くなる．このため，水平の温度傾度 $(\partial T/\partial x)$ は正となり，式 (A.15) より $(H_{h1} - H_{h2})$ も正となる．すなわち，高さとともに，顕熱フラックスは減少する．一方，水蒸気は，乾燥地内では蒸発量が少なくなるため，$\partial q/\partial z < 0$ となり $(lE_{h1} - lE_{h2}) < 0$，すなわち，

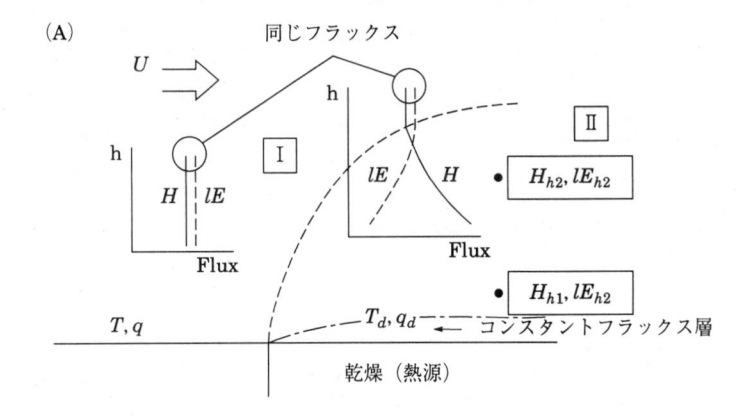

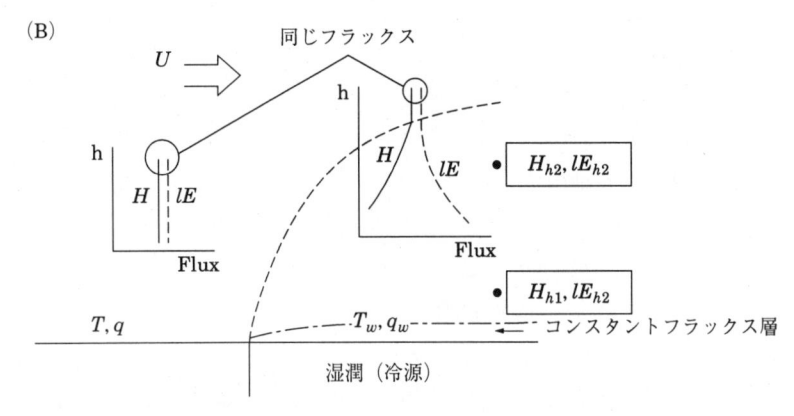

図 2.22 移流条件下における気象要素やフラックスの垂直分布（早川原図）
(A)：湿った温度の低い領域Ⅰから乾燥した温度の高い領域Ⅱへ風が吹く場合
(B)：乾いた温度の高い領域から湿った温度の低い領域へ風が吹く場合
lE：潜熱フラックス，H：顕熱フラックス，T：温度，q：水蒸気量，$h1, h2$：高度

潜熱フラックス（蒸発量）は，高さとともに増加する．計算式から得られるこのような特徴をモデルで示した概念が図 2.22 に示してある．風上の領域は，物理量が水平方向に一様であるため垂直フラックスは高さに関係なく一定であり，乾燥領域に入ると，風上領域で作られたフラックス一定の層と高さ方向に潜熱フラックスが増加し，顕熱フラックスが減少する新たな境界層が形成される．

次に，図2.22の(B)は乾燥した温度が高い領域から湿った温度が低い領域に風が吹く場合の各フラックスの分布の概念図を示す．植被表面の違いによって新たな境界層が形成され，それが周辺環境との相互作用によってその地域特有の環境を作りだす．これらの現象は非常に複雑であるが，基本的な原理に基づいた境界層理論からある程度説明できることが分かる（付録A）．

【問題1】高さとともに物理量（例えば，気温，湿度）が直線的に変化する場合，そのフッラクスは高さとともに，どのように変化するか．ただし，拡散係数が，高さとともに変化しない一定の場合と変化する場合を考え，図示（縦軸：高さ，横軸：フラックス量）せよ．

【問題2】図2.22の(B)は，乾燥した暖かい領域から，湿った冷たい領域へ風が吹く場合の，フラックスについての概念図である．次の文章の（ ）のなかの正しい語句を選べ．

水平の温度傾度 $\partial T/\partial x$ は（正，負）となり，$[H_{h1} - H_{h2}]$ は（正，負）となる．すなわち，高さとともに，顕熱フラックスは（増加，減少）する．一方，水蒸気は，乾燥地内では蒸発量が少なくなるため，$\partial q/\partial z$ は（正，負）となり，$[lE_{h1} - lE_{h2}]$ は（正，負）となる．すなわち，潜熱フラックス（蒸発量）は，高さとともに（増加，減少）する．

2.2.6 作物の光環境の評価法 *

(1) 作物群落における光環境の計測

作物生産において，生態学的な立場から物質生産を論ずる場合に，作物個体群の葉面積の繁茂程度や受光態勢などの個体群生産構造を検討する必要が生じる．作物群落に吸収される日射量は作物の生育の重要な指標である地上部乾物重の増加量にほぼ比例する（堀江・桜谷，1985：山本ら，1996）ことから，作物群落の日射吸収量を求めるためには透過光の測定が必要である．各作物個体群内の光環境は，場所による変異が大きく，多点測定を必要とする．また，作物の物質生産を定量的に解析するには，光エネルギーの瞬時値ではなく積算値としての光エネルギー量を測定することが重要となる．この

---
* 山本晴彦

ため,作物群落内に透過した平均日射量の測定には受光面を細長くした管型日射計が用いられている.

太陽エネルギーが植物の生育に果たす役割は,植物の発育制御とエネルギー源としての役割に区分される.前者は形態形成や光周性に作用し,後者は光合成による同化産物の生産に利用される.日射のなかでも可視域に相当する400～720 nm(あるいは,380～710 nm)は,作物個体群の乾物生産を支配する光合成活動のエネルギーとして利用されており,光合成有効放射域とよばれることもある(岸田,1987).光合成有効放射量と光合成量は,同一の放射量で見ると光源により差異が生じる.しかし,光合成有効放射域では光量子量と光合成量には高い相関関係があるため(朝倉,1987),作物の個体群生産構造や光合成量の研究には光合成有効放射量に代わって光量子束密度(PPFD, Photosynthesis Photon Flux Density, μ mol/m^2/s)を測定することが多くなっている.作物群落の内部では光環境が不均一であるため,透過した光量子束密度の測定は光検出センサを直線状に配置した離散型の棒状光量子センサが開発されている.さらに,棒状センサにデータ収録機能を備えた機器も市販されており,作物群落における光環境の計測に大変手軽な測器である(図2.23).また,離散型の棒状センサは位置による出力電圧の変動が

図2.23 データ収録機能を備えた棒状光量子センサによる作物群落の光環境の測定

大きいため，受光面の両端に光検出器を2個備え受光部の出力がほぼ均一になるように改良されたセンサの開発も試みられている（川方ら，1992）．

(2) 光の簡易計測法

現在，作物個体群内の光エネルギーを計測する機器としては，管型の日射計や棒状タイプの光量子センサなどが市販されているが，高価かつ取り扱いに注意を要する精密なものが多く，また電源のない調査地点では使用できないなどの制約を受け，実際の農業生産現場への普及は遅れている．このため，作物生産の基礎的な気象要素である光環境の計測には，取り扱いが軽便な安価かつ安全な方法が実用的であると考えられる．ここでは，新しく開発された二つの簡易測定法について紹介する．

(a) 海藻色素「フィコエリトリン」を用いた作物個体群内の日射透過量の簡易測定法

農林水産省果樹試験場と日本カーバイド工業株式会社は，1987年に紅藻

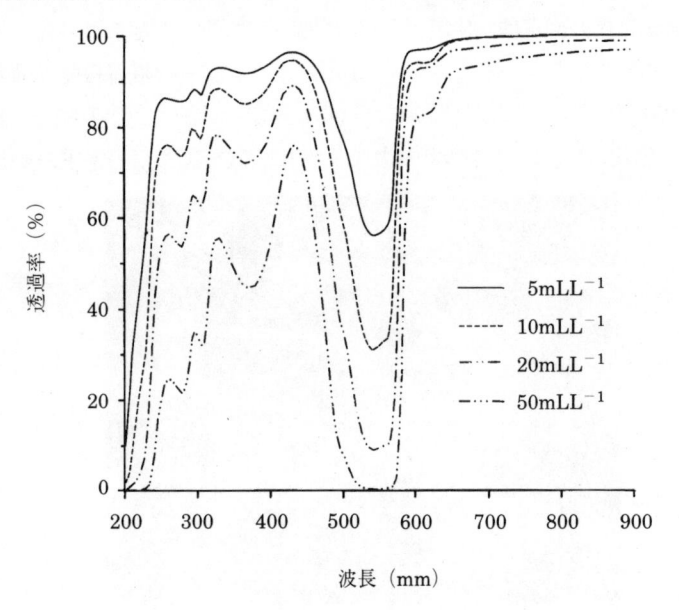

図2.24 フィコエリトリン色素溶液（濃度：$5\ \mathrm{mL\ L^{-1}}$，$10\ \mathrm{mL\ L^{-1}}$，$20\ \mathrm{mL\ L^{-1}}$，$50\ \mathrm{mL\ L^{-1}}$）の透過特性（山本ら，1998）

類の葉緑体から抽出液したフィコビリン色素タンパク質の一種であるフィコエリトリン（略称：Pe）を用いて果樹樹冠内の積算日射量の簡易測定法を共同で開発している（鴨田・原沢, 1986）．この藻類抽出液は 560 nm 付近に感光波長帯の最大域があり，光合成反応においても有効な波長帯である（図 2.24，山本ら，1998）．この Pe 色素溶液を用い，温度補正を取り入れた作物個体群内の光透過量を簡易に測定する方法が開発されている．

測定の原理は，Pe が濃紅色の蛍光性を有し，感光すると退色する性質を持っていることから，その特性を利用して日射量を測定するものである．アクリルパイプ内に Pe 色素溶液（濃度：20 mL・L^{-1}）を封入，パイプの受光窓を上向きに設置して群落内で受光させる．ある一定時間受光した後に回収し，Pe の透過率を分光光度計で測定して前もって作成した検量線に当てはめて光透過量を推定する．ただし，Pe には温度依存性があるため，ここでは Pe 色素溶液の透過率と測定時間帯の気温の平均値を説明変数に用いて積算日射量を推定している．

イネおよびダイズ個体群において，管型日射計により測定した積算透過日

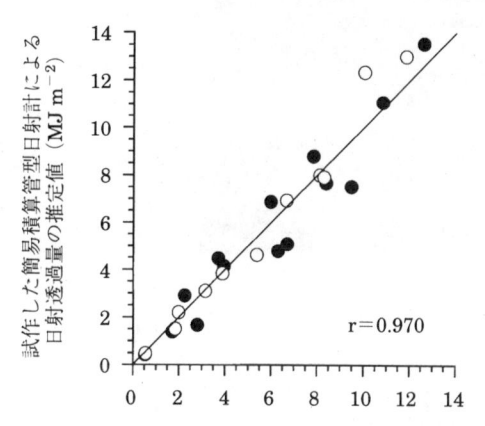

図 2.25　管型日射計による日射透過量の測定値と試作した簡易管型積算日射計による日射透過量の推定値との関係（山本ら，1998）
●：水稲個体群，○：ダイズ個体群

射量の実測値と筆者らが開発した簡易管型積算日射計から求めた推定値との関係を図 2.25(山本ら,1998)に示している.なお,試作した簡易管型積算日射計は,イネ個体群内において 3~4 条にわたって透過率を測定できることから,作物個体群内の不均一な光環境を測定するのに有効な簡易日射計であるといえる.積算日射量の実測値と推定値はほぼ 1:1 のラインに分布し相関係数も 0.962 で,Pe 色素溶液を用いて試作した簡易管型積算日射計は作物個体群内に透過された日射量の積算値を高い精度で推定できる.

(b) 簡易積算日射計フィルムを用いた作物個体群の受光量の推定

吉村らは,色素の退色率と全天日射計により測定した日射量の関係を検量線として作成し,フィルムの退色程度から日射量を推定する簡易積算日射計フィルムを開発している(吉村ら,1989).このフィルムセンサは,軽量(自重 70 mg),小型(12 mm × 35 mm),電源不要,安価,均質で再現性が高いことから,同時に多点の観測が可能である.また,図 2.26 に示すように直接葉面に貼り付けて実際に受光した積算日射量を測定できる(Isoda *et al*., 1993).礒田らは,このフィルムセンサを用いて草型が異なるイネ群落の受光態勢の差異(礒田ら,1990)やマメ科作物が太陽の動きに応じて葉の角度や方位を変化させる調位運動(Isoda *et al*., 1993)などについて調査している.

図 2.26 簡易積算日射計フィルムを用いた作物個体群の受光量の測定(Isoda *et al*., 1993)

2.2.7 土壌の物理環境とその評価法 *

(1) 土壌環境評価における土壌水の役割

土壌は無生物,生物によって構成されているが,ここでは,土粒子,有機

---

* 深田三夫

物，水，ガスの無生物をいう．土壌の機能はこれらの物理的，化学的性質に依存している．土壌の物理的性質は，固相，液相，気相の三相状態と有機物，間隙の状態それぞれについて調べることにより把握できる．土壌それ自身は大気や水質環境の保持に対して大切な役割を担っており，その役割を次のようにまとめることができる．

① 水や熱を保持，化学物質を吸着する性質がある．大気や水の循環が安定した土壌では水は土粒子の表面に吸着されたり，接触部位に集まっている．化学物質は粘土鉱物や有機物の表面に吸着しており，熱は土粒子，水，ガスそれぞれに蓄えられている．また植物が必要とする水を保持できる．植物はこのような水や養分を利用しており，作物生産や環境保全に重要な役割を果たしている．

② 水，化学物質，熱の移動媒体として働く．土壌中の間隙は水の通り道となり，この間に水に溶けていた汚染物質は粘土に吸着される．またこのような吸着，保持された汚染物質の多くは土のなかに生息する多種多様な微生物や小動物の働きで最終的には二酸化炭素と無機成分に分解される．例えば肥料施用量の増大で地下水のアンモニア態窒素が増えているが，森林，畑，水田土壌を通過する間に硝化菌の働きで硝酸態窒素に変えられ，さらに脱窒菌の働きで窒素に変えられて空中に放出される．このように土壌はろ過機能，水質浄化機能や大気浄化機能をもつ．これらの機能を明らかにすることで，環境保全へ果たす土壌の役割を知ることができる．

③ 土壌は降雨や風などの外的な条件の影響を受けやすく，土壌侵食や養分流出に伴う土壌劣化などが起きやすい．この場合，土壌の乾燥や湿潤状況，表面の硬さ，土壌の鉱物組成，地形，植生などによって影響の度合いは異なる．この節では，土壌物理環境の解析，評価の際に必要不可欠な土壌水分の動態と解析方法について述べる．

(2) 土壌の構成と水分量の表現

三相の構成関係を表わす場合は，それぞれの体積で表わす場合と質量で表わす場合とがあり，次の量が定義できる．図 2.27 の記号を参考にすると，含水比 (θ_m) = 水の質量/土の乾燥質量 = $m_w/m_s = \rho_w bA/(\rho_s cA) = \rho_w b/$

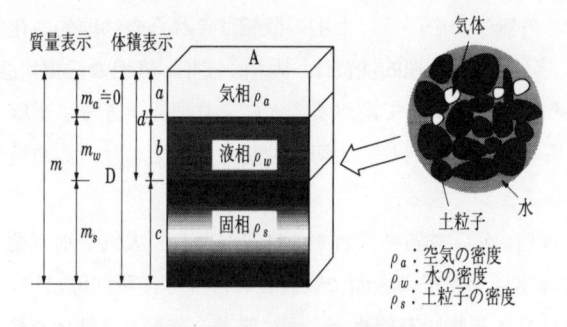

図 2.27 土壌構成の概念図

($\rho_s c$),体積含水率(θ_v)＝水の体積/土壌の体積＝$bA/(DA)=b/D$.これは一定の深さ D cm の土壌の柱の間に保持している水量を高さ b cm で表わした場合である.間隙率(n)＝間隙の体積/土壌の体積＝$(a+b)A/(DA)=(a+b)/D$,飽和度(S_r)＝水の体積/間隙の体積＝$b/(a+b)$,固相率(S)＝$cA/(DA)=c/D$,土粒子の比重(G_s)＝ρ_s/ρ_w,乾燥密度(ρ_d)＝土粒子の質量/土壌の体積＝$\rho_s c/D$,仮比重＝ρ_d/ρ_w,以上の諸量から,$S_r=\theta_v/n$,$\theta_v=\theta_m(\rho_d/\rho_w)$の関係があることがわかる.

【例題】ある自然状態で飽和した土壌の体積と質量を測定したところ,20.5 cm^3,34.2 g であった.この土を 100 ℃ で炉乾燥した後,質量は 22.6 g になった.試料の自然状態での間隙率 n を求めよ.

(解)間隙中の水分量は,$m_w=34.2-22.6=11.6$ g,$n=11.6/20.5=0.566$

【例題】含水比 $\theta_m=0.16$ の土が 2164 g ある.この土に水を加えて含水比 $\theta_m{}'=0.25$ にしたい.いくらの水を加えたらよいか.

(解)$m_w/m_s=0.16$,$m_w+m_s=2164$ g より,$m_s=1865.5$ g,$m_w=298.5$ g,加える水の量を $m_w{}'$ とする.$(m_w{}'+m_w)/m_s=0.25$ より,$m_w{}'=0.25\times1865.5-298.5=167.9$ g

【例題】深さ 40 cm までの土の含水比と仮比重の測定結果は表 2.5 のようである.40 cm の間の含水量を水深で表示せよ.

(解)10 cm おきに,$b/D=\theta_v=\theta_m\times(\rho_d/\rho_w)$ を用いて水柱高 b を計算

して合計を求める.

【例題】フィルムケースいっぱいに緩く乾燥した粘土を入れると約 40 g である. 粘土粒子の比重を 2.6, 径 0.02 mm の球と仮定してケースのなかの粘土粒子の表面積はいくらになるか計算してみよ.

表 2.5 深さごとの含水比と仮比重

土壌の深さ D (cm)	含水比 θ_m (%)	仮比重 ρ_d/ρ_w
0～10	25	0.65
10～20	28	0.86
20～30	36	0.94
30～40	44	1.15

（解）フィルムケース内の粘土粒子の個数を n とすると, 表面積 S, 質量 M の関係は $S = 4\pi R^2 n$, $M = 4\pi R^3 \rho_s n / 3$ より $S = 3M/(R\rho_s)$ となる. $M = 40$ g, $R = 0.001$ cm, $\rho_s = 2.6$ を代入すると, $S = 4.6 \text{m}^2$, すなわち約三畳の広さとなる.

(3) 土壌水の存在形態

(a) 土壌水分吸引圧

土壌内の間隙には水を通し, また保持する性質がある. 間隙内のほとんどが水に満たされているような場合を飽和な状態といい, 土粒子間の小さな間隙内に土壌空気との界面にメニスカスを形成しながら保持されている場合を不飽和な状態という. 土壌の乾燥が進み, 見た目には水の存在が認められない場合でも土粒子の一つ一つの表面には僅かであるが水が吸着されて保持されている. このような土中水の運動は土壌中の水分量によってその移動形態も異なる. 土壌中の水分量の分布を知ることは, 土壌中の水の移動量を把握する際に重要である. 土壌の微細な孔隙（毛細管）に形成される気液界面に発生する表面張力のため, 土壌水分内に負圧が発生する. これを土壌水分吸引圧という. 図 2.28

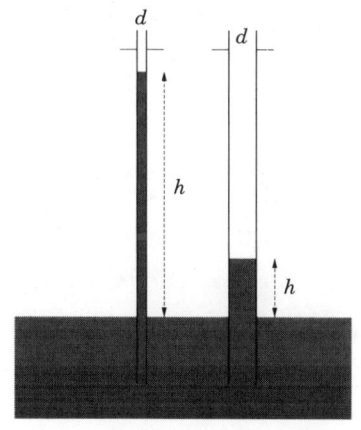

図 2.28 毛細管の直径と毛管上昇高さ

のように,土壌間隙を直径 d の毛細管に置き換えて毛管上昇高 h との関係を求めると,

$$h = 4\delta/(\rho g d) \tag{2.36}$$

ここで,δ:表面張力定数($=72.8\times10^{-3}\,\mathrm{Nm^{-1}}$),$d$:毛細管の直径(m),$g$:重力加速度($=9.8\,\mathrm{ms^{-2}}$),$\rho$:水の密度($\mathrm{kgm^{-3}}$)である.植物の根の跡などの比較的大きな間隙(直径 0.1〜0.01 cm)では h は 3〜30 cm である.シルトや粘土粒子の間に形成される微細な孔隙の毛管上昇高 h は,10,000 cm(気圧に換算すると約 10 気圧)以上に達する.土壌水は吸引圧の小さいところから大きなところに向かって移動する.大雨や灌漑などにより表層土壌の水分吸引圧が重力より小さくなると,土壌水は鉛直に重力排水されるが,このような水を重力水という.重力水は 1〜2 日の短時間で排水され植物は利用しにくいが,地下水の涵養には重要な役割を担っている.重力排水が停止する限界吸引圧は,土壌構造によって異なるが,水柱高で 30〜70 cm 程度である.重力排水がほぼ終了し平衡状態に達したときの水分量を圃場容水量という.一方,蒸発で土壌が乾燥する過程では,表層の水分吸引圧が下層のそれに比べて著しく大きくなるために土壌水は表層に吸い上げられる.

(b) pF の考え方

土粒子の粒径範囲は粘土から砂まで数百万倍の開きがあり,吸引圧もそれだけ差がある.そこで,毛管上昇高 h (cm) の対数をとり次のように吸引圧を表わす.

$$\mathrm{pF} = \log_{10} h \tag{2.37}$$

【例題】pF = 4.2(しおれ点),pF = 2.7(毛管連絡切断含水量),pF = 1.6(圃場容水量)は気圧に換算するとそれぞれ何気圧か.

(解)しおれ点:$\log_{10} h = 4.2$ より,$h = 10^{4.2} = 15849\,\mathrm{cmH_2O}$ (15.8 気圧),毛管連絡切断含水量:$\log_{10} h = 2.7$ より,$h = 10^{2.7} = 501\,\mathrm{cmH_2O}$ (0.5 気圧),圃場容水量:$\log_{10} h = 1.6$ より,$h = 10^{1.6} = 39.8\,\mathrm{cmH_2O}$ (0.04 気圧)

(c) 植物にとって水の利用のしやすさ

植物は土壌水の流動経路に根を張り巡らすことで水を吸収する.この場合

に吸収力は土粒子と水の結びつきの強さに依存するため,利用できる部分と利用できない部分がある.根周辺の土壌水分吸引圧が約 7,000 cm を越える付近から水の吸収が困難になり,15,000 cm(約 15 気圧)を越えると吸収できなくなり枯死する.これを永久しおれ点という.圃場容水量と永久しおれ点の間の吸引圧で保持された水は,植物が利用できる「有効水」である.植物の利用のしやすさを次のように pF の大きさで整理している.これらを水分定数という.

① 吸着係数

　土粒子の表面と吸着水の分子間力で pF は約 4.5 である(吸着水:乾燥土壌を飽和に近い水蒸気をもつ空気中に置くと吸着する水量).

② しおれ点

　作物がしおれ始め,湿度の高い大気中においても回復しなくなるときの土壌の pF である.回復が見られるようなときの pF は初期しおれ点という.しおれ点は作物の種類によってほとんど変わらず,土壌によってほぼ一定している.しおれ点の pF は約 4.2,初期しおれ点の pF が約 3.9 で,約 15〜16 気圧に相当する.

③ 水分当量

　水で飽和された土壌に重力の 1000 倍に等しい遠心力を働かせ,なお保持されている水分量で pF は約 2.7 である.

④ 圃場容水量

　水で飽和された土壌を自然に排水するときに残留する水分量で pF は約 1.5〜1.7 である.

⑤ 作物有効水分

　畑作物にとって有効な水分はしおれ点と圃場容水量の間の水分で pF については約 1.5〜4.2 に相当する.すなわち毛管水がこれに相当し,吸着水は作物に利用されず,重力水は過剰でむしろ有害となる.

(d) 水分特性曲線

　体積含水率 θ_v と pF の関係を水分特性曲線という.両者とも土粒子の組成や間隙構造に影響を受けるため,土壌の水分特性曲線は土壌ごとに異なる.

同じ土壌であっても土壌の締め固めの度合いが異なると違った曲線になる．一般に同じ土壌であれば，含水比の増加とともにpFは下がる．また，土壌の水分特性曲線は，乾いた土壌に水が入って来る浸潤過程と飽和状態から脱水して乾いていく排水過程では異なった形になる．これを水分特性曲線のヒステリシスという．水分特性曲線は，植物が土壌中の水を吸収するかどうかの判断や，灌漑の実施時期の決定にも使われる．現場でテンシオメータを用いれば，pFの測定は比較的容易で連続記録が可能なためによく用いられる．土壌中の水分移動を評価する場合はあらかじめ pF~θ_v 曲線を作成し水分量に置き換える必要がある．

(e) 水分特性曲線の作成

水分特性曲線は土の保水性の変化を予測する場合や，土中の水分移動の予測，植物生育に必要な水分量の把握に必要な基本データである．このために丁寧に測定する必要がある．水分特性の測定は水分吸引圧が高い領域から低い領域までの全域にわたって行なう必要があり，いくつかの測定法を吸引圧

表2.6 室内におけるマトリックポテンシャルの測定法

測定方法	水分吸引圧の測定範囲 (cmH_2O)	特徴
吸引法	0~約200	基準水面を下げ平衡状態に達した土壌の含水量を測定する
土柱法	0~約100	低い吸引圧を細かく測定するのに適している
加圧板法	100~15,000	吸引法より大きな吸引圧について測定が可能

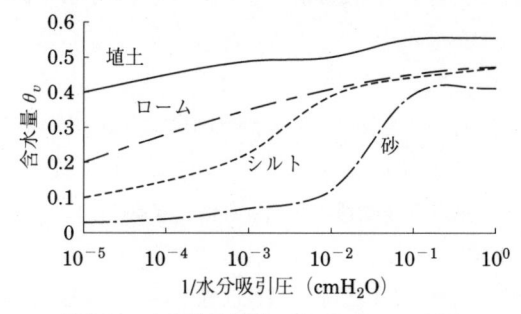

図 2.29 水分特性曲線の例 (Hartge, 1985)

の大きさの領域に応じて使い分ける．吸引法や土柱法は吸引圧の低い領域で用い，加圧板法は高い領域で用いる．それぞれの測定法の測定範囲と特徴を表 2.6 に示す．また図 2.29 は 4 種類の粒度の土に対する水分特性曲線の概略である．

(4) 土壌水の全ポテンシャルと水移動

　土壌面が乾燥して表層の水分吸引圧が大きくなると下層から上層に向かう水の流れ（毛管上昇）が起こる．あるいは植物の根の周囲で水分吸引圧が高まると，その外側の土壌から根に向かう水の流れが生じる．このように，土壌水は乾湿の変動につれて，土壌内の水分吸引圧の差を小さくする方向に常に移動している．土中水の動きは，電流や熱の流れと同様にポテンシャルの勾配が駆動力になっている．土中水のポテンシャルは，水の表面張力や土壌の吸着力によるマトリックポテンシャル成分（ϕ_m），静水圧や大気圧による圧力ポテンシャル（ϕ_p）とからなる．飽和状態では ϕ_p が卓越し水圧が高ければ高いポテンシャルをもつ．一方不飽和な状態では ϕ_m が主要な成分になり，土壌水分が多いと高いポテンシャルをもち，少ないときは低いポテンシャルをもつ．二つの和（$= \phi_m + \phi_p$）は土壌水の水分ポテンシャル（ϕ_w）といわれる．さらに土中水が重力場におかれた場合には重力ポテンシャル（ϕ_z）をもつ．基準面は通常，地下水面か地表面をとる．水分ポテンシャルと重力ポテンシャル成分との和を全ポテンシャル（ϕ_t）という．いずれも水頭でその大きさを表わし，マトリックポテンシャル成分（ϕ_m）は水頭で表わした水分吸引圧 h にマイナスをつけた値である．

$$\phi_t = \phi_w + \phi_z = \phi_m + \phi_p + \phi_z \tag{2.38}$$

ここで，ϕ_m：マトリックポテンシャル（飽和状態では $\phi_m = 0$），ϕ_p：圧力ポテンシャル（自由水面からの距離），ϕ_z：位置水頭（任意面からの鉛直距離）である．蒸発で土壌中の 2 地点のマトリックポテンシャルに差が生じたり，排水で重力ポテンシャルの差が生じると，水はこの差異に対応してポテンシャルの高い位置から低い位置に向かって土壌中を移動する．また，植物は根の水分ポテンシャルと土壌水のマトリックポテンシャルとの差異を利用して土壌から根内に水を吸収する．いま，土壌中の Δs だけ離れた 2 点間の全ポ

テンシャル ϕ_t の差を $\Delta\phi_t$ とすると，この2点間に生じる水の流れは単位時間，単位断面積当たり，$q=-k(\theta_v)\cdot\Delta\phi_t/\Delta s$ によって表わされ，q をフラックスとよぶ．$k(\theta_v)$ は含水率によって変化する係数で不飽和透水係数とよばれる．

(5) 差分法による不飽和流の計算
(a) 不飽和流と透水係数

　実際の土壌中では，土壌の間隙が水で完全に満たされた状態で流れていることは少ない．畑地や乾燥地における水移動は，降雨中や降雨後に雨水が浸潤する場合，灌漑水が浸潤するような場合，または蒸発による水の上昇移動は不飽和な状態で流れている．こうした不飽和状態の水移動は，土壌の不飽和透水係数によってその程度が表わされ，飽和流のダルシーの式と同じ形で表わされるが，通常，封入空気が多くなるにつれて透水性は落ちてくる．このように不飽和土壌中の水移動の解析では，不飽和透水係数を知ることが重要になる．さらに，肥料や塩分は水に溶けた状態で移動するので，このような化学物質の移動の解析，予測にも不飽和透水係数の把握が重要になる．土壌の不飽和透水係数は，水分量やマトリックポテンシャルが小さくなると急激に小さくなる．例えば，細砂の場合，飽和に近いときに 10^{-3} cm s^{-1} 程度の値であっても，乾燥状態に近くなると 10^{-10} cm s^{-1} 以下にまでに透水性は小さくなる．また，不飽和透水係数は，間隙の形態や分布によって決定される量でもある．不飽和土壌中での一次元的な水の流れを考えると，フラックス q は，飽和流と同様なダルシー則で表わされる．

$$q=-k\Delta(\phi_m+\phi_z)/\Delta s \qquad (2.39)$$

ここで，q：水のフラックス (cm s^{-1})（流量を流水断面積で割った値，単位時間，単位断面積当たりの流量），k：不飽和透水係数 (cm s^{-1})，ϕ_m：マトリックポテンシャル (cm H$_2$O)，ϕ_z：重力ポテンシャル (cm)，s：位置 (cm)，である．

(b) 土中の水分分布と水分フラックス

　不飽和土壌中の水の流れのモデルとして，土壌の空隙を異なった径をもつ毛細管の集合として考える．すなわち，ある径以上の毛細管は空であり，こ

れ以下の毛細管では水が満ちて流れるという毛細管モデルが適当である．この考えに基づき飽和状態でのダルシーの式の透水係数を水分量の関数として表わし，ダルシーの式と水流の連続式から不飽和土壌中での水の動きを次のように表現する．まず，ダルシー式（2.39）を水流の連続式，$\Delta\theta_v/\Delta t = -\Delta q/\Delta s$ に代入する．この場合，$D = k(\Delta\phi_t/\Delta\theta_v)$（$\mathrm{cm^2\,s^{-1}}$）を導入する．$D$ は水分拡散係数とよばれる．この式から含水量分布や変化を表わすことができ，水平（x）方向の水分移動の場合，

$$\Delta\theta_v/\Delta t = \Delta(k\Delta\phi_m/\Delta x)/\Delta x = \Delta(D\Delta\theta_v/\Delta x)/\Delta x \tag{2.40}$$

であり，垂直方向（z）の水分移動に対しては次式が成り立つ．

$$\Delta\theta_v/\Delta t = \Delta(k\Delta\phi_m/\Delta z)/\Delta z + \Delta k/\Delta z = \Delta(D\Delta\theta_v/\Delta z)/\Delta z + \Delta k/\Delta z \tag{2.41}$$

ここで，θ_v：体積含水率（$\mathrm{cm^3\,cm^{-1}}$），x, z：距離（cm），t：時間（s），ϕ_t（$=\phi_m+\phi_w$）：全ポテンシャル（cm），k：不飽和透水係数（$\mathrm{cm\,s^{-1}}$）である．

不飽和土層の水分分布 $\theta_v(z, t)$ が時間を追っていくつか得られたとする．図2.30のように土層を要素に分割したときの節点 $i-1$ と節点 i の間の要素 n における水分フラックスは，水流の連続式から次式で近似できる．

$$q_n = \Delta z_i \times \{\theta_{vi}(t_1) - \theta_{vi}(t_2)\}/(t_1 - t_2) \tag{2.42}$$

ここで q_n は節点 i における時刻 t_1 と t_2 との間の時間平均フラックス，Δz_i は要素 n の厚さ，$\theta_{vi}(t_1)$, $\theta_{vi}(t_2)$ はそれぞれ時刻 t_1, t_2 における節点 i の含水率である．さらに，節点 i, $i+1$ における動水勾配を用いると，不飽和透水係数が次のように近似できる．

$$k_i(\theta_{vi}) = q_n/\{2(\phi_{mi+1} - \phi_i)/(\Delta z_{i+1} + \Delta z_i) + 1\} \tag{2.43}$$

ϕ_{mi} は節点 i における時間平均のマトリックポテンシャルであり，時間平均の要素含水量 $\{\theta_{v1}(t_1) + \theta_{v2}(t_2)\}/2$ から水分特性曲線を使って求められる．

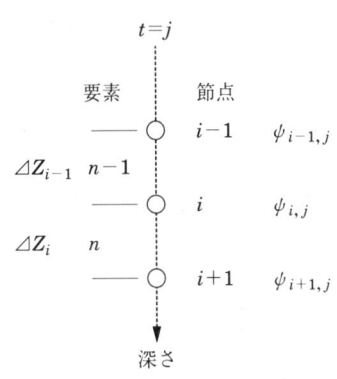

図2.30 節点と要素の関係

2.2.8 水質環境評価法 [*]

(1) 耕地生態系の物質循環と浄化機能

　土壌中に投与され余った窒素は土中に蓄積され，やがて地下水や河川，湖沼に排出され富栄養化を招く．水田や湿地のような脱窒の盛んな生態系をもたない畑地等では，地下水の硝酸汚染も問題となっており，農村はもちろん，周辺地域や下流都市域の土や水環境の劣悪化を招く恐れがある．このために農地生態系あるいは集水域における水循環の理解を深め，農業が与える負荷に対して環境が示す応答の実態調査を進める必要がある．そしてその機構や負荷により環境が回復不能にまで劣化・破壊される容量などを明らかにする必要がある．

(a) 土壌－植物系における窒素の循環と硝化・脱窒作用

　図2.31に土壌中の無機態窒素の動態を描いた．主に施肥などにより地表から土中にはいる窒素は，NH_4^+態であることが多い．水はけがよく，酸素の供給が十分な乾燥，好気的条件にある土中に入ったNH_4^+は，好気性微生物による反応で活発に酸化が進行し①，NO_3^-となって安定化する．この反応を硝化作用とよんでいる．一方，硝化が進行しない土中では，NH_4^+は粘土や土壌有機物に吸着される②．NO_3^-になった窒素は，NH_4^+とともに植物・微生物の窒素源として利用され（窒素固定③），土壌中で化合物に変えられてから生体内にとりこまれる．NO_3^-は陰イオンで土に吸着され難く地下水中に流出（溶脱④）しやすいために，生物によって利用されなかった部分は土壌系から失われる．そして地下水や河川水に流れ込んでNO_3^-汚染をもたらす．さらに，水田の作土層のように湛水し酸素の少ない嫌気的な環境では，土中微生物が酸素源として硝酸塩を利用するため，NO_3^-はNO_2^-を経てN_2にまで還元されて土壌から失われる．これを脱窒作用⑤とよぶ．湛水している水田では，酸素の供給が十分な作土の表層で硝化が進行しても，作土層中は嫌気状態になっており，脱窒作用が進行し過剰の窒素をN_2，あるいはN_xO_yとして大気に返す．その結果，下層へのNO_3^-の流失が抑えられ，

---

[*] 深田三夫

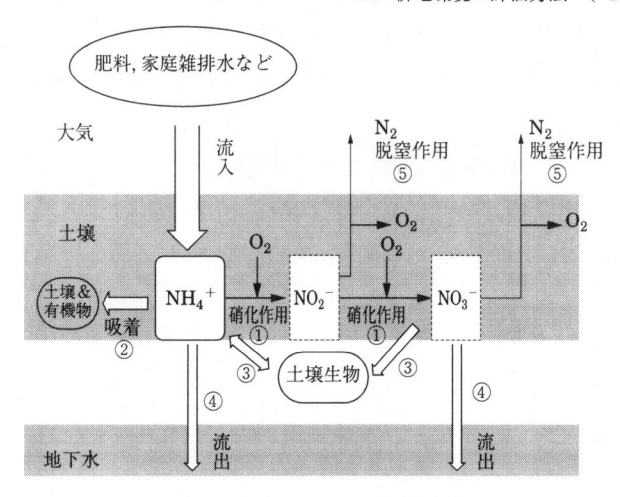

図 2.31　土壌中の硝化・脱窒作用

NO_3^- による水圏の汚染を防ぐ．畑地では耕起されるから，乾燥し好気的な条件となり硝化作用が進行しやすい．草地は畑に比べて耕起されることが少なく土壌の通気が悪いため，①の流れが抑えられ腐植としての蓄積が多くなりやすい．草地を畑に転換すると，①→④の流れが盛んになる．これが NO_3^- による地下水汚染の第一段階である．一般に水田地帯と畑作地帯では湧出水中の NO_3^- の量に顕著な相違がみられ，畑作地帯では水道水基準の 10 mg/l を越すことが多い．これは上述の土壌中の窒素の挙動によって理解される．わが国では農耕地に占める水田面積が大きく，水稲への施肥量は他作物に比べて少ないためこれまでに問題にされなかった．しかし，近年水稲の作付面積は減少し施設園芸が盛んになった．このような状況の変化は窒素汚染の進行と深く関わって問題化している．また，水田においても水稲作付期間外の非湛水期に蓄積した窒素が流出するという指摘もある．

(b) 水域における汚濁機構と微生物の浄化機構

　水の汚れは窒素やリンのような肥料分による栄養的な汚れ（汚濁）と，農薬や金属などの有害物質による汚れ（汚染）の二つに大別できる．川や海に汚濁物質が捨てられると，無機物は希釈や沈澱などの物理作用を受けその物

質のままで流れる．しかし，有機物はこれを栄養とする好気性微生物に分解され無機物になる．すなわち，もともと川や海は流入濁水を浄化し再びきれいな水に戻す能力をもっている．しかし停滞水域や閉鎖性水域では栄養状態が加速されやすく水系の富栄養化が進行している．瀬のような空気中の酸素の取り込みが大きい場所や，藻類や水草などが多く光合成が盛んな場所では，酸素が豊富で酸化分解が盛んである．この過程では好気性微生物が分解のために酸素を消費する．すなわち，炭素→炭酸→重炭酸塩，窒素→アンモニア→亜硝酸→硝酸，リン→リン酸となるような過程である．川のもつ浄化作用は，水量，流速など物理的条件に左右され，酸素の供給が十分な場所では浄化能力が大きい．

さらに，酸素が消費しつくされた下水溝や湖底などでは，酸素を必要としない嫌気性微生物による無機分解を受ける．窒素をはじめ硫黄などの嫌気分解の主なものは，炭素→有機酸→メタン→炭酸ガス，窒素→アミノ酸→アンモニア＋アミン，硫黄→硫化水素＋有機硫黄化合物などである．これらの分解には化合物中の結合酸素が使われ，遊離の酸素は必要ではない．この嫌気分解で発生するガスの大半がメタンガスであるためにメタン発酵とよぶことがある．このメタンガスは温室効果ガスである．

(c) 流域の浄化機能

図2.32のように，一流域は，山林，畑，水田や湿原まで連綿としてつながり三次元的な広がりをもつ．これらの土壌は水を保持し，あるいは移動の媒体として働く．植物は養分と水分の状態によって棲み分け，流域としてまとまった空間を形成する．土壌や水域の浄化機能を考える場合，面的な思考が必要となる．例えば，上流域の荒廃した山地や乾いた通気のよい土地で過剰なNO_3^-が生成されても，中間地域の森林や水田がその窒素を吸収する．乾いた通気のよい土地で生成したNO_3^-は，湿地に運ばれると密生した湿地性植物による吸収と脱窒によってそのほとんどが消失する．植物に吸収された窒素の多くは，枯死とともに湿地の土壌に還元されるが，嫌気的条件によりその分解が進まず，泥炭や多量の腐植として土壌に固定され，急激に水圏に流れ出すことはない．また，川沿いの湿地が有効に機能している限り，地表

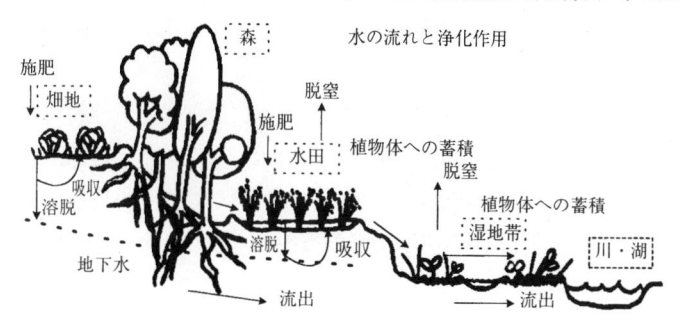

図 2.32 水の流れと浄化作用(那須ら,1977 より改図)

水が NO_3^- によって富栄養化する恐れは少ない.湖沼周辺の湿地にヨシを育てて,湖沼の富栄養化を防止しようする試みがある.これは,密生したヨシなどによって水の流れをゆるやかにし,窒素を吸収させて過剰の窒素を脱窒作用によって除くものである.水田はイネを栽培することによりこの作用を実現し一石二鳥の効果をもつ.湿地を人工的に排水したり,あるいは自然水路を人工水路に変えたりすると,蓄積された有機態窒素が急激に硝化を受け河川や湖沼に流れ出したり,窒素の分解が進まず水圏の富栄養価を招くおそれがある.

(2) 水質汚濁の指標

ここでは,耕地における窒素,リンの過剰投入や土砂流出が原因である河川や湖沼,海域の汚濁の一般的な指標について分析頻度の高い水質項目を示す.農業用水,上水道や工業用水に対する水質指標などもあり,対象とする水域の状況や汚濁物質,目的に応じて適切な水質指標を使い分ける必要がある.

(a) 物理的汚濁指標

浮遊物質(SS, suspended solids),全蒸発残留物(TR, total residue):汚濁水中に浮遊している 1 μm〜2 mm の泥や有機物を浮遊物質(SS)という.全蒸発残留物(TR)は 105 ℃〜110 ℃ で 2 時間炉乾燥した後の残留物の量で,SS に含まれない 1 μm 以下の成分 DM(dissolved matter)を含む.すなわち,TR = SS + DM の関係がある.さらに TR,SS,DM の各々を 600

℃で30分間強熱し灰化して強熱残分を得る．この強熱減量は主に水中の有機物である．

濁度 (turbidity)：自然，人為的汚染により水に微細な不溶性物質が混入すると入射光が散乱し水は濁る．例えば家庭排水，産業排水，伐採，造成，土木工事などによる土砂の流入などである．濁度はこの濁りの度合いを表わす指標である．一定粒度のカオリンで懸濁液をつくり，1 mg/l 濃度を濁度1度とする．

透視度 (transparency)：濁度と同様，水の濁りの度合いを表わす指標で，透視度計に水を入れて，底の二重文字がはっきり区別できる深さ (cm) で表わす．透視度はSSや濁度と同様な原因によって悪化し，とくに濁度と強い相関がある．

(b) 化学的指標

電気伝導度 (EC, electric conductivity)：純水は電気を通さないが，電解質を含む水溶液中では陽イオンと陰イオンが電流の運搬役として働く．電流はイオンの量と各イオンの電気を運ぶ速さによって決まる．断面積 1 cm^2，距離 1 cm の電極間にある溶液のもつ電気抵抗をその溶液の比抵抗とよび，その逆数を電気伝導度 (EC) とよぶ．一般に水中に不純物が混濁していると電気は流れやすく，電気の流れやすさは水質汚濁の一つの尺度となる．

水素イオン濃度 (pH)：水のpHは，水溶液中の水素イオン濃度で，pH = log (1/[H$^+$]) で定義されている．ただし [H$^+$] は溶液中の H$^+$ 濃度 (g/l) である．pH<7を酸性，pH=7を中性，pH>7をアルカリ性とする．下水や工場排水などの混入による水質変化の指標となる．

溶存酸素 (DO, dissolved oxygen)：DOは水中に溶解している酸素をいう．水面での大気との接触や植物プランクトンの光合成から供給される．溶存酸素の飽和量は，水温，水圧や塩分濃度によって異なるが，水温20℃で 9.17 mg/l である．酸素は水中の生物や微生物が呼吸に使う．し尿や家庭雑排水には有機物が多く含まれ，これを栄養とする好気性微生物が増殖する．この際に汚濁物質を酸化分解するために酸素が消費される．このため飽和量からの不足分が大きいほど有機物汚染が進み汚染測定の目安となる．溶存酸

素は汚染物質の浄化にとり重要である．一般に DO < 4 mg/l では水中生物の正常なバランスがくずれ，DO < 1 mg/l では，魚類の生存が限られ，底泥からメタンガスや硫化水素が発生して悪臭を放つ．河川，湖沼では約 7.0〜7.5 mg/l 以上が望ましい．

生物化学的酸素要求量（BOD, biochemical oxygen demand）：有機性汚濁の特色は有機物の分解の際に溶存酸素が消費されることによって生じる様々な障害にある．有機性汚濁の程度をはかる代表的指標として BOD, COD が用いられている．ともに水中の有機物を酸化分解した時消費される酸素量で示したものだが，酸化の方法は両者で異なっている．BOD は「生物化学的酸素要求量」とよばれ，水中の好気性微生物が有機物を栄養分として取り入れて分解する際に消費される酸素の量のこと．通常，原水を 20 ℃ で 5 日間，暗所で培養したときに得られる酸素消費量を指している．

化学的酸素要求量（COD, chemical oxygen demand）：水中の有機物，無機物を酸化剤で酸化する際に消費される酸素量をいう．通常，過マンガン酸カリウムによって沸騰水中（100 ℃）で 30 分間反応させた場合の酸素消費量で，BOD と比較して簡単に測定できるのが特徴である．一般に，BOD は主に川の有機性汚濁の指標として用いられる．これに対し，COD は主に湖沼や海域の有機性汚濁の指標として用いられる．これは，河川水は湖沼や閉鎖性水域に比べ，水の滞留時間が短いために酸化分解されやすい有機物を対象とすることが多いためである．湖沼や海域では水の滞留時間が長く，分解されにくい有機物も対象とするために通常 COD を用いる．なお，人為的汚濁のない河川や湖沼の BOD, COD は，それぞれおよそ 1 mg/l 以下であり，それぞれ高い値ほど水が汚れている．

窒素（N, nitrogen）：土壌中や水域の窒素の主な起源は，下水処理水・家庭雑排水・肥料などで，日常生活と深い関係がある．土壌中の窒素の多くは肥料として施用されており植物体に利用される．植物体は土壌中の窒素化合物のうち，主としてアンモニア性窒素（NH_4^+-N），硝酸性窒素（NO_3^--N）などの無機態窒素を吸収して生育している．アンモニア性窒素は陽イオンであるため，マイナスに帯電している土壌に強く吸着される．しかし，陰イオン

である硝酸性窒素は地下水中での移動性が高い．植物体に利用されなかった窒素は土壌にとどまり，あるいは分解され，硝酸性窒素または亜硝酸性窒素となって，雨水に流されて地下水や河川水にはいる．窒素はそれ自体が直ちに水質汚濁を生じる物質ではないが，湖沼など閉鎖性水域においては，リンとともに湖沼藻類，植物プランクトンの著しい増殖をおこす富栄養化の要因となっている．

全窒素量（T-N, total nitrogen）：水中のアンモニア性窒素（NH_4^+-N），硝酸性窒素（NO_3^--N），亜硝酸性窒素（NO_2^--N）と有機態窒素（Org-N）の総量である．

リン（P, phosphor）：リンは土壌中や自然水中に広く存在するが，洗剤，肥料，農薬，し尿中に多量に含まれているために，工場，生活，農業排水が流入する土壌水や水系には多量に含まれている．土壌中では，水に溶けやすいリン酸塩も大部分は自然に存在するカルシウム（Ca），鉄（Fe），アルミニウム（Al）などと結合して水に溶けにくい（溶脱されにくい）リン酸塩として沈澱し難溶性となる．このため，植物には吸収されにくく，また地下水中では移動性は低い．肥料の三要素の一つであり，植物には肥料として多く補給されている．

水中のリン酸イオン（PO_4^{3-}）は動物や植物の死骸が分解してできるものである．また，人間や家畜のし尿，台所や洗剤などの生活排水，工業排水，化学肥料などの人間活動の影響によっても供給される．このほか，有機物と結合して有機リンの形で存在する．リンはそれ自体が直ちに水質汚濁を生じる物質ではないが，生物の増殖活動に重要な役割を果たし，閉鎖性水域，湖沼，海域等の富栄養化を促進するため，汚濁の指標となっている．

全リン（T-P, total phosphate）：水中のリン酸イオン（PO_4^{3-}）と有機物と結合した有機リンの形で存在する．これらの合計を全リンとよぶ．

(c) 生物的汚濁因子

大腸菌は哺乳類の結腸に寄生する腸内細菌で，健康人の腸内にあって本来は無害である．しかし腸以外の臓器に侵入すると下痢や泌尿器の感染症をもたらすこともある．糞便から散らされるため，汚染の有無の指標とされ，水

質検査に用いられる．水道水基準では検出されないことが原則である．水中のし尿汚染の指標として「大腸菌群数」がある．

(3) 水質分析と評価

公的な機関の水質調査は，高度な分析機器と試薬を用いて専門知識を持った技術者が分析し，JISで定められた公定法で分析する必要がある．ここであげた水質項目について実態調査をする場合は，高度な器具を用意しなくても比較的簡単な方法が用意され，素人でも扱うことができる．例えば，試験紙法，パックテスト法などである．さらに測定項目それぞれに応じた，比較的安価な携帯型の器具もあり（電気伝導度計，pH計など）現場ですぐ結果を出すことも可能である．またやや高価ではあるが，試薬のカプセルがすでに用意され，秤量の手間がはぶける自動測定器もある．代表的なものに，測定成分を含むサンプルに試薬を加えて発色させ，特定波長の単色光を通過させて，その吸光の度合いから測定成分を検出する光電分光光度計がある．表2.7に上述の水質項目の代表的なものについて水質指標の概略値を示した．

表2.7 水質指標の概略値

	電気伝導度	塩基度	化学的酸素要求量	アンモニア性窒素	亜硝酸性窒素	硝酸性窒素	リン酸性リン
記号	EC	pH	COD	NH_4^+-N	NO_2^--N	NO_3^--N	$PO_4^{3-}-P$
単位	MS/cm	—	Mg/l	mg/l	Mg/l	mg/l	mg/l
雨水	10〜30	pH<7酸性	1〜2	0.1〜0.4		0.2〜0.4	<0.5
河川上流	50〜100	pH=7中性	<1	<0.05	0.006	0.2〜1.0	<0.05
河川下流	200〜400	pH>7 アルカリ性	2〜10	0.5〜5	0.3	2.0〜6.0	0.1〜1.0

引用文献

Arya, S. P., 1988: *Introduction to Micrometeorology*, Academic Press, pp. 307.

朝倉利員，1987：放射・日照の測定，「農業気象の測器と測定法」，農業技術協会，87-104．

Brutsaert, W. H, 1982 : *Evaporation into the Atmosphere*, Kluwer Academic Publishers, pp. 299.

引用文献

Campbell, G, S., 1987:「パソコンで学ぶ土の物理学」(中野政詩・東山 勇 監訳), 鹿島出版会, pp. 192.

土壌物理性測定法委員会 編, 1976:「土壌物理性測定法」, 養賢堂, pp. 137.

Hamotani, K., Y. Uchida, N. Monji, and A. Miyata, 1996 : A system of the relaxed eddy accumulation method to evaluate CO_2 flux over plant canopies. *J. Agric. Meteorol.*, **52**, 135-139.

Hanks, R. J., 1992 : *Applied Soil Physics*, Springer-Verlag, pp.63.

Hartge, K. H. (福士 訳), 1985:「土壌物理学概論」, 博友社, pp.134.

早川誠而・元田雄四郎・坂上 務, 1981:地表-接地気層-大気系における物質とエネルギー輸送に関する研究(Ⅱ)移流とその影響による内部境界層の特徴. 農業気象, **36**, 237-249.

早川誠而・元田雄四郎・坂上 務, 1984:地表-接地気層-大気系における物質とエネルギー輸送に関する研究(Ⅲ)局地冷源による内部境界層の特徴. 農業気象, **40**, 47-54.

日野幹雄・太田猛彦・砂田憲吾・渡辺邦夫, 1989:「洪水の数値予報」, 森北出版, pp. 252.

堀江 武・桜谷哲夫, 1985:イネの生産と気象的評価・予測法に関する研究(1)個体群の吸収日射量と乾物生産の関係. 農業気象, **40** (4), 331-342.

池田有光, 1993:大気汚染,「環境流体汚染」(松梨順三郎 編), 森北出版, pp. 260.

井上君夫, 1988:熱収支,「農業気象の測器と測定法」, 日本農業気象学会関東支部編, 農業技術協会. pp. 322.

Isoda *et al.*, 1993 : Effects of leaf movement on radiation interception in field grown leguminous crops. *Jpn. J. Crop. Sci.*, **62** (2), 300-305.

礒田昭弘ら, 1990:簡易積算日射計フィルムによるイネ群落の受光態勢の解析. 千葉大学園芸学部学術報告, **43**, 39-43.

岩切 敏, 1977:熱収支,「農業気象観測・測定に関する手引書, 第2部」, 日本農業気象学会関東支部, 30-44.

Kaimal, J. C. and J. J. Finnigan, 1994 : *Atmospheric Boundary Layer Flows*. Oxford Univeristy Press, pp. 299.

引用文献

鴨田福也・原沢 勇, 1986: Phycoerythrin 利用による積算日射量測定. 昭和61年度日本農業気象学会講演要旨, 182 - 183.

河辺昌子, 1994:「だれでもできるやさしい水のしらべかた」, 合同出版, 94 - 105.

川方俊和・矢島正晴・守谷孝志, 1992: 2種の棒状光センサの特性比較. 農業気象, **47** (4), 241 - 244.

榧根 勇, 1989:「水と気象」, 朝倉書店, pp. 180.

榧根 勇, 1980:「水文学」, 大明堂, pp. 272.

近藤純正 編著, 1994:「水環境の気象学－地表面の水収支・熱収支」, 朝倉書店, pp. 350.

岸田恭充, 1987: 耕地の波長別日射環境,「太陽エネルギーの分布と測定」, 学会出版センター, 87 - 104.

中野ら 著, 1995:「土壌物理環境測定法」, 東京大学出版会, 65 - 87.

日本分析化学会北海道支部 編, 1998:「環境の化学分析」, 三共出版, pp. 121.

農林水産省・国土庁・環境庁・日本学術会議関係連絡委員会監修, 1998: 農業・農村環境, 養賢堂, pp. 26.

大場和彦, 1988: 南九州におけるサツマイモ畑の蒸発散. 農業気象, **44** (2), 91 - 99.

那須淑子ら, 1997:「土と環境」, 三共出版, pp. 50.

Paulson, C. A., 1970 : The mathematical representation of wind speed and temperature profiles in the unstable atmospheric surface layer. *J. Appl. Meteorol.*, **9**, 857 - 861.

桜谷哲夫・岡田益巳, 1985: 蒸発散測定法 (V). 農業気象, **40** (4), 403 - 405.

末松茂孝ら, 1994:「図解やさしい農業実験」, 農業図書.

水質環境学編集委員会:「清らかな水のためのサイエンス－水質環境学－」, 農業土木学会.

内嶋善兵衛 編著, 1982:「農林・水産と気象－気象の利用と改良－」, 朝倉書店, 19 - 45.

山本晴彦ら, 1998: フィコエリトリンを利用した簡易積算管型日射計の試作と作物個体群の日射透過量の測定. 日作紀, **67** (3), 401 - 406.

山本晴彦ら, 1996: 暖地二条オオムギの太陽エネルギー利用効率および転換効率の季

引用文献

節的変動. 日作紀, **65**(2), 207-213.

吉村登雄ら, 1989:簡易積算全天日射計. 太陽エネルギー学会誌, **15**(1), 47-51.

Webb, E. K., G. I. Pearman, and R. Leuning, 1980 : Correction of flux measurements for density effects due to heat and water vapour transfer. *Quart. J. Roy. Meteorol. Soc.,* **106**, 85-100.

第3章　非破壊・非接触による耕地環境の計測・評価

3.1　リモートセンシングによる耕地環境計測・評価法

3.1.1　地上からの耕地環境の計測・評価[*]

　リモートセンシングは，地表の対象物から反射または放射される情報を非接触・遠隔で収集し，その特徴の分類，判読，分析を行ない，対象物を識別したりするものであり，可視域をはじめ，紫外領域，赤外領域，マイクロ波領域等に及ぶ電磁波領域の分光情報や超音波の利用など広範囲の認識行為である．このため写真のように人間の目に見える可視領域のみでは取得不可能な多くの有益な情報がリモートセンシングには含まれており，単に地上の幾何学的な特徴ばかりでなく，植物の活性度や地上の熱環境，大気の状態，土壌の性質や状態など様々な情報を我々に提供してくれる．しかも面的な情報を瞬時に，広い範囲の経時的な変化までも追跡できるため多くの分野で活用されており，今後一層の発展が期待される分野といえる．

　耕地環境の分野でリモートセンシングによる地上観測が行なわれているものとして，各種の分光放射計，赤外写真，デジタルカメラ，赤外放射温度計，マイクロ波計，超音波計などがあげられる．リモートセンシングに用いられるセンサーおよびその主な観測対象と利用波長帯を表3.1に示す．分光反射計あるいは赤外放射温度計は作物体や土壌環境，耕地環境の計測，マイクロ波計は大気環境，土質・地質探査，降雨域などの水文・水資源探査，さらに超音波計は大気境界層の研究など，幅広い分野に用いられている．それぞれの測定器は独立に使用する場合もあるが，場合によっては相補的に用いる場合もある．

---

[*] 早川誠而

表 3.1 リモートセンシングに用いられる測器とその観測波長および使用波長

波長	名称	センサー	観測対象
10 nm ↕ 400 nm ↕	紫外線	分光放射計, 写真	植物 (傷害)
	可視線	分光放射計, 写真, TV	植物 (形状, 葉色, クロロフィル濃度, バイオマス, 葉緑素)
700 nm ↕ 1500 nm ↕ 15 μm ↕	近赤外線	赤外線写真 分光放射計 放射温度計 サーモグラフィ 赤外放射計	植物 (葉面積, 水分, 葉温, 水ストレス, 窒素濃度)
	中間赤外線		土壌 (水分, 温度)
	遠赤外線		対象物の表面温度
1 mm ↕ 1 m	マイクロ波 (極超短波)	放射計 レーダー レーザーレーダー ドップラーレーダー	植物 (群落の立体構造) 土壌中の水分 降水, 水蒸気, 雲, 積雲 大気境界層 (気温, 気流)
周波数 1.6 kHz ↕ 4.8 kHz	超音波	ドップラーレーダー	大気境界層 (気温, 気流)

(1) 分光反射計による植物活性度の計測・評価

樹木の種類や成育状況の違いによって分光反射がどのような特性を持つかの情報は, 調査を迅速かつ広域的に行ない, 総合的な評価のためのモニタリング手段としてその有用性が高まっている.

図 3.1 は, 肥料を十分に施した区とマサ土のみで肥料を施さなかった区に樹木を生育させたときの植物葉の分光反射特性を示す. 肥料を施し生育のよい区では, 可視域の 550 nm 付近

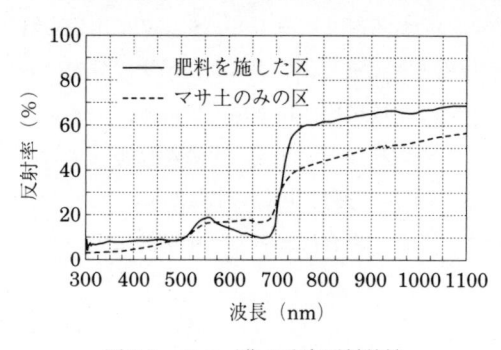

図 3.1 ソヨゴ葉の分光反射特性

で大きな反射を示し,赤帯域では吸収が強まり 680 nm 付近で最大の吸収となり,近赤外域では大きな反射特性を示している.可視域の反射は葉の色素と関係し,680 nm 付近での大きな吸収はクロロフィルによるものといわれている.

植物の活性度と結びつけるため,どのような指標がよいかについていろいろ研究がなされているが,よく用いられるものとして植生指数(vegetation index)がある.これは,近赤外(NR)や赤(R)などの波長域における分光反射係数を用いて NR/R,$(NR-R)/(NR+R)$ を計算し,検討を加える手法である.図の結果を用いて植生指数を計算すると,生育のよい条件下の方が植物活性度が大きく,生育調査による実態をよく反映した結果となった.

図 3.2 は,大気汚染に被害を受けたポプラ葉の分光反射特性を示す.葉に含まれる SO_2 の含有量が多いほど,500〜600 nm の反射が大きく,一方,近赤外域の反射が小さくなっている.次に,葉に含まれる SO_2 含量と正規化植生指数

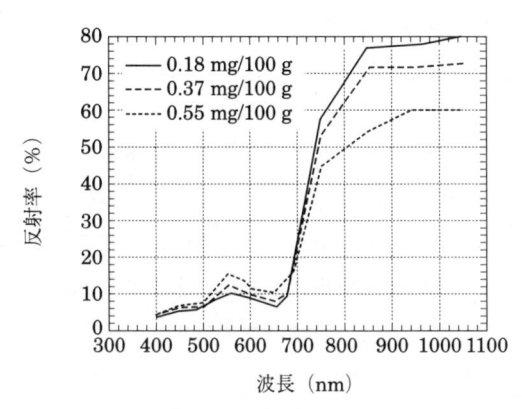

図 3.2 葉に含まれる SO_2 含量に対する各波長の反射率(李ら,1996 b)

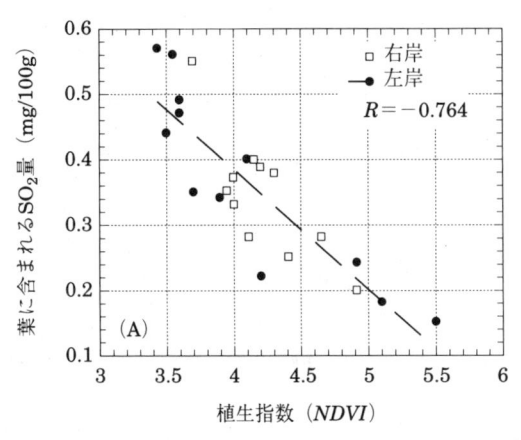

図 3.3 葉に含まれる SO_2 含量と植生指数との関係(李ら,1996 b)

(*NDVI*) との関係をみたのが図 3.3 である．葉に含まれる SO_2 含量が多くなれば，植生指数は小さくなっており，分光反射の測定により植生指数を計算し，得られた関係式を用いることによってポプラ葉に含まれる SO_2 濃度の推定，すなわち汚染の程度をこの特性を利用して判断することが可能となる．

(2) 植被と土壌が混在する場合の分光反射特性

いろいろの水分条件下の土壌の反射特性に関しては，これまで多くの研究者が測定を行ない詳しい結果がでている．同じ土壌水分でも土壌の種類によって反射特性は異なるが，一般的に，土壌水分の増加とともに反射率は低下する．これは土壌水分が多くなるとともに土壌の色が黒くなることからある程度判断がつく．これらの結果は表層の土壌水分についての結果であり，今後は内部の土壌水分をいかに評価するかが大きな課題となっている．

雪面と草と雪が混在した草雪面における分光反射特性の一例を図 3.4 に示す．雪面の分光反射率は波長に関係なく，ほぼ 92 % で一定であるが，草雪面では，可視域の 400 nm ～ 750 nm の波長域では 66 % から 87 % と増加し，750 nm より大きな波長域では減少傾向にある．これは，雪面と植物の分光反射の情報が混在して現われた結果である．

図 3.5 は乾砂層の厚さを変えたときの波長と反射率との関係を示す．乾砂

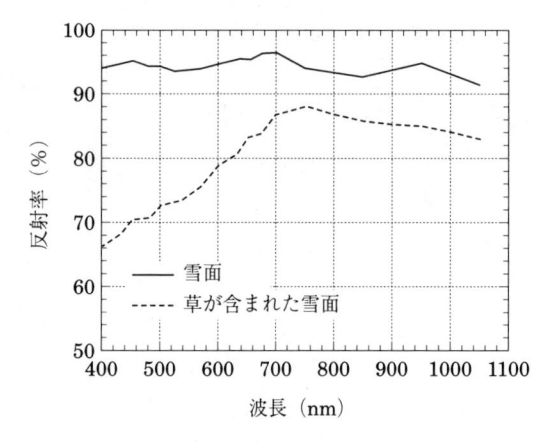

図 3.4 雪面および草を含んだ雪面の各波長に対する反射率（李ら，1996 a）

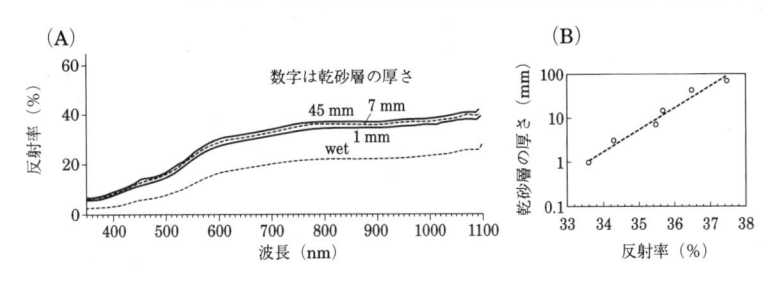

3.1 リモートセンシングによる耕地環境計測・評価法 (117)

図3.5 湿潤砂および乾砂層の厚さを変化させたときの各波長の反射スペクトル (A) および乾砂層の厚さと波長800 nm の反射率との関係 (B) (早川, 1994)

層が厚くなるにつれて,反射率は大きくなっている.すなわち,土壌からの反射は,土壌の表面からだけでなく,内部の土壌水分の影響も反映された結果が現われることを意味しており,今後の研究に一つの手がかりを与えるものである.

通常の耕地では,植物が繁茂しており,土壌からの反射と入り交じった情報が抽出される.植被面では植被の反射特性の影響を強く受けることから,図3.6のように赤 (R) と近赤外 (NR) の反射率を用いたそれぞれの影響を考えるモデルが提出されている.図において,裸地状態では,反射率は土壌の種類,水分が異なっても $NR = aR + b$ (a, b は定数) の線(ソイルライン)上にある.しかし,植被の繁茂にしたがって,植被100%と仮定された点Pに向かってSP上を移動し,最大の繁茂量の時には土壌の種類による相違はほとんど現われなくなる.土壌 (Ns, NRs) と植被 (Rp, NRp) が混在している場合(点A)の赤と近赤外の反射率 R_A と NR_A は次の式を満足する.

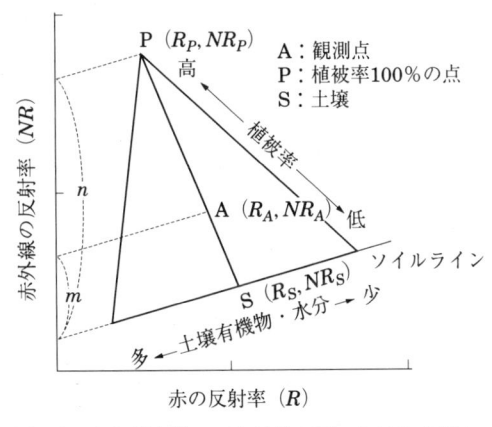

図3.6 赤と近赤外の二次元散布図における土壌と植被の関係(福原・斎藤, 1986)

$$K = (NRp - NR_A)/(R_A - Rp)$$
$$= (NRp - NRs)/(Rs - Rp) \tag{3.1}$$

$(NRp-NRs)/(Rs-Rp)$ は土壌ごとに一定で，K は土壌の特性を示す一指標と考えられている．また，点 P と点 A からソイルラインに平行線を引き，これらの直線と Y 軸の交点が作る長さをそれぞれ図のように m, n とすると m/n が植被率となる．

(3) 赤外放射温度計による環境計測・評価

対象物体の絶対温度を T とすると，対象物体は T^4 に比例した熱放射を放射している．赤外放射温度計はこの対象物体からの熱放射の測定によって対象物体の温度を知るものである．都市域や耕地の熱環境の計測・評価に使われる．

(a) 耕起，不耕起区の温度分布

赤外放射温度計を用いて観測した耕起区と不耕起区の温度分布を図 3.7 に示す．耕起の目的は，毛管孔隙を適度に保って，植生に好適な土壌の物理的な状態あるいは環境を供するにあるが，温度環境についての記述はあまりみられない．表面温度は昼間は耕起区の方が 6 ℃ 以上温度が高く，夜間では逆に不耕起区の方が 3 ℃ 高くなっている．これは耕起することによって土壌中に含まれる空間が多くなり，熱容量が小さく，熱伝導率が悪くなるためである．

(b) 植生の温度緩和作用

環境共生型の地域づくりにおいて，緑地はその中心的存在として多方面から注目されている．緑地の持つ機能は多岐にわたるが，周辺の環境に及ぼす気象的影響も期待される効果の一つである．とくに，緑地の持つ温度緩和作用

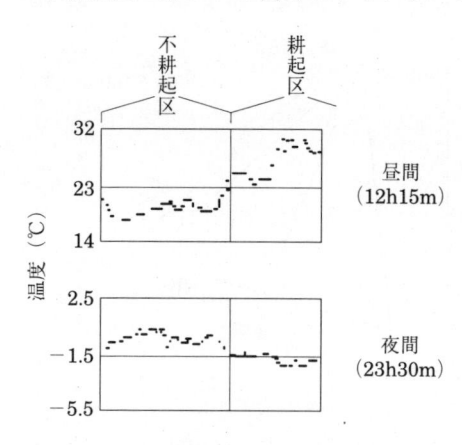

図 3.7 赤外放射温度計がとらえた耕起区と不耕起区の表面温度（早川，1994）

については，緑地の規模や季節の違いによる影響程度の評価など多くの興味ある研究対象となっている．赤外放射温度計を用いて得られた傾斜面のコンクリート面と植生域の温度分布を**口絵1**に示す．日中は試験区法面やコンクリート面では植被面に比べ最大で10℃以上高くなっており，植生域の持つ温度緩和作用が明らかである．一方，夜間ではコンクリート面が最も高く，植被で最も低くなって，コンクリートが暖まりやすく，さめにくいことが一目瞭然で見て取れる．これはコンクリートの持つ物理的特性や蒸発量が少ないことから生じたものである．

(c) 傾斜茶園における温度分布

図3.8は傾斜茶園における夜間の温度分布を示す．どこで温度が高いかなどの温度に関する面的な情報が一目でわかる．この図の温度分布で特徴的なことは，等高線沿いに植えられた茶樹列と直角方向に形成されている温度の縦縞である．この温度の縦縞ができた原因は，図3.9のように，放射冷却によって生じた斜面下降気流が鉛直シアーのある流れを作り，放射冷却による冷たい茶樹表面付近の空気と温かい茶樹下層の空気との間に不安定な層を形成し，流れの方向に軸を持つロール状の渦が形成されたため発生したものである．よく知られている冬の日本海付近に形成される寒気の吹き出しに伴う筋状の雲の形成と同様なプロセスである．

茶樹園では，4月から5月にかけての晩霜によって新芽が霜の被害による大きな打撃を受けるため，防霜対策に苦労している．防霜ファンについては，どのくらいの温度上昇が見込まれるのか，効果の範囲はどのくらいであるのかが問題となるがこれまではっきりとした報告は見られない．防霜ファンの起動する前と起動した後の茶園内の温度分布

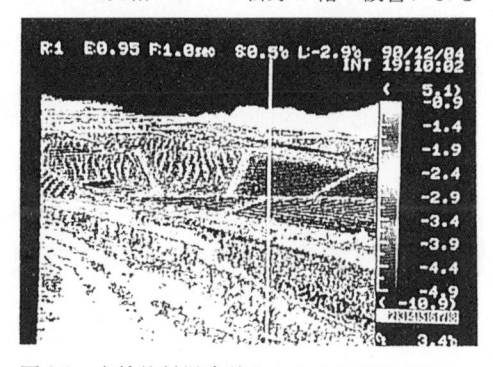

図3.8 赤外放射温度計がとらえた傾斜茶園における夜間の温度分布（早川，1994）

図3.9 傾斜茶園における斜面下降気流により形成されるロール状対流により作り出された高温域，低温域発生の模式図（早川，1994）

を口絵2に示す．防霜ファンの風が強く当たるところほど昇温し，楕円状に昇温域が出現している．効果の範囲は，今回設置されている防霜ファンでは風下方向の5～30 mあるいは35 mの範囲で昇温が見られ，とくに風が強くなる5～12 mの風下付近に最も強い昇温域が見られた．昇温の程度については，そのときの大気の安定度（気温逆転）の程度によるが，一番昇温効果が現われる5～12 mのところでは3～5℃の昇温が見られた．

(4) マイクロ波などによる環境計測・評価

マイクロ波を使う最大の利点は，昼夜，晴曇にかかわらず観測可能なことである．すなわち，光センサーでは伝播媒体の影響を8割以上受けてしまうが，マイクロ波では約1割しか受けない．また，マイクロ波は対象の内部まで侵入するので，内部の状態に関する情報を取得できる．スペースシャトルのマイクロ波センサーがサハラ砂漠の地下数十mの地質構造をとらえたことは，電磁波が内部まで侵入していることの証拠である．今後は植生の内部構造やバイオマスの測定などに期待が寄せられている．

図3.10はNASAの植生観測におけるマイクロ波利用の概念図である．図の上段は周波数の違いによって得られる情報の違いを示したものである．Lバンドは周波数1 GHz（波長30 cm）程度，Cバンドは5 GHz（6 cm）程度，Xバンドは10 GHz（3 cm）程度のマイクロ波である．通常マイクロ波は周

3.1 リモートセンシングによる耕地環境計測・評価法 (121)

図 3.10 植生による多周波および多偏波利用の概念図（増子，1992）
注）記号 L，C，X はバンドの種類

波数が低いほど対象の電気的性質や含水量による減少が少ないといわれている．L バンドは植生下の地表面まで進入するので，地表面の情報を含んでいる．C バンドは葉の領域内に進入し，散乱されて戻ってくるので，葉や小枝に関する情報を含んでいる．X バンドは植生の表面で散乱されるので，表面の情報しか取得しない．葉の形状や向きの多様性により，植生表面での散乱電波には送信偏波と異なる偏波成分が含まれる．植生内部では，電波が何回も散乱されるため，異なる偏波成分が多量に含まれる．地表面での散乱では，同一偏波成分が主体となる．このようにマイクロ波は対象物との相互作用によって光センサーとは異なった情報が得られる．マイクロ波の活用方法は，光センサーとの相補的な使用によってさらなる成果が期待される．

この他に，レーダーによる降水域の観測や超音波を用いたドップラーソーダーによる大気境界層の立体構造の観測など将来的にも期待は高い．

【例題1】土壌は表面が乾燥すると白ぽくなり，雨に濡れると黒っぽくなるのはどうしてか．

【例題2】土壌表面が乾燥すると，夜間は温度が低くなり，日中は温度が上昇し，湿った土壌に比べ日較差が大きくなるのはなぜか．

【例題3】図 3.1 の観測結果から植生指数を計算せよ．ただし，$R = 630〜690$ nm，$NR = 760〜900$ nm の波長域の平均反射率とする．

3.1.2 衛星データを用いた地域環境の計測・評価 *

　地域の環境，とりわけ気象環境を面的に把握することは，地域全体，さらに地球全体の気候の成り立ちを解明する上で重要である．気象環境についてその地域分布特性をみる場合，従来は点における測定である地上気象観測データから広域を類推する評価方法がとられてきた．したがって，観測点から遠く離れた場所や標高等の地形条件が観測点と異なる場所では，正確な気象環境の評価は困難であった．しかし，人工衛星による宇宙からの観測が行なわれるようになり，面的な評価の新しい手法が生まれた．気象衛星や地球資源衛星は，地球表面での太陽光の反射成分や地表から射出された放射量を観測しているため，これらを適切に処理し，他の気象観測データとともに用いたり衛星データのみを用いたりすることにより，気象環境を形成する物理的な要素の広域分布を詳細に把握できるようになった．

　以下では温度環境，放射環境，熱収支について衛星データを用いた計測や評価を行なうにあたっての方法や問題点等について述べる．温度環境には地表面温度と気温があり，これらは地域環境を特徴づける重要な要素である．また放射環境は，地域の気候を形成する入力エネルギーとして重要であるばかりでなく，植物による太陽エネルギーの吸収・固定（純一次生産力）に密接に関係する．そのため農業・林業に直接関わる問題で，その地域分布特性を明らかにすることが重要な課題となっている．さらに，地域の熱収支特性を明らかにすることは気候形成の要因を調べるのに不可欠であるばかりでなく，これから求められる蒸発散量は水資源計画にとって重要な意味を持つため，地域の水収支の解明にも関わることになる．

　地域環境の計測・評価によく利用される衛星には LANDSAT（ランドサット），NOAA（ノア），GMS（ひまわり）がある．どれだけ細部まで観測できるかを表わす地上分解能はそれぞれ 120 m，1.1 km，5 km であり，観測周期は順に 16 日，約 6 時間，1 時間となっている．このように，地域分布を詳細に見られるものほどデータが得にくいことになる．

---
* 谷　　宏

(1)温度環境評価

　赤外放射温度計と同様なセンサーを人工衛星に搭載して観測すれば，宇宙から見える地表面や水面，植生，雲など様々な表面の温度を広域にわたり計測できる．晴天時に人工衛星の観測によって得られた地表面温度分布から，地表を構成する物質や表面状態による温度の高低が把握でき，都市気候の解析や植物の水分ストレスの検出等に利用されている．なお，ここでいう地表面温度とは衛星から直接観測できる物体の表面温度で，植生のある場所ではその植生の表面温度であり，その下の地面の表面温度ではない．

　人工衛星から地表面温度を計測する場合の問題には，対象物からセンサーまでの距離が長いため，その間にある大気中の水蒸気が赤外線の透過に影響を及ぼし（大気効果），温度の絶対値の精度が低下することがある．衛星観測の場合は通常，水蒸気による赤外線の吸収のために輝度温度は実際の地表面温度より低くなる．輝度温度とは，衛星の赤外線センサーで測定した放射量から対象物を黒体とみなして算出される温度であり，水蒸気の影響を受けた温度である．なお，地上において赤外線放射温度計を用いる場合には大気効果を無視できる場合が多いが，測定対象までの距離が長くなれば問題となる．

　場所による温度の違い（相対的な量）が分かればよいのであれば，輝度温度の分布だけでも解析は可能であるが，絶対値が要求される場合も多い．実際の表面温度を求めるために，観測データから大気効果を除去し輝度温度を表面温度に変換する操作を大気補正とよんでいる．大気補正の例として以下のようなものがある．LANDSATについては衛星の通過と同期した現地での表面温度の測定値を用いて，回帰分析により次のような補正式が求められた（稲永ら，1996）．

$$T_t = 0.61 \cdot T_a + 3.98 \tag{3.2}$$

ただし，T_t：地表面温度（℃），T_a：輝度温度（℃）である．NOAAでは赤外線の観測波長が異なる複数の輝度温度を利用して，次のような一次式により大気補正が可能であり，海面水温の推定では広く用いられている．

$$T_t = a \cdot T_{11} + b \cdot (T_{11} - T_{12}) \tag{3.3}$$

ただし，T_{11}：波長 11 μm 帯の輝度温度（K），T_{12}：12 μm 帯の輝度温度（K），a，b は定数である．GMS に対しては高層気象観測から求められる大気中の水蒸気量（可降水量：w）や現地における衛星天頂角（θ）を用いて次式で補正が行なわれている．

$$T_t = T_a + \Delta T$$
$$\Delta T = \sec\theta [0.189 \cdot w \cdot A(T_a) + \{1.0 - A(T_a)\}]$$
$$A(T_a) = 1400/\{(310-T_a)^2 + 1400\} \tag{3.4}$$

その他に放射伝達モデルを利用して地表面温度を推定する方法もある．

次に，衛星データによる地上気温の評価について考える．気温に対して地表面温度が強い影響を及ぼすことは容易に想像できる．したがって，上述のようにして求めた地表面温度の分布を用いて適切な変換を施せば気温の推定が可能であると考えられる．実際の地上気温の形成には地表面温度だけでなく，風速や上空の気温，地表面状態など，様々な要因が関わっているが，地表を観測した衛星データが得られるような時には，それらの場所による違いは小さいようである．北海道のアメダス（AMeDAS）観測点（168 地点）の気温と GMS により求めた地表面温度の関係を求めると両者はほぼ直線関係になり，この回帰式により気温が推定できる（谷ら，1984）．回帰式は季節や観測時刻により変化するため，観測ごとに決定する必要がある．また，海岸付近とか内陸などのように小地域に区分して回帰式を決定すると精度も上昇する（堀口ら，1986）．

GMS よりも地上分解能で優位に立つ NOAA のデータでも同様にして気温が推定できる．NOAA の場合は分解能が，国土数値情報の三次メッシュの間隔と近いため，メッシュ気候値算定の手法を利用し，地表面温度を 1 変量として他の地形因子とともに用いて重回帰式を求めると，地形の効果も加わるため，さらに精度の高い推定式が求められている．

以上のように温度環境の計測・評価に人工衛星データが有効なことが分かったが，このデータは晴天時にしか利用できないのが欠点である．しかし，限られた時だけではあるが地域分布が把握できることは有力な手段であり，広く利用されるようになった．

(2) 放射環境評価

ここでは、人工衛星データ (NOAA) の広域性を利用して、水平距離が100～1,000 km程度の範囲の放射環境マップを作成することを最終的な目的とした放射環境の評価について述べる。日中の放射収支の大部分を占める短波放射収支を決定するアルベドの推定についてはNOAAの可視領域と近赤外領域の放射(地表面での反射放射量)を計測しているチャンネルが使用できる。これらを使用する際に注意を要する点は、可視・近赤外の測定にも大気による散乱・吸収の影響があること、および両チャンネルともある限定された波長域を測定していることである。

太陽光が地球の大気中を通過する時にも大気中の水蒸気、オゾン、エアロゾルなどによって吸収、散乱されて減衰する。したがって、人工衛星データから直接算出できるのは、大気上端に入射する日射エネルギーに対する大気上端から宇宙空間へ出てゆくエネルギーの比(惑星アルベドとよばれる)である。惑星アルベドから通常のアルベド(以下では区別のため表面アルベドとよぶ)に変換する補正処理を大気補正とよぶ。また、NOAAのチャンネル1の観測波長域は $0.58～0.68\ \mu m$、チャンネル2は $0.725～1.10\ \mu m$ であり、日射の波長域 ($0.3～4\ \mu m$) の一部分である。したがって、両チャンネルの反射率から通常の全波長域の表面アルベドを求めるためには、日射のスペクトル分布などを考慮して補正する必要があり、これを波長補正とよぶこととする。

大気補正にはチャンネル別の惑星アルベドとチャンネル別の表面アルベドの関係式 (Koepke, 1989) が利用できる。この関係式は太陽天頂角と日射の吸収・散乱物質の効果を考慮して数値実験によって求めたものである。

$$A_{pi} = a_i + b_i A_i \tag{3.5}$$

ただし、A_{pi}：チャンネル i の惑星アルベド、a_i, b_i：係数、A_i：チャンネル i の表面アルベド。波長補正は両チャンネルの境界である $0.7\ \mu m$ より短波側と長波側の放射エネルギーの比率を求め、加重平均によって計算できる (Tani & Horiguchi, 1993)。

$$A = 0.426 A_1 + 0.574 A_2 \tag{3.6}$$

ただし，A は全波長域の地表面アルベドである．以上のような処理によってアルベドが推定できるが，さらに精度を向上させるためには，太陽・対象地表・衛星の位置関係による反射特性の変化（双方向性反射率分布関数）を考慮する必要がある．その例としては以上のようにして求めたアルベドと，太陽方位角，衛星方位角，太陽天頂角，衛星天頂角を変数とした重回帰式がある．

地域の放射環境としては，短波放射収支と長波放射収支を総合した純放射量も重要な量である．純放射量（Rn）は，次式のように表わすことができる．

$$Rn = S\downarrow - S\uparrow + L\downarrow + L\uparrow \tag{3.7}$$

ただし，$S\downarrow$：下向き短波放射，$S\uparrow$：上向き短波放射，$L\downarrow$：下向き長波放射，$L\uparrow$：上向き長波放射である．これらすべての項を衛星データから推定できるのが理想ではあるが，一部は極めて困難であるため他の観測値を使用することを考える．すなわち，$S\downarrow$ は多くの気象官署でも測定されている実測値を使用し，$S\uparrow$ は $S\downarrow$ に衛星データから推定したアルベドを乗じることによって求め，短波放射収支量が算出できる．$L\downarrow$ は高層気象観測データから次に示す経験式で計算する（竹内・近藤，1983）．

$$L\downarrow / (\sigma\theta^4) = 0.73 + 0.20x + 0.06x^2$$
$$x = \log_{10} w_\infty \tag{3.8}$$

ただし，σ：ステファン・ボルツマン定数，θ：境界層の平均的な気温，w_∞：全有効水蒸気量である．$S\downarrow$ もそうであるが，$L\downarrow$ は空間的な変動が少ないスケールであれば，対象地域内か付近に観測点が1地点以上あればよいが，広域になれば多数の観測点が必要である．$L\uparrow$ は NOAA による地上の表面温度から求められる．

(3) 熱収支環境評価

前項で求められる純放射量を別のエネルギー形態に分配するのが熱収支であるが，これらを衛星データから推定する試みもなされている．ここでは熱収支項について衛星データを用いた評価法を考えることにする．いずれも地上観測値に匹敵する精度で評価するのは困難であるが，いくつかの仮定を設けたり単純化を行なったりすることにより定性的な評価は可能である．

まず，顕熱フラックスは表面温度と密接な関係があるため，この評価には

衛星データから求められる表面温度が利用できる。すなわち，接地層のフラックスを求める際に使われるバルク法を用いた評価が考えられる。この手法の適用には，気温や風速を必要とすること，バルク交換係数の最適値の決定，衛星による地表面温度がバルク法に必要な表面温度に一致するかどうか等の問題もある。

　潜熱フラックスを精度よく評価するためには，湿度や風速に関する情報が必要であるが，それらを衛星データから求めるのは不可能である。そこで，衛星データの表面温度を利用して潜熱フラックスを評価するモデルが開発されてきたが，いずれも地上で風速や気温・湿度などの同時観測が必要であったり，植生に関するパラメータを複雑な手法で決定する必要があったりするものが多い。簡便な方法として，土壌水分が十分である場所の植生地において平衡蒸発モデルを適用したものがある（谷・堀口，1990）。平衡蒸発モデルは次式で示される。

$$lE = \alpha lE_{eq}$$
$$lE_{eq} = \{\Delta/(\Delta+\gamma)\}(Rn - G) \tag{3.9}$$

ただし，E：蒸発散量，lE_{eq}：平衡蒸発量，l：水の蒸発潜熱，γ：乾湿計定数，Rn：純放射量，G：地中伝導熱量，Δ：温度－飽和蒸気圧曲線の表面温度における勾配である。パラメータ α は実測された潜熱フラックスとの比較により，植生の種類に応じて $\alpha = 1.03 \sim 1.06$ が得られている。

　地中伝導熱量については，衛星データから直接計測するのは不可能であり，土地利用によって異なる定数を純放射量に乗じて得られるような経験式が用いられることが多い。

引用文献

福原道一・斎藤元也，1986：リモートセンシング技術の応用．農土誌，**54**，1055-1060．

早川誠而，1994：リモートセンシング，「新しい農業気象・環境科学」，養賢堂，1-12．

堀口郁夫・谷　宏・元木敏博，1986：農業気象における人工衛星データの利用に関する研究 ── GMS（ひまわり）赤外データによる地域分類と小地域の気温推定．農業気象，**42**(2)，129-135．

稲永麻子・竹内章司・杉村俊郎・吉村充則, 1996 : NOAA/AVHRR の観測輝度温度に基づく LANDSAT / TM の観測輝度温度誤差の補正. 日本リモートセンシング学会誌, **16**, 10 - 20.

Koepke, P., 1989 : Removal of atmospheric effects from AVHRR albedos. *J. Appl. Meteor.* **28**, 1341 - 1348.

増子治信, 1992 : マイクロ波リモートセンシングの技術の展望. 水文・水資源学会誌, **5** (1), 569 - 572.

李　寧・早川誠而・顧　衛・神近牧男・谷　宏・山本晴彦, 1996a : 大気粉じんに汚染された積雪面の分光反射特性. 日本リモートセンシング学会誌, **16**, 248 - 257.

李　寧・早川誠而・山本晴彦・顧　衛, 1996b : 中国通過市を対象とした分光反射特性による樹木における SO_2 含有量の判別分析. 日本リモートセンシング学会誌, **16**, 14 - 22.

竹内清秀・近藤純正, 1983 : 地表に近い大気,「大気科学講座」, 東京大学出版会, pp. 226.

谷　宏・堀口郁夫・元木敏博, 1984 : 農業気象における人工衛星データの利用に関する研究 — GMS (ひまわり) 赤外データによる地表面温度と AMeDAS 気温との関係. 農業気象, **40** (2), 111 - 117.

谷　宏・堀口郁夫, 1990 : リモートセンシングによる蒸発散の推定. 日本リモートセンシング学会誌, **10**, 257 - 262.

Tani, H and I. Horiguchi, 1993 : Estimation of surface albedo from NOAA - AVHRR data. *J. Agric. Meteorol.,* **48**, 875 - 878.

3.2 非接触・非破壊による生体情報の計測・評価[*]

3.2.1 光学的計測法による作物の生体情報の計測・評価法の原理

(1) 波長帯の名称と植物色素による選択吸収性

光学的計測法に利用される波長帯の分類と名称を図3.11に示す. 可視域

---

[*] 山本晴彦

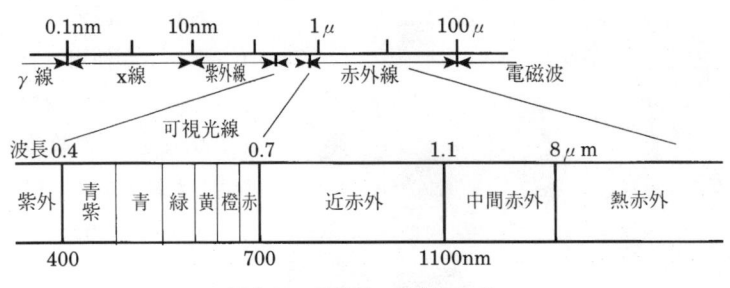

図3.11 電磁波の分類と名称

の0.4〜0.7μm(400〜700nm)は短波長から順に青紫,青,緑,黄,橙,赤に,紫外線(0.1〜0.4μm)は長波長域からUV-A,UV-B,UV-Cに分類される.赤外線は,短波長域から近赤外,短波長赤外,中間赤外,熱赤外,遠赤外

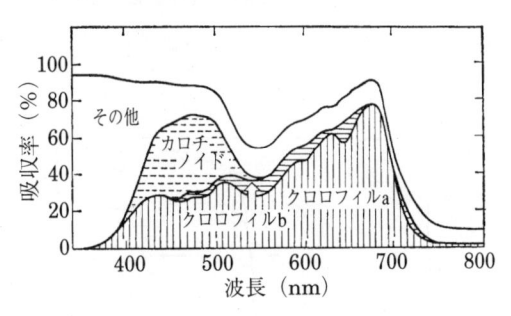

図3.12 イネに含まれる光合成色素による光吸収率(稲田,1984)

に分類されるが,近赤外や中間赤外の波長帯の分類は統一されていない.

わが国の代表的な作物であるイネに含まれる光合成色素による光吸収率を図3.12に示す(稲田,1984).高等植物はクロロフィルa,クロロフィルb,カロチノイドなどの植物色素が存在しており,それぞれの色素には特有の選択吸収性,例えばクロロフィルは赤色光,カロチノイドは青色光の吸収をもち,これらを積算したものが個葉の吸収率となる.図中の植物色素により吸収されなかった光は反射あるいは透過する.とくに,緑色光は色素による吸収率が低く反射が多く,その結果,葉は人間の眼には緑に見える.

(2)個葉における分光反射特性

図3.13は,筆者が個葉の分光測定に使用している積分球を装着した波長別エネルギー測定装置(LI-COR社製,LI-1800)を示す.本装置の測定波長は400〜1,100nm,半値幅は6nmで,積分球内面は硫酸バリウムで被覆さ

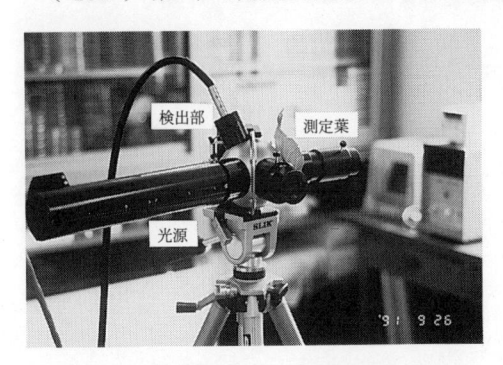

図 3.13 積分球が装着された波長別エネルギー測定装置（山本ら，1995 c）

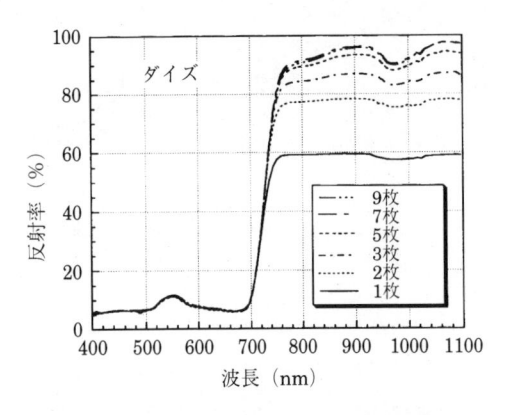

図 3.14 1〜9枚まで重ねたダイズ個葉の分光反射特性（山本ら，1995 c）

れており，光源としてハロゲンランプが使用されている．この積分球を用いてダイズ個葉を1〜9枚重ねて測定した結果を図 3.14 に示す．可視域の 400〜700 nm の波長帯では個葉を重ねても反射率は増加しないが，700〜1,100 nm の近赤外域では重なる枚数が増加するにつれて反射率が増加する．これは，短波長の可視光は葉の表面で光が反射されるのに対して，近赤外光は表面反射だけでなく，葉の内部や下層の葉にまで拡散した光の一部が反射することが影響しているためである．このため，葉が多層に重なっている繁茂した群落では，近赤外域の反射光が増加する．

畑作物のダイズ，カンショ，クワの個葉について，葉の厚さの指標となる比葉重（g/cm^2）と 800〜1,000 nm の近赤外域の分光反射率との関係を図 3.15 に示す．比葉重が大きい，すなわち葉が厚い個葉は近赤外域の反射が大きい傾向にあり，両者の関係は正の相関関係を示す．これは，先に述べたように，厚い葉では近赤外線内部に拡散するために反射率が大きくなるためと考えられる．また，同じ比葉重，すなわち葉の厚さが同じでも，作物により反射率が異なっており，葉の内部組織の構造が影響しているものと考えられ

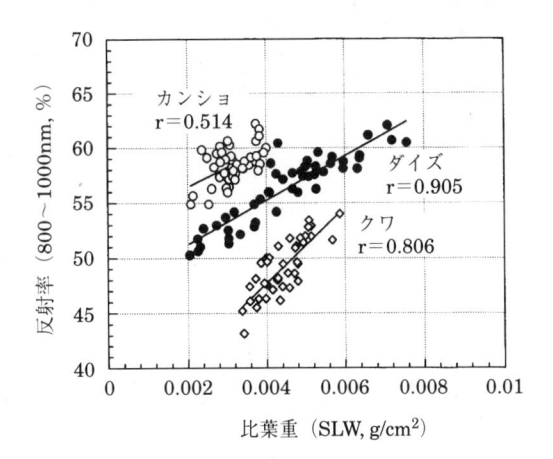

図3.15 比葉重（g/cm^2）の積算値と近赤外域（800～1,000 nm）における分光反射率の平均値との関係（山本ら，1995 c）

る．

3.2.2 光学的計測法を利用した作物の生体情報の計測・評価

(1) 分光反射特性によるダイズの葉面積指数と地上部乾物重の推定

先進的な精農家は，作物の姿や形，葉の色やつやなどの定量化されにくい情報も含めて，様々な作物の生理生態情報を長年にわたる栽培経験として直接，間接的に活用して，総合的な視覚による生育診断と栽培管理を行なっている．これらの，経験に基づく高度な診断技術をより普遍的なものとして，一般農家に移転するには，生育診断や栽培管理からみて有効と思われる様々な情報を，客観的なデータとして計測できるようにする必要がある．

作物群落の栽培管理に重要な状態量としては，葉面積指数，乾物重，クロロフィル量などがあげられるが，現状では対象群落から採取した作物体を解体調査しているため，データの連続性，労力，時間などの面で多くの問題を残している．葉面積指数や地上部乾物重を分光反射計測により推定する手法は，生育現場における同一作物の経時的調査を可能にする．また，本手法の導入により簡易的，省力的な測定が可能になる．

野外で作物群落を対象とした分光計測には，安価で持ち運びが簡単な分光

器が便利である．筆者が野外用に使用している分光器（分光光度計，阿部設計製）は，フィルター型で可視域から近赤外域まで17個のフィルターを装着し，検出器としてGaAsPおよびSiフォトセンサを装備している．

筆者らは，晴天日に供試体に対して高さ3.5 mから測定角度を伏角45°，視野角を10°として，太陽を背にしてダイズ群落の分光反射エネルギーを測定した．分光反射率は，標準白色板の反射エネルギーに対する比として算出している．標準白色板は，アルミ板面に粉末マグネシウムを燃焼させて，約2 mmの厚さに煙着させているが，一般的には硫酸バリウムを塗布したものを用いる．標準白色板の反射率は，可視域から近赤外域のすべての波長帯で97～99％とほぼ一定である．

この分光器を用いて測定したダイズ群落の生育期毎の分光反射率の推移を

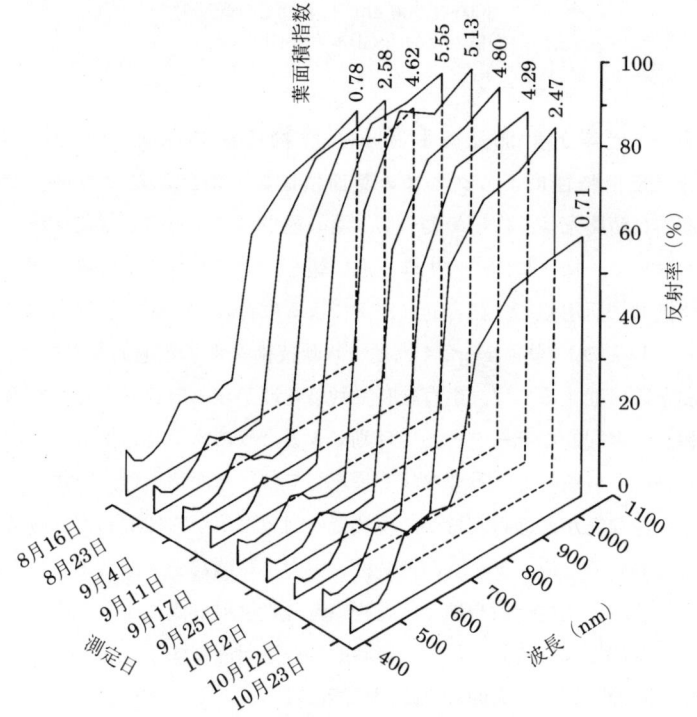

図3.16　ダイズ群落における生育期毎の分光反射率の推移（山本・本條，1990）

図3.16に示す．400 nmから750 nmまでの可視域の分光反射率は，生育初期（8月16日）には高いが，葉面積指数の増加に伴って低下している．子実肥大後期（10月2日）に至り，葉面積指数の低下と葉身の黄化が顕著になると，分光反射率が増加し始め，とくに700 nm付近で著しく増加する．850 nmから1,050 nmまでの近赤外域の分光反射率は，生育初期には比較的低く，葉面積の増加に伴って増大し，葉面積指数の減少とともに低下する．測定された分光反射率から7個（450 nm, 550 nm, 650 nm, 750 nm, 850 nm, 950 nm, 1,050 nm）の波長を選び，2個の波長の演算値（反射率の差，比，差と和の比）とダイズ群落の葉面積指数との関係を調べた結果，図3.17に示す850nmと650nmの反射率の比（R_{850nm}/R_{650nm}）と葉面積指数に高い正の相関が認められている．現在は，中間赤外域のスペクトル解析によるバイオマスや穀物収量の推定，太陽高度，観測方位，畦方向などが分光反射特性に及ぼす影響を評価する試みがなされている．

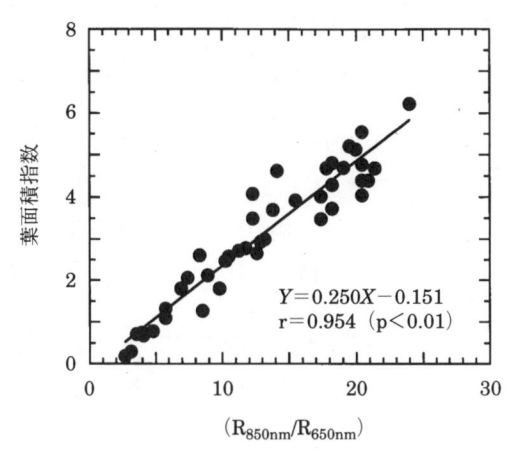

図3.17 850 nmと650 nmの反射率の比（R_{850nm}/R_{650nm}）と葉面積指数の関係（山本，1998）

$Y = 0.250X - 0.151$
$r = 0.954$ （$p<0.01$）

(2) 魚眼レンズで得られた透過光によるダイズの葉面積指数の推定

近年，植物群落内の透過光を特殊な魚眼レンズで測定して，葉面積指数や葉身の傾斜角度を推定する機器（LI-COR社製，プラントキャノピーアナライザー（PCA），LAI-2000）が開発されている．測定原理は，魚眼レンズと五つの異なるシリコン検出器を内蔵するセンサ（図3.18）で植被面上の入射光と群落下部の透過光を測定して，本体に内蔵する放射移動モデルを用いて植物群落による太陽光の遮蔽程度を計算する．魚眼レンズに入射した太陽光

図3.18 プラントキャノピーアナライザー（LI-COR社製，LAI-2000）の測定センサ部の外観（山本ら，1994 b）

は同心円状に配列された五つの異なるシリコン検出器に結像するため，それぞれの検出器は異なった天頂角の天空と葉群を測定する．魚眼レンズから入射した光は特殊なフィルターによって490 nm以上の太陽光を遮蔽するため，天空は明るく，葉群は黒色として測定され，群落内の太陽光の透過率から放射移動モデルを用いて葉面積指数が算出される．

イネ群落の葉面積指数のPCAによる推定値と解体調査による実測値の関係を図3.19に示す．両者の関係をみると推定値と実測値が1：1のライン上に分布しており，相関係数は0.98，誤差は±20 %以内である．そのため，PCAを用いた非破壊的手法により葉面積指数を高い精度で推定できることがわかる．ただし，快晴日は太陽高度が低い早朝と夕方はほぼ実測値に近い値を示すが，日中は実測値の約75 %の値を示す．曇天日は，太陽高度とは関係が認められず，どの時刻においても実測値とほぼ同様な値を示す．そのため，PCAを用いて葉面積指数を推定する場合には，散乱光が卓越している曇天日あるいは晴天日の太陽高度が低い

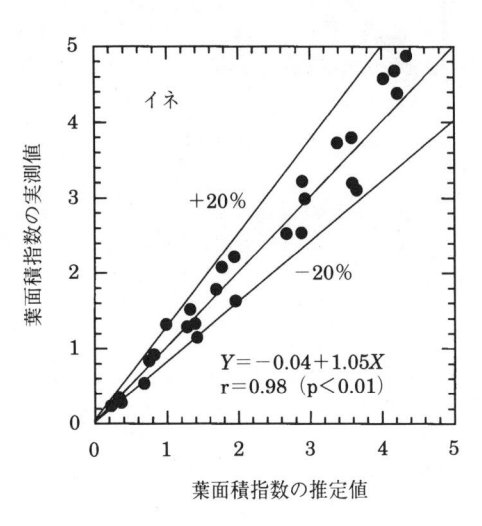

図3.19 イネ群落の葉面積指数の推定値と実測値（山本ら，1994 b）

$Y = -0.04 + 1.05X$
$r = 0.98$ ($p < 0.01$)

早朝または夕方に測定を行なう必要がある（山本ら，1995 a）．

今後は，他の作物への PCA の利用，PCA を用いた葉身傾斜角の推定精度の検討などが望まれる．また，葉緑素計によるクロロフィルや窒素含量などの栄養状態の推定法も加味した作物群落の非破壊計測手法の開発が期待される．

(3) 分光反射特性によるダイズおよびカンショの葉内水分量の推定

畑作物では，水分ストレスによって地上部乾物重や収量が低下しやすいことから，土壌や作物体の水分状態を的確に把握する必要がある．植物の含水率や含水量などの測定には，従来から重量法が用いられている．また，水のもつ化学エネルギーをサイクロメーター法やプレッシャーチェンバー法などにより測定する方法も試みられている．しかし，これらはいずれも破壊法によって植物体の水分状態を推定する方法であり，非破壊法による計測技術の開発が求められている．

筆者らは，ダイズ（品種「フクユタカ」）とカンショ（品種「ベニコマチ」）を対象に，回析格子式走査型で積分球方式を採用した近赤外分光分析装置（Bran & Luebbe Co. Ltd., Infra Alyzer 500）を用いて，光ファイバーの先端に接続されたプローブを供試葉に接触させて反射率を測定している．ダイズの切断葉の自然乾燥過程における 1,100〜2,500 nm の波長域の 3 段階の葉内水分に対する反射率の変化を図 3.20 に示す．乾燥した低水分葉（5.5 H_2O mg/ cm^2）の反射率は，高水分葉（11.9 H_2Omg/cm^2）と比較して 1,100〜1,300nm，1,600〜1,850 nm および 2,100〜2,400 nm において高く，なかでも 1,300nm，1,650 nm および 2,200 nm 付近の反射率が

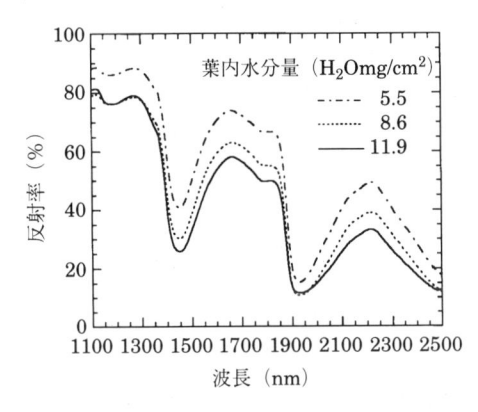

図 3.20 ダイズ葉における 3 段階の葉内水分量に対する 1,100〜2,500 nm の反射率の変化（山本ら，1994 a）

著しく高い.

重量法により求めたダイズ葉の水分量と近赤外分光法により求めた 2 nm 毎の反射率の相関関係を重回帰分析法により解析すると，1,354 nm〜1,850 nm，2,100 nm〜2,400 nm の反射率と葉の水分量との間に高い相関関係が認められる．図 3.21 に示すように，ダイズ葉では R_{1496} nm (1496 nm の反射率) が葉の水分量を推定するのに最も有効な波長であり，相関係数も 0.937 (予測の標準誤差 (See)：0.574) を示している.

さらに，重回帰分析法により 2 組の波長を用いて葉の水分量を推定するのに有効な波長を求めると，R_{1444nm} と R_{2464nm} が選択される．同様な方法により，3 波長では R_{1460nm}，R_{1472nm}，R_{1996nm}，4 波長では R_{1140nm}，R_{1168nm}，R_{1444nm}，R_{1908nm} が選択される．重相関係数は，2 波長で 0.950，3 波長で 0.956，4 波長では 0.966 となり，選択波長の増加に伴い重相関係数も高まる傾向を示し，予測の標準誤差は大きく低下する．しかし，5 波長以上の波長を選択しても重相関係数の増加，予測の標準誤差の低下は僅かである．本手法を用いて葉内水分量を推定するには，推定精度，測定時間，使用するフィルターの枚数に関わる価格などを考慮に入れ，2〜3 枚のフィルターを用いることが最適であると考えられる.

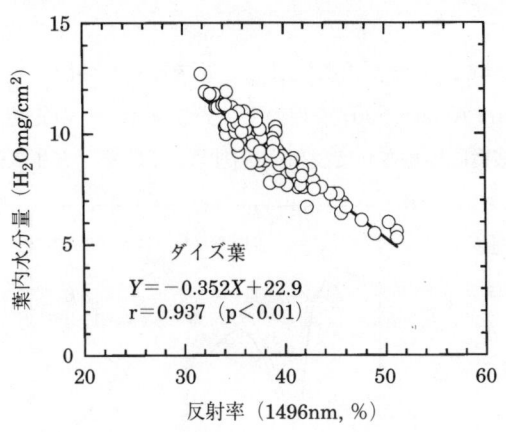

図 3.21 ダイズ葉 (R_{1496nm}) の反射率の葉内水分量との関係 (山本ら，1994 a)

3.2.3 熱赤外画像を利用したイネいもち病被害の計測・評価

暖地におけるイネ病害としては，いもち病，紋枯病，白葉枯病などが主要病害としてあげられる．そのなかでもいもち病は葉いもち病斑上に形成された分生胞子が穂へ感染して著しい収量の低下をもたらしやすく，冷害年には

大きな被害が発生している．いもち病による減収を最小限に抑えるためには，葉いもちの初期発生の段階で検出して，防除管理を行なう必要がある．葉いもちの発病調査法としては，種々の方法が採用されているが，これらはいずれも目視的手法による．この方法は，多大な時間を費やすとともに個人差を免れえないことから，病害の発生を早期かつ簡便に把握する技術の開発が必要とされているが，この部分の研究はほとんど行なわれていない．

作物葉の気孔は，環境ストレスに非常に敏感に反応して，蒸散や光合成能力を強く律する．そのため，蒸散速度や気孔抵抗と葉温は感度のよい応答関係にあることが明らかにされている．作物の病害による組織の変化は，葉の蒸散，光合成活動に変化をもたらすが，これは同時に葉温の変化として検出できる．

筆者らは，レイホウ（抵抗性品種）およびヒヨクモチ（罹病性品種）を対象に，4.5葉期にいもち病菌の胞子浮遊液をイネ個体群の中央部に接種し，葉いもちの病勢進展を観察している．同時に，ビジュアル型の赤外放射温度計（日本電気三栄製，6T62S）を用い，晴天日の日中にイネの葉温を測定した．葉温測定の直後に，最上位の完全展開葉を対象にポロメータ（LI-COR製，LI-1600）を用いて蒸散速度を測定している．

いもち病菌の接種19日後におけるイネ個体群の写真（可視域）および赤外放射温度計による熱赤外画像を図3.22に示す．可視域で捉えた写真（A）では，右側の罹病性品種のヒヨクモチ個体群では病変が現われていないと判断できる．しかし，熱赤外画像（B）では，画像右半分のヒヨクモチ個体群の一部の葉温が周囲より明瞭に高くなっており，葉いもち病の調査基準によって求めた発病率の結果とよく一致している．レイホウ個体群の葉温は平均22.8℃，最低21.0℃，最高26.9℃，ヒヨクモチ個体群の葉温は平均23.9℃，最低21.0℃，最高28.9℃であり，両者の差は平均値で1.1℃，最高値で2.0℃である．この時のレイホウおよびヒヨクモチの単位面積当たりの蒸散速度は，それぞれ9.86 mmol/m^2/s，9.03 mmol/m^2/sで，ヒヨクモチはレイホウの約92％であり，いもち病菌を接種した中央部付近ではレイホウの発病率は0％であるのに対して，ヒヨクモチの発病率は周辺部よりも高く，

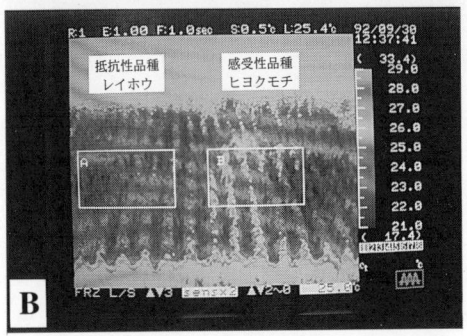

図 3.22 いもち病菌の接種 19 日後におけるイネ個体群の写真（可視域）および赤外放射温度計による熱赤外画像（山本ら，1995 b）

平均発病率は 12.2 %，最高値は 25 % である．

いもち病菌を接種した日からの経過日数とヒヨクモチ（boxB）とレイホウ（boxA）の葉温差および発病率との関係を図 3.23 に示す．接種時には両品種の葉温差は認められないが，接種後日数が経過するにつれて葉温差が拡大する傾向が認められる．葉温差は，接種 28 日後まではほぼ直線的に増加しているが，それ以降は急激に上昇した．ヒヨクモチとレイホウの葉温差と発病率，相対蒸散率 (%) との関係を図 3.24 に示している．ここで用いた葉温差および発病率は，boxA および boxB の平均値である．両者の関係をみると，二次回帰式で近似することができ，発病率が低い段階でも葉温差は大きいことがわかる．ヒヨクモチとレイホウの葉温差 (℃) とレイホウに対するヒヨ

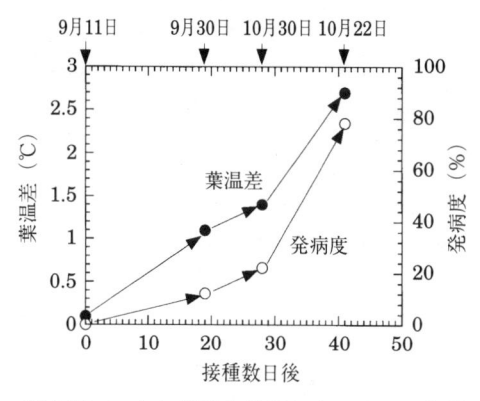

図 3.23 いもち病菌を接種した日からの経過日数とヒヨクモチ(boxB)とレイホウ(boxA)の葉温差および発病率との関係(山本ら,1995 b)

クモチの蒸散速度の比率(相対蒸散率,%)の関係は,相対蒸散率が低下するにつれて葉温差も一次関数的に低下する傾向にある.このことは,発病により葉からの蒸散が強制的に低下させられ,正味放射量のうち潜熱に使われる部分が減少し,その結果として葉温が高くなることを意味している.以上のように,葉いもち病においては可視的な症状が現われる以前に葉温の上昇を検出できることから,葉いもちの初期の病変の検出に葉温情報による判定が可能な手段である.

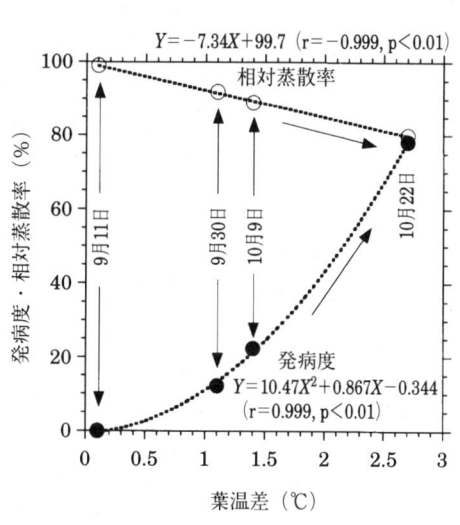

図 3.24 ヒヨクモチとレイホウの葉温差(℃)と発病率,相対蒸散率(%)との関係(山本ら,1995 b を一部改図)

引用文献

稲田勝美, 1984：植物色素,「光と植物生育」, 養賢堂, 80-81.

山本晴彦・本條　均, 1990：分光反射特性を利用した暖地ダイズの葉面積指数およびバイオマスの推定. 農業気象, **46**(1), 9-22.

山本晴彦・鈴木義則・小島孝之・早川誠而・井上　康・田中宗浩, 1994a：近赤外域の分光反射特性による植物の葉内水分量の推定. 日本リモートセンシング学会誌, **14**(4), 293-301.

山本晴彦・鈴木義則・早川誠而, 1994b：透過光による葉面積指数診断. 農業技術大系作物編(追録第16号), 農文協, 770の1, 27-33.

山本晴彦・鈴木義則・早川誠而, 1995a：プラントキャノピーアナライザーを用いた作物個体群の葉面積指数の推定. 日本作物学会紀事, **64**(2), 333-335.

山本晴彦・鈴木義則・岩野正敬・早川誠而, 1995b：赤外温度画像によるイネ葉いもち病の発病箇所の隔測検出. 日本作物学会紀事, **64**(3), 467-474.

山本晴彦・鈴木義則・早川誠而, 1995c：植物葉の重なり, 厚さ, 水分量が分光反射特性に及ぼす影響. 日本リモートセンシング学会誌, **15**(5), 463-470.

山本晴彦, 1998：光学的計測法による作物の生育診断に関する研究. 九州農業試験場報告, **34**, 1-80.

第4章　新しい情報システムの利活用

4.1　気象情報の種類 *

　気象情報と一口にいっても，内容は極めて多様である．すなわち，地域気象観測装置（アメダス）や気象ロボット等による局地の情報から気象衛星による全地球規模の情報までと空間的に幅広いだけでなく，降水短時間予報のように数時間のものから地球温暖化予測のように数十年のものまでと時間的にも極めて広い範囲に及ぶ．また，対象も馴染み深い天気や気温だけでなく，生物季節や紫外域日射と極めて多様である．では，気象情報は，どのように提供され，どのように使われているのだろうか．また，どんな情報が入手可能なのであろうか．

4.1.1　気象情報の流れ

　気象庁は，気象・地象・水象等の観測データ，各種天気予報，スーパーコンピュータを駆使して計算した数値予報データ等を，気象業務法で民間気象業務支援センターとして設置された気象業務支援センターの配信事業によって，オンラインで即時的に公開している．これらの流れを図4.1に示す．報道機関や民間気象事業者，その他の情報産業は，配信された気象情報をユーザの様々な要望に応じて適切に利用・加工して提供している．では，気象庁

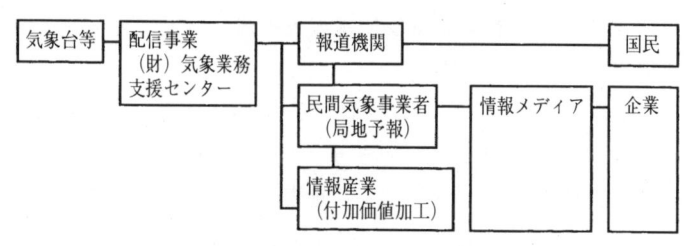

図4.1　気象情報の流れ（気象庁，1997）

---

* 大原源二

はどんな気象情報を提供しているのだろうか．

4.1.2 気象庁が公開する気象情報の種類

気象庁は，行政における防災業務の高度化，民間における気象予報・解説や環境影響評価等の事業の拡大，地球環境問題等に対応するため，自らが観測・保有する気象情報のカタログを作成し，気象庁情報総覧として公表している．そこでは，提供する気象情報を即時情報と非即時情報の二つに分類している．

即時情報とは，オンライン的にやりとりされる気象情報である．全国各地で観測された各種の観測データ等は，全国ネットのコンピュータネットワークシステム（地方中枢気象資料自動編集中継装置：L-ADESS）によって，気象庁本庁に集められる．そこには，全国中枢気象資料自動編集中継装置（C-ADESS）が設置されており，全国中枢の役割を果たして，L-ADESSだけでなく，世界気象通信網に接続して，国際的なデータ交換を行なっている．両ADESSでは，文字やバイナリ形式だけでなく，FAX形式の情報の交換・伝達も行なっている．この他に，観測データ等の統計や解析結果はオフライン的に印刷物として提供されたり，CD-ROM等の電子媒体で閲覧に供される．これは非即時情報とよばれる．

では，こうした情報はどのようにして入手できるのだろうか．また，具体的にどんな情報が提供されているだろうか．

4.1.3 気象情報の入手法

(1) 気象庁が公表・保有する気象情報の入手法

(a) 即時情報の種類と入手法

テレビやラジオ等のマスメディアを経由して発表される，広範な地域の天気予報等の即時情報は容易に入手できる．また，気象業務支援センターは，NTTの「ファクシミリ案内サービス」に地表・高層等の各種天気図の現況・予想図をリアルタイムに登録して，利用登録した会員に低額の料金で配布している．

防災関係行政機関や都道府県等へは，詳細な防災情報が無償で提供される．この場合，観測データはC-ADESSやL-ADESSと当該機関の情報シ

表 4.1　全国版気象データのデータブロックと配信データ（気象庁，1997）

データブロック	配信データ
注・警報，地震関係情報	地震・津波，火山情報，注・警報等
予報，観測データ	各種予報，観測実況報，季節予報支援資料，気象衛生観測報等
数値予報データ	数値予報 GPV 等
量的予報	各種量的予報およびガイダンス等
降水短時間予報等	降水短時間予報，レーダー・アメダス解析雨量等
アメダスデータ	アメダス観測値および関連情報

表 4.2　地方版気象データのデータブロックと配信データ（気象庁，1997）

データブロック	配信データ
一般気象データ	予・警報，各種観測データ，レーダ・アメダス解析雨量，降水短時間予報，数値予報（GPV），量的予報（量的予報およびガイダンス等）
レーダ系データ	地方版レーダーエコー合成データ
FAX データ	各種ファクシミリ情報

ステムを直接オンライン接続して提供される．民間気象事業者や報道機関等の契約者へは，気象業務支援センターを活用して，有償でオンライン的に配信される．オンラインで配布される即時情報には，全国版気象データと地方版気象データがある．配信されるデータブロックおよび配信データは表 4.1 と表 4.2 に示す通りで，利用者は専用回線を用いて有償で任意のブロックを選択して配信を受ける．

　即時情報の提供形態の一つに，気象庁気象衛星無線通報がある．これは，国内外の気象機関等への伝達を目的として，気象衛星「ひまわり」が観測した雲画像を「ひまわり」経由で配信している．必要な受信設備を整備すれば受信できるが，気象庁に届け出を出した利用者に限定される．即時情報は，1999 年 3 月現在全体で 292 種が提供されている．

(b) 非即時情報の種類と入手法

　非即時情報は気象官署で閲覧でき，また，気象業務支援センターで入手することも可能である．気象庁本庁では，アメダス，地上気象観測，高層気象観測等の一般的な気象資料を観測部観測課統計室で，過去の気象資料，天気

図等で刊行物として発行されているものを図書資料閲覧室で閲覧できる．非即時情報には印刷物と電子媒体によるものとがあり，地方気象台等では印刷物で保管する観測資料を公開している．電子媒体のうち CD-ROM に記録された気象観測データ等はパソコンを用いたシステムで閲覧できる．CD-ROM に記録されて閲覧可能な気象情報を表 4.3 に示す．

気象業務支援センターでは，気象庁が作成した印刷物，CD-ROM 等の電子媒体化した各種気象観測データや数値予報による格子点資料 (GPV) を広く一般に有償で提供している．気象データセット複写サービスとして，表 4.3 に示されるものと水象，地象に関する情報が CD-ROM 等の電子媒体で提供され，その種類は 1999 年 3 月現在 114 種に及ぶ．これらはパソコンで容易に利用でき，価格も CD-ROM 1 枚当たり数千円と廉価であるため，調査・研究等には便利である．なお，このなかには，気象庁観測平年値の CD-ROM もあり，地上気象観測の平年値，地域気象観測の準平年値だけでなく，気温，降水量，積雪深のメッシュ統計値（旧 1 km メッシュ気候値）が 1 枚に収録されている．

印刷物としての非即時情報には，表 4.3 に示す一次情報は当然のこととして，各種の要覧，技術報告がある．また，異常気象や災害に関する資料，大気汚染，地球温暖化，農業気象，エルニーニョ，世界 2000 地点の気候表など気象，地象，水象に及ぶ膨大かつ長期間（例えば気象要覧は 1900 年から）の

表 4.3 閲覧が可能な CD-ROM 収録の気象等データ

(1999 年 3 月現在，気象庁，1997)

データの種類	内容
地上気象観測データ	1989 年 4 月以降の気温，降水量，日照時間などの時・日別値等
アメダス観測データ	1976 年以降の気温，降水量，日照時間，風向風速の時・日別値
高層気象観測データ	1988 年以降の高層の等圧面高度，気温，湿度，風向風速の観測値
地上気象観測平年値	1961~90 年の地上気象観測資料の 30 年間累年平均値
アメダス準平年値	1979~90 年のアメダス観測資料の 12 年間累年平均値
メッシュ統計値	1 km 格子の気温，降水量，最深積雪の累年平均値
気象衛星観測データ	1996 年 7 月以降の全球と日本付近の毎日の雲画像，および雲量等の数値表
気象庁天気図	1996 年 3 月以降の地上天気図，高層天気図，台風経路図および観測データ
オゾン観測データ	1997 年までのオゾンおよび紫外域日射観測値

一次，二次資料が整えられている．地象，海象に関するものを含めると，1999年3月現在116種に及ぶ．

(2) 民間事業者等が提供する気象情報の種類と入手法

　気象情報はテレビやラジオ等のマスメディアだけでなく，インターネットやケーブルテレビ，パソコン通信，FAX等のニューメディアや電話等を通しても提供される．ニューメディアは利用者の要望に応じた選択的な情報の提供が可能である．そのため，地域性の高い局地予報や様々な付加価値情報を提供する手段として，民間気象事業者による普及が期待されている．インターネットによる情報提供を17社が登録していて，気象衛星画像，国内・世界の気象実況値，地上・高層天気図，降水短時間予測，アメダス図，行楽情報等極めて多彩な情報を提供している．ケーブルテレビでの提供は極めて多く，関東地方だけでも62社が民間気象会社の提供する各市または県と全国の天気をほぼ一日中提供している．パソコン通信では，六つの事業者が天気予報，天気図，ひまわり画像，アメダス観測値，注意・警報等を有料で会員に提供している．FAXでは，天気予報，台風情報，行楽情報等が会員制で提供されている．電話では，NTTが天気予報，降水確率，予想気温等を177番で提供しているだけでなく，民間・公的機関が雷気象情報を提供している．こうした情報の提供は，気象庁のホームページ (http : // www. kishou. go. jp /) の民間の気象情報サービスに詳しく紹介されている．民間気象会社（予報業務許可事業者）は1999年6月現在41社ある．これらは，ユーザの求めに応じて，総合気象・海象・土壌環境等の調査および観測から環境影響評価，気象解説等極めて幅広い情報を提供している (http : // www. ibcweb. co. jp / および http : // www. wni. co. jp /)．

　農業に関係する気象情報としては，防災に関わる注意報・警報等だけでなく，毎時のアメダスデータを即時情報として入手し，任意の1kmメッシュの気象実況値（日平均・最高・最低気温，降水量，日照時間等）が提供されている．これらと平年値，準平年値を組み合わせ，さらに個別情報である土壌分布図，水系図，標高，水稲品種別分布図，作付け作物分布図等の情報を地理情報システム上で統合して，生育診断，成長予測（水稲の幼穂形成期・葉

齢・出穂日・成熟期・冷害危険期・障害不稔度等の予測，果樹の発芽期・開花期・満開期等の予測)，病害虫の発生予測 (発生始・卵孵化揃期，葉いもち病発生予察等)，土壌窒素含量診断，適地適作診断等の情報が提供されている．また，週間天気予報等を用いての農作業計画の最適化，生育段階毎の農業情報を付加しての営農管理の支援，長期予報や競合他産地の作型と気象経過を加えた営農計画の支援，消費動向の予測に基づく流通管理等多彩で付加価値を高めたきめ細かい情報の提供も行なわれている．こうしたサービスは，1995年5月に，気象業務法が改正されて，気象予報が自由化され，民間でも気象予報士をおけば可能になった．これらの情報は，民間気象会社等と契約することで，有償で入手できる．

(3) 地方自治体やJAが提供する気象情報の種類と入手法

アメダスの観測密度は気温・日照・降水量・風向風速の4要素では，20数km四方に1点と観測密度が低い．そのため，複雑地形下では局地の気象情報を得るために，地方自治体やJAが主体となって気象観測ロボットを設置している事例が多数ある．農水省が推進している「気象情報農業高度利用システム」では，一つの市町村に数カ所の気象観測ロボットを設置して，得られた観測値をアメダスデータ等とともに解析することで，1kmメッシュの微気象予測と解析を行ない，解析・予測データと一般気象情報をケーブルテレビ，FAX，パソコン等で農家・市民に提供している．そして，1999年度には，約60の地域で実施・計画段階に入っている (松尾，1998)．

農家に設置される端末では，ひまわり画像，天気図，アメダス気温・降水量分布，天気予報，ポイント予測グラフ等の気象情報が閲覧できる．こうした情報は，新規作物の導入計画，農作業計画，栽培管理，生育診断・予測，病虫害予察や防災対策の策定等への活用が期待されている．これら情報は，ケーブルテレビ等の加入者すべてが利用可能であるが，事業主体の関係もあり外部の人によるパソコン利用等はできない．

引用文献

松尾史弘，1998：本格稼働に移行した気象情報農業高度利用システム．農業構造改善，**98** (1)，4-9．

4.2 メッシュ気象情報 *

　地域をある大きさのメッシュ（区画）に分割し，それぞれのメッシュについて計測し，処理するメッシュ法が気象学の分野に導入されたのは，気象庁が国土数値情報の一環としてメッシュにおける気候値を推定する一手法として整備してからである．農業の現場において，気象情報は作物の生育予測や気象災害の把握，軽減などにとって重要な情報である．1970年代後半から情報機器と処理技術が発達して，アメダス観測網よりは格段にきめの細かい情報を提供するメッシュ気候値が1980年代後半に出現した．これまでの共軸相関法（地形因子と気候値との関係を共軸相関に示し，この関係を用いて未観測点の気候値を推定する）や観測点間を等値線で補間して求めた気候図に替わって，地形因子解析法による気候値を利用することが現在では主流となっている．地形因子解析法は，類似の地形条件には類似の気候が存在することを原理とする．

4.2.1 国土数値情報

　国土数値情報（Digital National Land Information）は，国土庁が国土に係わる数値情報の基盤として，地形，土地利用，公共施設，道路，鉄道，行政界，都市計画区域指定などを数値化し，媒体に記録したものである．地理情報として表現されるものに，地図や写真などのように画像による方法もあるが，国土数値情報は数値で表現された地図，すなわち，「数値地図」である．

　国土数値情報は，一定間隔の経線・緯線で地域を格子状に区画する「標準地域メッシュシステム」を採用している．標準メッシュは，図4.2のように3段階の地域区画より成っている．

　第一次地域区画（一次メッシュ）は，国土地理院発行の1/20万の地勢図の大きさに相当する区画である．この区画は，経度差1度，緯度差40分の範囲で，日本付近の中央付近では，縦横とも約80 km である．

　第二次地域区画（二次メッシュ）は，1/2.5万の地形図の大きさに相当する

---

* 早川誠而

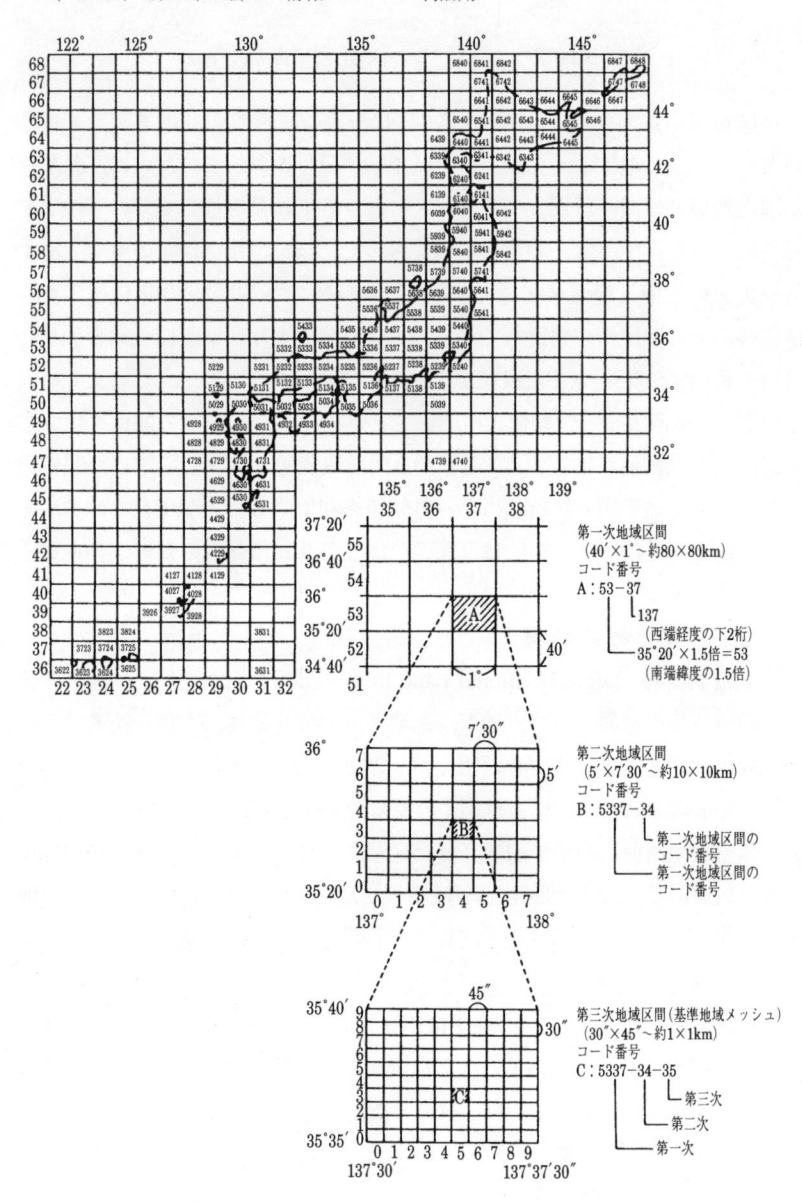

(148) 第4章 新しい情報システムの利活用

図4.2 標準メッシュ体系(国土庁・建設省, 1987)

区画で，一次メッシュを縦横8等分したものである．その範囲は，経度差7分30秒，緯度差5分にしてあり，大きさは約 10 km × 10 km である．

第三次地域区画（三次メッシュ）は，二次メッシュを縦横10等分した区画で，経度差 45 秒，緯度差 30 秒の範囲で，大きさは約 1 km × 1 km である．一般に，この三次地域区画を「標準地域メッシュ」あるいは「三次メッシュ」とよび，日本全国は，約 386,400 個の三次メッシュで構成されている．

なお，最近では，さらにきめの細かいメッシュ情報の要望に応え，三次メッシュを 20 等分した 50 m 区画の格子点の標高が収録され，活用されている．

緯度，経度によって地域を区画することは，非常に便利な点もある一方，緯度間隔はどこでも同じであるが，経度間隔は南北の極に近づくにつれて狭くなることに注意を払う必要がある．ちなみに，三次メッシュの経度間隔は札幌（1.018 km）と熊本（1.171 km）では，約 0.15 km 異なる．

メッシュデータを利用して分析，調査を行なう場合に，どの大きさのメッシュが最適なのかを考えなければならない．メッシュの大きさが微小になればなるほどメッシュの情報が詳細になり望ましいが，データ量が多くなる．また，過度に小さなメッシュを採用しても意味がなく，解析に不適当な大きさを用いると誤差が過大になって，利用目的を達成できなくなる．

気象庁で使われるメッシュ気候値のメッシュ単位は 1 km × 1 km である．しかし，日本のように地形が複雑なところでは，必ずしもこの 1 km メッシュの値がメッシュ内の地域の特性を代表するものになってない場合がある．したがって取り扱うメッシュの大きさによって，誤差がどのように生じるかを把握する必要がある．図 4.3 は取り扱うメッシュの大きさを変

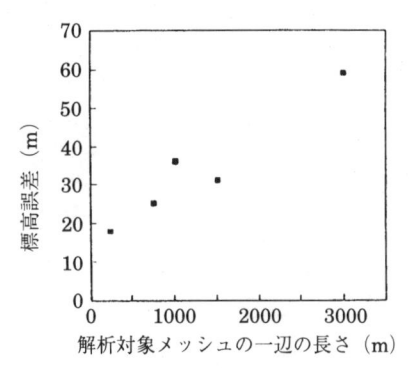

図 4.3 メッシュの大きさがメッシュ推定誤差に及ぼす影響（早川，1992）

化させたとき，考えるメッシュの平均標高値とそのなかに含まれるアメダス観測点の標高との差についての関係を示したものである．250mメッシュに比べ，1kmメッシュでは約2倍，3kmメッシュでは約3倍になり，取り扱うメッシュの大きさが大きくなれば，それにつれてメッシュ値と実際の標高との誤差も大きくなることがわかる．

次に，1kmメッシュの平均標高とアメダス観測点との標高差について，各都道府県や支庁別に求めた地域分布を図4.4に示す．差が40m以上に地域は，東北の一部と，長野，山梨，岐阜，石川，奈良，和歌山，広島，徳島，高知，佐賀，長崎，熊本，宮崎となっている．一方，差が小さい地域は，北海道と関東，北陸，愛知，福岡である．

この差が生じる原因には各都道府県や支庁別の地形が大きく係わっている．ちなみに，山岳などの複雑な地形を有する地域では差が大きく，平坦な地域では小さくなっている．一般に，メッシュデータはメッシュ内の平均的

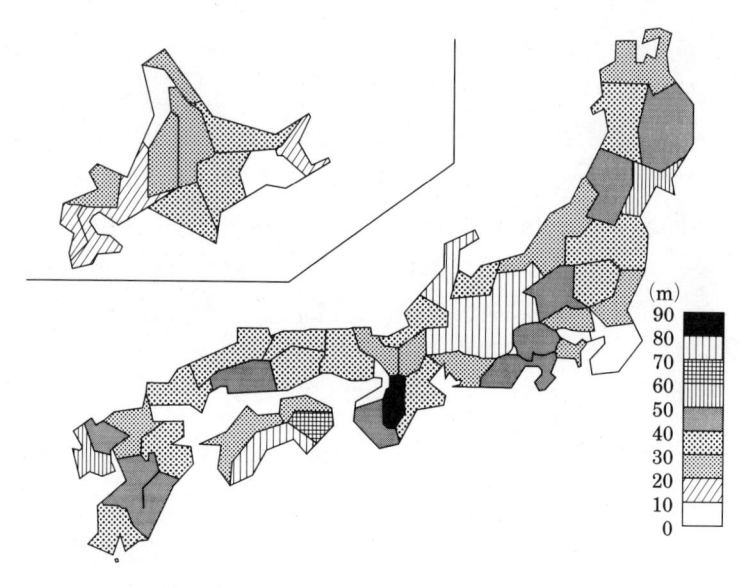

図4.4　都道府県や支庁別に見たメッシュ平均標高とアメダス観測点標高との差の平均の分布図

な値（50 m と 250 m メッシュは各メッシュの中心点の標高）であり，メッシュ内のそれぞれの地点の値とは異なるはずであり，取り扱うメッシュの大きさに伴う誤差を前もって把握した上でメッシュデータを利用する必要がある．

4.2.2 メッシュ気候値

国土数値情報が整備され，地形や地理的情報がメッシュ単位で入手できるようになり，地形や地理的特徴によって大きく影響を受ける気候値をメッシュ単位で表現する試みがなされるようになった．メッシュ気候値は，気象庁が国土情報整備事業の一環として作成整備したもので，地形や地理的情報として，国土数値情報の三次メッシュを使用している場合が多く，1 km メッシュ単位の気候推定値である．現在のアメダス観測点は約 21 km × 21 km（雨量のみの観測点を加えると 17 × 17 km）に 1 個の割合なので，1 km メッシュの情報は非常にきめの細かい情報であることがわかる．しかし現場の農家では，1 km メッシュ値では十分でないとの声があちこちで聞かれ，現在では国土数値情報の 50 m メッシュを用いたよりきめの細かい気象情報の利用へと進んでいる．

メッシュ気候値は，気象観測地点の気候値（目的変数）とその地点を含むメッシュの国土数値情報の地形・地理的因子（説明変数）との間の関係を調べて，その関係式を用いて，気象観測が行なわれていない地点の気候値を地形・地理的因子を用いて推定するものである．地形・地理的因子はメッシュ単位の値を用いるため，推定した気候値もメッシュ単位の平均した値となる．

求め方としては，重回帰分析法による方法がよく用いられており，次式のように気候値を地形因子を関数として回帰係数 a_i を求める．

$$Y = a_0 + a_1 X_1 + \cdots + a_n X_n \tag{4.1}$$

ここで，Y：あるメッシュの気候値（目的変数），X_i：メッシュの地形因子（説明変数），$a_1, a_2, \cdots, a_n$：回帰係数である．

地形因子 $(X_1, X_2, \cdots, X_n)$ は，国土数値情報の地形に関する情報として収められている平均標高，最高標高，最低標高，起伏量，最大傾斜量と方向・谷密度，経度・緯度および海岸までの距離などが用いられる．さらに，地形

図4.5 拡大メッシュの概念

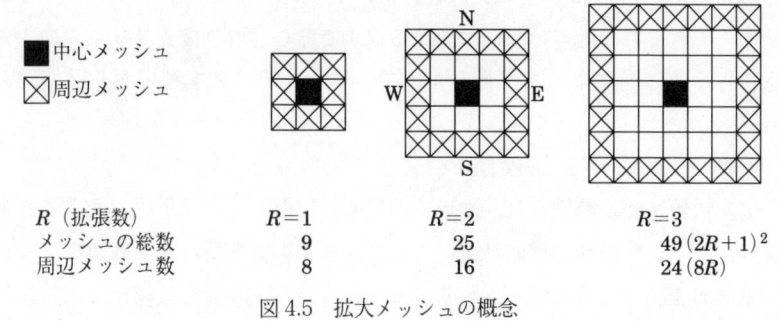

	R=1	R=2	R=3
■ 中心メッシュ			
⊠ 周辺メッシュ			
R（拡張数）	1	2	3
メッシュの総数	9	25	49 $(2R+1)^2$
周辺メッシュ数	8	16	24 $(8R)$

因子としてあるメッシュを中心に東西南北に R 個のメッシュをとり（図4.5），この正方形内の標高差，方位別勾配度なども説明変数として使用する．気象庁が気温（最高・最低）のメッシュ気候値を作成するときに使用した地形因子を表4.4に示す．

地形が気候値の分布に及ぼす影響は複雑で，気候要素，地域，季節によって異なる．そのため，気象要素別，気候区分別，月別に重回帰式を求める必要がある．気象庁では，各要素別に気候区（降水量：15領域，気温：10領域，積雪：7領域）を設定し，同一気候区で解析することを基本としている．また，観測年数が異なる場合には，均質なデータとするためあらかじめ観測年数の違いによる影響を補正する必要がある．

気象庁が発表するメッシュ気候値は平年値であり，月間値として公表されるので，その適用範囲は限られたものとなる．農業の場合，ある特定日の日平均気温が必要であり，メッシュ気候値とアメダスデータを組み合わせた気象値（実況値）をメッシュ単位で展開する試みがなされた．月別平均値（平年値）から調和解析によって計算された日平均気温は，長期間の平均的な気候値であるため，ある特定日の日平均気温は，調和解析法によって計算された気候値（日平均気温）をアメダスの実況値をもとに補正して求める．具体的には，対象とするメッシュの周りに存在するいくつかのアメダス観測点の気温実況値と平年値との差を求め，これを距離の逆数で重み付けし，対象メッシュの気象値を推定するもので，次式による．

4.2 メッシュ気象情報

表 4.4 気温の解析に設定した地形因子

	地形因子	単位	地形因子の定義
1	標高・最高	m	メッシュ内の 16 標高計測点および山頂標高の最大値
	最低	m	メッシュ内の 16 標高計測点の最小値
	平均	m	メッシュ内の 16 最高計測点の平均値
2	起伏量	m	最高標高と最低標高の差
3	最大傾斜量		メッシュ内の 16 標高計測点で隣り合う点との傾きの最大値
4	同方位		最大傾斜量の方向を 8 方位 (1 ; NE〜8 ; N)
5	谷密度		メッシュの 4 辺を横切る谷の本数
6	緯度	度	メッシュ左下端の緯度
7	経度	度	メッシュ左下端の緯度 − 100
8	海岸距離	km	海岸までの距離 (8 方位) の最小値, 但し 80km まで
9	平均高度	m	1 辺が $(2R+1)$ 個のメッシュからなる正方形内の全メッシュの平均標高の平均値
10	標高差	m	1 辺が $(2R+1)$ 個のメッシュからなる正方形内における平均標高の最大値と中心メッシュの平均標高との差
11	陸度	%	1 辺が $(2R+1)$ 個のメッシュからなる正方形内における陸地のメッシュ (0＜平均標高) が占める割合
12	開放度	%	1 辺が $(2R+1)$ 個のメッシュからなる正方形内の全メッシュのうち中心メッシュの平均標高より ΔHm 低いメッシュの割合 (ΔH は − 200m から ＋200m までを 100m 間隔)
13	方位別開放度	%	1 辺が $(2R+1)$ 個のメッシュからなる正方形の各辺のメッシュのうち中心メッシュの平均標高より ΔHm 低いメッシュの割合 (辺の方位ごとに ΔH を組み合わす, ΔH の間隔は開放度に同じ)
14	方位別勾配量	m / km	1 辺が $(2R+1)$ 個のメッシュからなる正方形で, 中心メッシュの平均標高と外周 8 方位のメッシュの平均標高との差を R で除した値
15	平均勾配量	m / km	1 辺が $(2R+1)$ 個のメッシュからなる正方形で, 各辺のメッシュのうち対辺の中心メッシュの平均標高による勾配量を GEW, GNS とするとき $\sqrt{(GEW)^2+(GNS)^2}$

$$T_x = A_x + d_x \tag{4.2}$$

ここで, $dx = \sum_{i=1}^{n} \{(T_i - A_i) \cdot (1/R_i)\} / \sum_{i=1}^{n} 1/R_i$, T_x：特定年の x メッシュの日平均気温, A_x：調和解析で求めた x メッシュの日平均気温 (平年値), d_x：x メッシュの平年からの偏差, T_i：i 番目のアメダス観測点のある特定年の気温データ, A_i：i 番目のアメダス観測点の日平均気温 (平年値), R_i：i 番目の

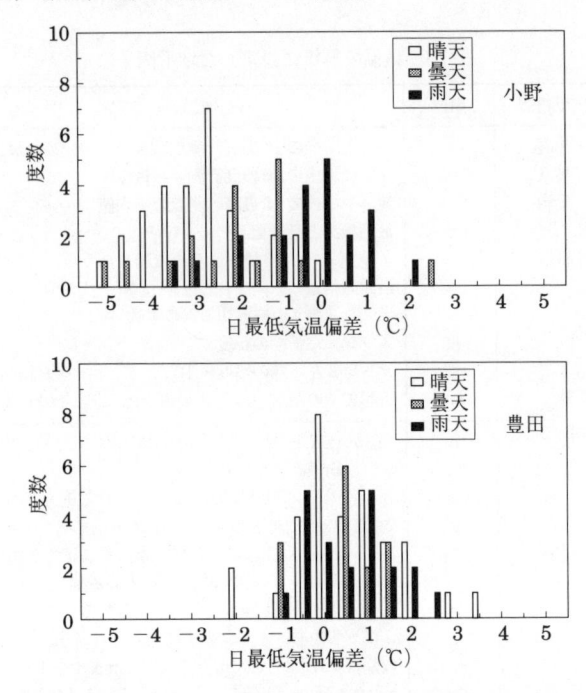

図4.6 日最低気温偏差の度数分布（1994年春季）

アメダス観測点から x メッシュまでの距離，$n:x$ メッシュ付近のアメダス観測点数で，距離30km以内に存在することが望ましい．この手法によってメッシュ気候値の利用対象は大きく広がり，作物の生育や被害状況の分布をある程度詳細にとらえることが可能となった．

　メッシュ気候値の代表性について調べた結果を図4.6に示す．これは，移動式気象ロボットを設置し，気温を観測し，観測値がメッシュの値とどの程度差があるかを調べた結果である．山口県の小野では，メッシュ値より実際に観測された値の方が低く，とくに晴天日でその傾向が著しい．一方，豊田では，メッシュ値より高くなる頻度が高い．このように，地域や季節によって気温の発現に特性があり，現在使われている1kmメッシュ値は地形が複雑な場合必ずしもその地域の特性を十分には反映していないことが分かる．

4.2.3 メッシュデータの利用

　農業は，気象条件の影響を強く受ける．一方，気候や気象は地形などの影響を受け局地的に大きく異なる場合がある．気象官署やアメダス観測点の気象データは，観測密度が粗く現場の農家の要望に十分応えきれない側面があり，きめの細かい情報の入手が可能となったメッシュ気候値の利活用への期待は大きい．

(1) 農業気候資源評価への利用

　農業において，作物の気候への適応度には限界があり，適地適作をはかるためには対象地域の気象条件を熟知する必要がある．とくに日本のように地形が複雑なところでは，気候は局地的に大きく変化しており，傾斜地や山地における作物栽培の環境は，平地とはかなり異なっていることが容易に想像される．したがって，きめの細かい情報が得られるメッシュ気候値の活用は地域の農業気候資源を調べるのに，極めて有効な方法といえる．

　農業資源にとって大切な気候資源としては，温度資源，水資源，日射資源などがあり，これらを使ってこれまでに自然植生の純一次生産力（光合成による植物生産力），複雑な地形条件下における日射環境の評価（日照時間，日射量，純放射量）などの研究がある．

(2) 作物の生育・収量への利用

　作物の生育予測モデルを考える場合，作物の出芽から収穫に至るまでの各生育段階について考える必要がある．種々のモデルが考えられているが，主として発育に及ぼす気象の影響を取り扱う発育モデルと，光合成活動による同化産物の集積や生長に及ぼす気象の影響を取り扱う生長モデルがある．

　発育モデルは，出芽，花芽分化，出穂，開花，成熟などの作物の発育ステージを予測するもので，メッシュ気候値の日平均気温を用いた有効積算温度を用いた算出法や閾値を定めた日最高・日最低気温およびメッシュデータの日照時間から求めた日長などを用いた算出法がある．すでに，水稲の生育や北海道のトウモロコシの発育ステージの予測に利用されている．発育ステージ（DVS, development stage）とは，出芽を0，幼穂形成期または出穂期に1になる発育指数で表現し，発育指数はメッシュ値から求まる気温と日長の関数

である発育速度（DVR，development rate）から求められる．

生長モデルは，作物の個体群光合成速度や1日の個体群光合成量 Δy を算出し，これをもとに各器官の増加量を逐次予測するものと，作物の乾物重はその時点までに作物個体群により吸収された日射量に比例するという関係を使って，乾物増加量 Δw を求め，収量を予測するものとがある．すなわち，メッシュ気候値から求められる気温や日射量（あるいは日照時間）を用いて，光合成モデルによる乾物生産量の推定や全乾物量の算出を行なっている．

このほかに，冷害による水稲の不稔歩合が日平均気温と関係があることから，標高を用いてメッシュ気候値を推定し，これから求められた不稔歩合が作況の調査から得られた収量分布とよく一致するといった報告もある．

4.2.4 その他への利用－21世紀に向けての提言

対象とする作物が順調に生育しているか否かを調査し，判断・診断すると

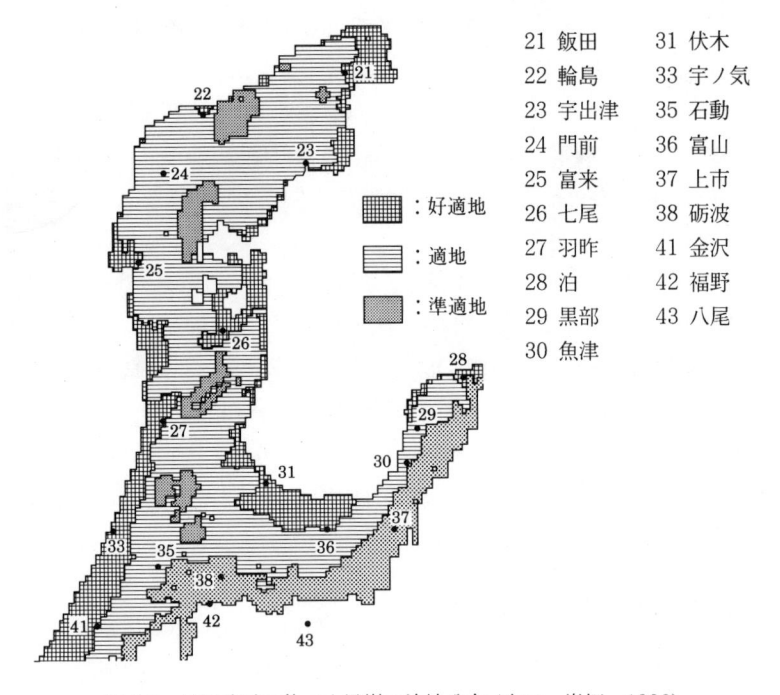

21 飯田　　31 伏木
22 輪島　　33 宇ノ気
23 宇出津　35 石動
24 門前　　36 富山
25 富来　　37 上市
26 七尾　　38 砺波
27 羽昨　　41 金沢
28 泊　　　42 福野
29 黒部　　43 八尾
30 魚津

：好適地
：適地
：準適地

図 4.7　最深積雪に基づく果樹の適地分布（山田・岩切，1986）

ともに (診断)，その後の生育予測にメッシュ気候値を導入し，どのような栽培管理を行なえば，安定した収量が得られるかという作物生育診断・予測モデルの開発にもメッシュ気候値は利用され，効果を上げている．図 4.7 は積雪分布のメッシュ図からオオムギや果樹の栽培適地を判定したメッシュ図である．このように，土壌，地形，気象などの自然環境条件を用いての生育適地判定地図や作物の最適配置を策定する上で必要となる地目ごとの適性度の評価などさらなる活用が広がっている．

メッシュ値が地域の気温を十分反映していないことから，現場の農家からはさらにきめの細かい情報の提供を求められている．この要望に応える方向の一つとして，現在地形情報に関して 50 m メッシュの情報が得られることから，これを活用した詳細なメッシュ気象値の活用が考えられつつある．山口県中部地区の美東町周辺では西条ガキの生産を行なっているが，晩霜で新芽がやられ多大な被害を被った経験があり，どこがどの程度冷えるかの実態を明らかにし，被害の軽減に役立てたいと願っている．

そこで農家の要望に応えるべく，50 m 数値地図より作成した．地形図と局地冷却度のマップを**口絵3**に示す．地図上の北東部の谷部を中心とする地域に強い冷却域が存在する．また，西側に位置する台地や中央の平野部においても局所的な冷却域が存在する．このように複雑になったのは，美東町周辺が秋吉台のカルスト台地上にあって，石灰岩地形特有のドリーネなどによる様々な規模の窪地や盆地が存在するためである．このような，冷却に関する独自の局地気象は 1 km メッシュではとらえられなかったものが，50 m メッシュでは利用に耐えうる程度の精度で表現できた．

農家が求めているのは正確な気象情報であるが，長期予報に関しては農家が期待するほどの正確な予測は現段階では無理といえる．このように，気象情報は必ずしもクリスプ (メリハリがきいた状態→性質の有無が明確に判別できる) 的な性質ではなく，ファジー的な性格であるといえよう．そこで各農家は気象予報の曖昧さを念頭に入れ生育，収量の予測を行なって農作業を行なう．そのため，生育・収量の予測法の開発に当たっては，気象情報の曖昧さを念頭に入れた人間の持つ主観評価，個性，感性などを取り入れた高度

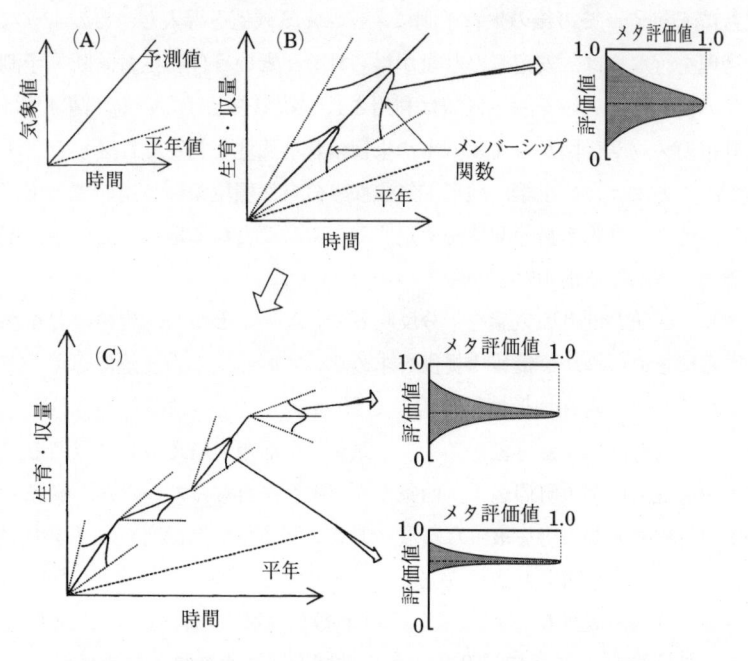

図 4.8 2型ファジー集合概念を用いた収量・生育予測モデル
(A):気象の予測値,(B):(A)の気象の予測値をもとに予測する生育・収量,
(C):時期ごとの気象予測値をもとに人間の期待値をモデルに組み込んだ生育・収量予測, メタ評価値(評価値の評価)

な人間型思考のシステムを実現する必要がある.例えば,今年の夏の気温はかなり高温で推移するとの予測(図4.8)がなされたとしても,必ずしも予測どおりに推移するわけではなく,人間は予測値に対してある確率を持った予測概念を取り入れる.この人間の持つ確率的な期待度にファジー集合の考えを取り入れたメンバーシップ関数を用いればより人間の思考に沿った予測が可能となる.このメンバーシップ関数をどう決めるかというと,品種,時期,地域に応じて評価する人間が経験を基にメンバーシップ関数の値を与えればよい.例えば,気象情報の持つ曖昧さの他に,病害虫にやられる程度に対する人間の不安の程度,生育時期に応じた影響評価の度合いなどを生育・収量予測に適応するなどのシステムを取り入れる必要がある.

引用文献

早川誠而, 1992：メッシュ気候値,「新版 農業気象学」, 文永堂, 137 - 148.

国土庁計画・調整局・建設省国土地理院, 1987：「国土数値情報」, 大蔵省印刷局, pp. 130.

山田一成・岩切 敏, 1986：北陸地方における農業気候特性の評価と利用に関する研究 (2) メッシュ情報を用いた最新積雪の推定と棚栽培果樹栽培地帯区分へのその応用. 農業気象, **42**, 103 - 112.

4.3　気象情報の利用 [*]

4.3.1　気象情報地域農業高度利用対策の概要

わが国においては，気象庁がアメダス観測網を整備し，地域気象観測所（気温，降水量，風向・風速，日照時間）843 カ所（21 km 四方に 1 点），地域雨量観測所（降水量のみ，無線ロボット雨量計を含む）は 473 カ所の総計 1,316 カ所（17 km 四方に 1 点）を設置している（(財) 気象業務支援センター, 1998）. しかし，全国的にみればアメダス観測点が配置されている市町村は 1/4 で，残りの 3/4 には設置されていないのが現状である．ただし，未設置の市町村内でも建設省，県河川課，消防機関，農業試験場，鉄道会社，日本道路公団などで，個々の業務目的に応じて気象観測施設を設けている（山本ら, 2001）. しかし，これらはいずれも標準的な気象観測点ではなく，一般には公表されないなど，地域における農業への利活用は不十分である．

このような状況から，農林水産省では 1996 年度から地域の気象観測に基づく詳細な気象情報を農業生産者に安価で効率よく提供する体制を構築することを目的として「気象情報地域農業高度利用対策事業」を進めている．本事業は,「気象情報農業高度利用システム推進事業」と「地域農業気象情報施設整備事業」の二つの事業から成り立っており，これらの概念図を図 4.9 に示す.「気象情報農業高度利用システム推進事業」では，農村地域のユーザーに，きめ細かな農業気象情報を効率よく提供するため，気象情報農業高度利

---

[*] 大原源二・山本晴彦

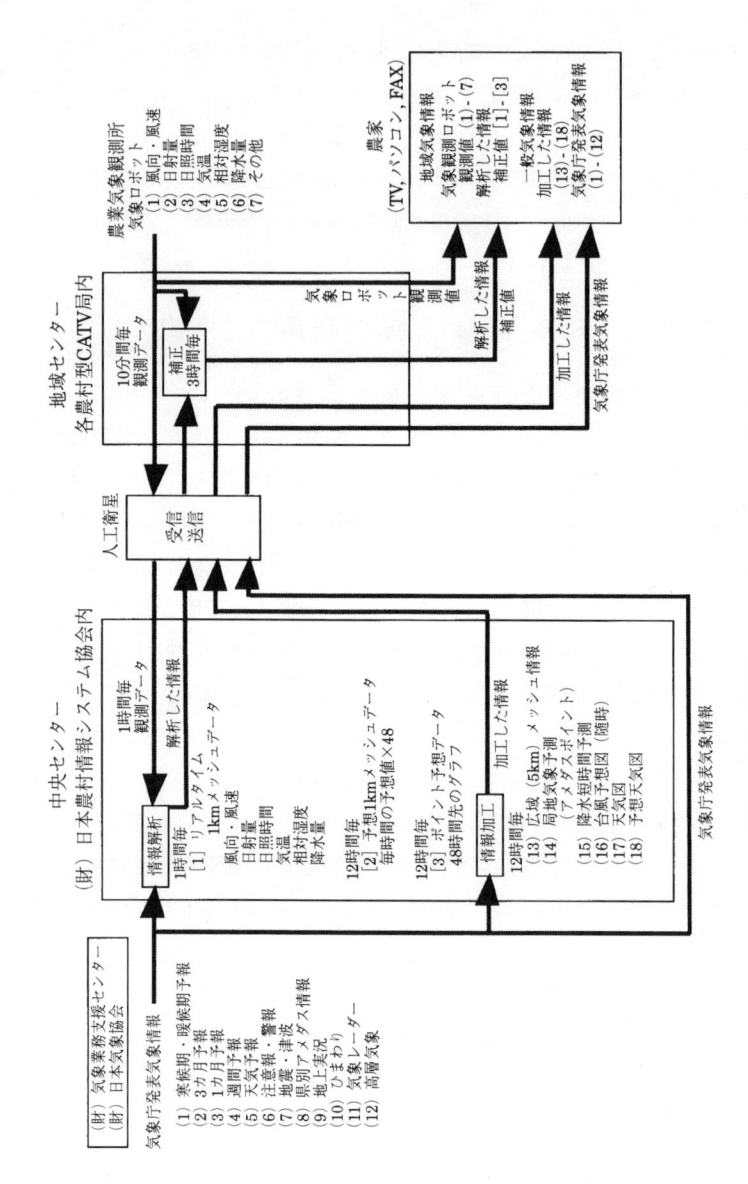

図 4.9　気象情報農業高度利用システムの概要図
（高谷・能登，1998 を一部改図）

用中央センターが(財)日本農村情報システム協会内に設置されている．ここでは気象庁が作成，発表する全国および広域の気象情報と地域で実測された局地および微気象の情報を，スーパーコンピュータで処理・解析，合成し，きめ細かで精度のよい気象情報を農業に利活用しやすいように加工している．その際，気象庁発表情報の一括受信，地域の観測資料，局地および微気象の一括受信・解析などを行なうことによって，各地域での施設と作業の重複を避け，設備投資および運営経費の軽減を図り，情報が安価になるように計画している．

「地域農業気象情報施設整備事業」では，地域農業気象情報センター（地域センター）を各農村型CATV局に整備している．これは，気象災害や病害虫の予防・軽減，農作業の効率化等を図るため，農業技術に直結し農家に利用しやすい，地域的にきめ細かな農業気象情報を提供することを目的としている．施設は，地域内の気象実況の把握に必要な気象観測ロボットおよび観測状況の管理，地域気象データの解析，農業気象情報表示などのためのコンピュータ，衛星通信VSAT局などで構成される．さらに，地域センターから各農家などには，CATV局を通じて気象データを配信している．また，中央センターと地域センターの間の通信は，衛星通信を用いることにより，地上の通信回線に比べて，安価で大容量かつ高速で効率的な通信が可能となっている（星川，1999；高谷・能登，1998）．

気象観測ロボットの整備は，平成9(1997)年末現在で211カ所にも及んでいる．気象観測要素は，気温，相対湿度，日照時間，日射量，降水量，風向・風速の6要素が主体で，気圧，地温などを測定している地点もある．

4.3.2 農家の営農での利用

(1) 防災気象の活用

気象台等では，災害の発生の恐れがあるときには，風雪・強風・大雨・乾燥・霜・低温・浸水等の注意報，暴風・大雨等の警報を発表する．これらの基準は全国注意報・警報基準一覧表（気象庁）に示され，各地で異なるが，広島地方気象台では，4月以降最低気温が4℃以下となって晩霜による農作物被害が予想されるときには霜注意報を，冬季気温が-4℃以下，夏季最高または

最低気温が平年より6℃以上低く農作物に著しい低温害が予想されるときには低温注意報を発表する．こうした注意・警報は，気象台から府県の防災課および市町村，放送局，新聞社等を経由して地域に伝えられる（広島県防災会議，1998）．こうした情報の提供は従来FAXで行なわれていたが，1999年度からはオンラインデータ通信に変わり，より詳細な情報が提供されている．

　台風・集中豪雨・強風等に関わる気象情報は，気象台から地域農業改良普及センター等を通じて市町村・JA等の関係機関に周知され，技術情報を付加した事前対策・事後対策等が農家に届けられる．低温・長雨・日照不足等に関わる気象情報は，病害虫の発生予察等に利用される．そして，気象条件に対応して栽培管理が徹底するように栽培技術・防除対策のマニュアルが作成されて，関係機関・団体に配布される．霜注意報・雹情報は，普及センター・関係機関にFAXで伝達される．さらに，JAは普及センターからFAXで連絡された情報を有線放送や防災放送で農家に伝達する．この場合は，数時間以内で情報が伝達される（大阪管区気象台，1998）．

(2) 農業施設等の設計での利用

　園芸用施設の冷暖房・換気設備の設計および運転コストの計算等には，日照，日射，気温等の気象データが欠かせない．例えば，温室の最大暖房負荷（Q_g, kcal/h）は，温室の表面積（A_g, m^2），暖房負荷係数（U, kcal/m^{2}h℃），設計室内気温（θ_{in}, ℃），設計外気温（θ_{out}, ℃）を用いて，下式で算定される．

$$Q_g = A_g U (\theta_{in} - \theta_{out}) \tag{4.3}$$

暖房負荷係数は，ガラス温室で5.3，ビニルハウスで5.7 kcal/m^{2}h℃である（岡田，1980）．設計室内気温には夜間の生育適温（板木，1980）の下限が取られ，トマトで8℃，ナスで13℃，キュウリで12℃，ピーマンで18℃程度とされる．設計外気温は，栽培される作物によって十数年から数年に一度の頻度で発生する最低気温が用いられる．

　園芸施設の構造は，構造物自体の荷重，内部に栽培する作物等の荷重，屋根に積もる雪の荷重，風による風圧力，地震による荷重等を考慮して設計す

る．積雪荷重は，屋根勾配等で低減されるが積雪深と雪の密度から計算される．また，風圧力は，構造物の形状で決まる風圧係数と風速から計算される．設計に用いる積雪深や風速は，温室の種類等に応じて再現期間8～43年のデータとされる．これらの統計データは温室の構造設計に欠かせないため，一覧表が作成されている（日本施設園芸協会，1981）．

この他に，灌漑施設，用排水施設等様々な農業施設の設計に気象情報は欠かせない．

4.3.3 農村型CATV局の現状と気象情報の事例

農村型CATV局は，農村地域における難視聴を解消する手段として，共同アンテナを設置してTV等の地上波を共聴するとともに有線配信するケーブルシステムとして出発した．その後，農村多元情報システムを目的とする農村型CATVへ変遷し，1998年末現在，全国では約70局が開設されている．

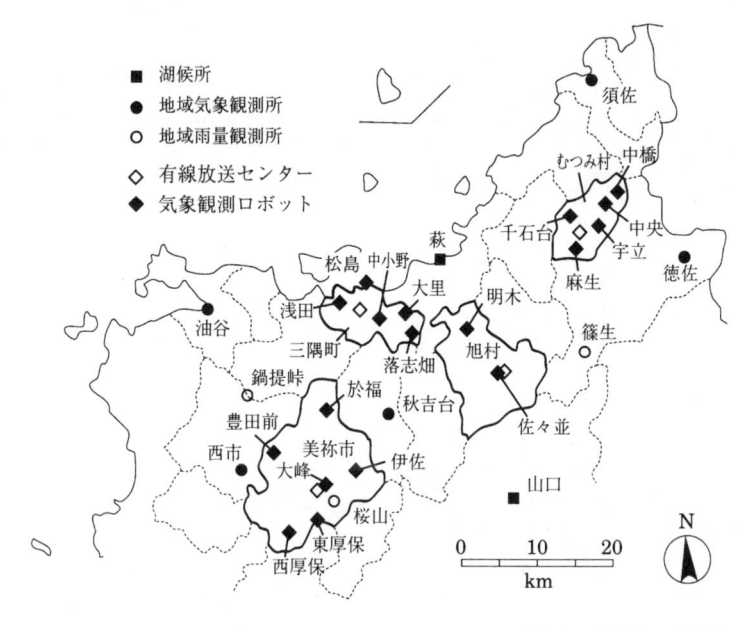

図4.10 農村型CATVに付随して設置されている気象観測装置の市町村別分布（山本ら，2001）

1998年末現在，山口県では農村型CATV局が美祢市（開局1995年4月），旭村（1996年4月），むつみ村（1996年7月），三隅町（1997年5月）の4市町村で整備されている．各局では，農業気象観測所を旭村（2カ所），むつみ村（5カ所），三隅町（5カ所）の3町村では開局当初から，美祢市（6カ所）では開局3年後に整備している（図4.10）．これらの市町村には，いずれもアメダス観測網が設置されていないために，地域気象情報の利活用には極めて有効である．

むつみ村有線テレビ放送センター（MCT）では，村内の5カ所の観測地点で，気温，相対湿度，風向・風速，日照時間，日射量の6要素の気象観測が実施されている（図4.11）．美祢市を除き気象専用チャンネルにおいて，各観測地点の10分毎の実況値，過去24時間の経過，48時間後のメッシュ気候予想図などの気象情報が配信されている．これらの農業気象観測所で観測された気象データは，各CATV局の気象情報処理装置に保存され，印字およびFDによる気象月報などの提供も可能である．

図4.11　むつみ村の麻生農業気象観測所（山本ら，2001）

むつみ村は日本海から内陸に約10 km入った面積36 km^{2}の典型的な中山間地域である．気象観測ロボットが設置されるまでは，萩と徳佐の気象データが，農業生産に利用されてきた．しかし，図4.12から明らかなように，むつみ村内における5カ所の気温の推移は，萩，徳佐の何れとも大きく異なって，夏季の日中は高温，夜間は低温で推移している．さらに，夏冬とも千石台はむつみ村の他の4カ所と比較して，日中は涼しく，夜間は高温で推移していることがわかる．千石台は大根の大規模産地で，夏季の日中の冷涼な気温を有効に利用してい

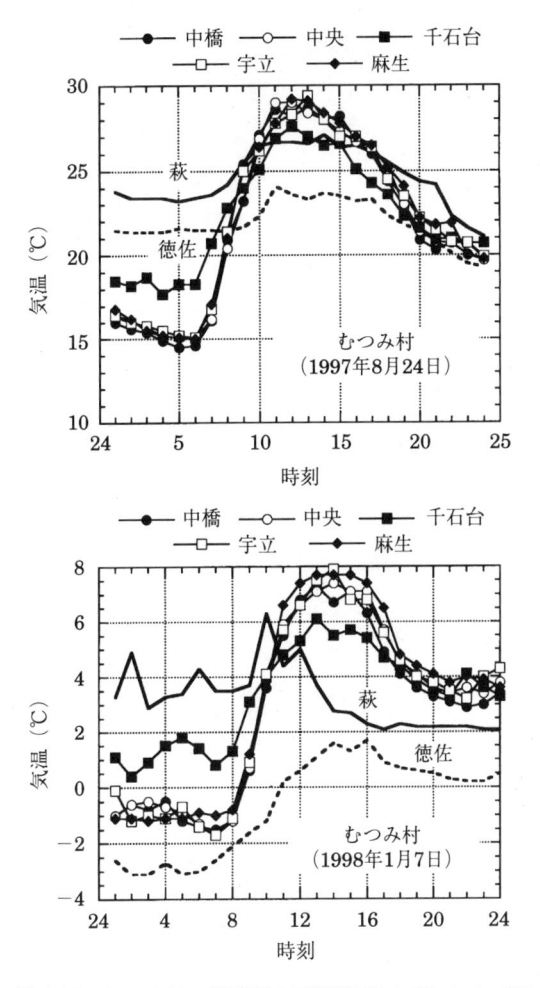

図 4.12 むつみ村の農業気象観測所 (5 カ所) および気象庁 (萩, 徳佐) における 1997 年 8 月 24 日と 1998 年 1 月 7 日の気温比較 (山本ら, 2001)

ることが気象観測から理解できる．このように，アメダス観測網では得られない局地的な気象データをリアルタイムで得ることが可能となりつつあり，農業生産をはじめ地域の気象環境教育への気象データの利活用が今後期待さ

れる．

4.3.4 行政機関による災害復旧等での利用

　農地や農業用施設が災害によって被害を受けた場合には，農林水産業の維持や公共の福祉を図る観点から，一定の要件に該当すれば国が復旧事業の経費の一部を負担・補助している．復旧事業は，災害復旧事業と災害関連事業に大別され，事業主体で直轄と補助に分かれる．そして，土地改良法，激甚法，暫定法等の法律や要綱に従って補助・負担される．補助率は農地で50％，農業施設で事業費の65％であるが，甚大な被害を受けた地域で農林水産大臣が指定するもの等は復旧事業費に応じて割増される．対象となる災害は，暴風，洪水，高潮，地すべり，その他異常な天然現象によるものである．気象災害としては，降雨による災害では24時間雨量80 mm以上または時間雨量概ね20 mm以上，暴風では最大風速15 m以上，連続干天日数が20日以上の干ばつ，落雷・雪害等が対象とされる．また，地震・地すべりによる災害，火山噴火による2～5 cm以上の降灰も対象である．このように，気象情報は防災等のためだけでなく，復旧事業の適用等にも重要な情報として使われている．

【例題】気象庁のホームページ（http : // www. kishou. go. jp / ）で，気象情報とその提供法について実際に見てみよう．また，東北大学大型計算センター，東京大学生産技術研究所，高知大学等ではNOAAやひまわりの衛星画像を提供しているので，それらも見てみよう．

4.3.5 GIS活用法

　地理情報システム（GIS, Geographic Information System）とは，土地利用，資源，環境等の計画および管理に関わる意志決定を支援する目的で，地理的に関連するデータの入出力と処理を行なう情報システムをいう．そして，GISはコンピュータシステムと地理空間データ，利用者から構成される．コンピュータシステムは地理空間データの入力と格納，検索，計算・分析，モデリング，図形/画像出力を行なう．地理空間データは，図形データと属性データに分類されて，実世界の事象をある座標系での位置とその位置の属性情報，他の地点との関係等を示す空間的位置関係で表わされる．図形

4.3 気象情報の利用

データは,点,線,面の3要素で構成されて,ベクトル形式かラスター形式で表される.属性データは,名前,順位,状態を表す数値等である.

GISでは,数値,文字,画像等の様々な形式のデータを生成,編集,処理するために,表4.5の機能が必要とされる.通常の紙地図,航空写真,衛星画像,GPS等による地上測量,統計報告・現地調査結果等の様々なデータが,イメージスキャナー,ディジタイザー,キーボードあるいはCD-ROMを用いて,システムに入力される.そして,これらの空間データベースは,保管・更新等の管理が容易に行なえ,かつ空間分析が容易なように,地図座標等を付加してデータベース化される.データベースとしては,階層モデル,リレーショナルモデル等が利用される.階層モデルは,土地利用,土壌,農業等の天然資源管理システムに有効とされる.リレーショナルモデルはGISで最もよく利用されるモデルで,相互に複雑に関連し合う関係を連結するモデルである.空間分析機能は,GISの中枢をなす機能で,ラスター形式とベクトル形式という表現形式の異なるデータの相互変換,分析や評価を容易にする様々な情報を表すレイヤ(層)のオーバレイ,特定地域や属性の現状やその変化の検索・分類,モデルを用いた可能性の評価や予測等の質問に答えるためのものである.質問・検索は,単純な算術・論理演算,接続分析から最適経路探索,複雑なモデルまで多様である.数値標高地形モデル(DEM)は,三次元的な地表面を数値で表わすモデルで,メッシュ,不整三角網地形

表4.5 GISに必要とされる機能(村井,1996等より作成)

対象	機能内容
データ入力	地図や写真等の入力と編集等
データベース管理	階層的データベース,リレーショナルデータベース等
空間分析機能	ラスターベクトルの変換,レイヤのオーバレイ,質問/検索,ベクトル・ラスタデータ分析,ネットワーク分析(最適経路探索,路線追跡等)等
数値地形モデル	メッシュ,不整三角形ネットワーク(TIN),流路/流域解析,斜投影/鳥瞰図等
画像処理	画像強調,カラー操作,分類,画像解析/測定等
地図システム/データ出力	地図投影,グラフィック表現等

モデル (TIN), 等高線がよく用いられる. メッシュは国土数値情報の 50 m, 1 km メッシュ標高値に代表的され, TIN はランダム状に配置した地形点から三角形群を発生させて地形を表す. 画像処理は, 航空写真や衛星画像の入出力, 処理・分類に不可欠である (村井, 1996; 1997).

GIS は, 複雑に分布する現象の相互関係の理解に役立つと同時に, 代替案の表示・検討が容易といわれる. 例えば, 図 4.13 の野生動物保護区の見直しを例に取ると, 現地調査, 行政データ, 衛星画像等を整理して, 水分布, 植生分布, 土地利用, 野鳥生息地等を個別のレイヤに数値化することで, 個別情報としての空間分布を把握できる. そして, 複数のレイヤを重ね合わせて解析することで, レイヤ間の相互関係等が明らかになるために, 実態把握や問題の解決が容易になる. そして, 意志決定のプロセスや用いたデータを公開することで, 判断の妥当性や客観性, 透明性が確保される.

作物立地は, 需要, 気候, 土壌, 経済関係, 農業組織, 在来の慣行という 6 条件で決定されるため, 気候・土壌の影響は大きく, 土地の持つ価値の評価が大きな課題である. 土地の価値は, 現在の土地使用者にとっての価値, そ

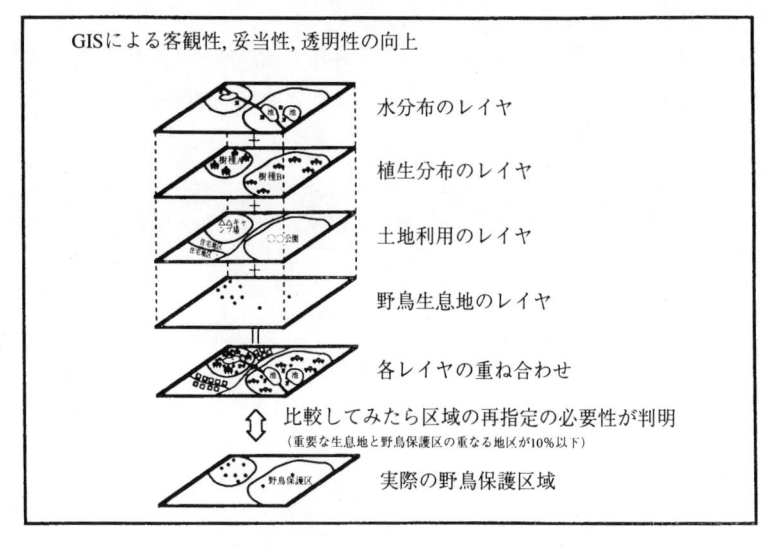

図 4.13 GIS による客観性, 妥当性, 透明性の向上 (建設省・国土地理院, 1996)

の土地に資本や労働を投資してある目的に利用して初めて顕在化する潜在的な価値，その土地の存在が持つ社会的効用としての価値と三つに分けられ，その評価は極めて多面的である（大林，1995）．農耕地は，国土保全，洪水防止，水源涵養，大気浄化等農業生産以外にも重要な多面的機能を発揮して，土地の存在が持つ社会的効用に対する注目度は高い．こうした多面的機能は土地に固有のもので，移動させることができず輸入できないためである．

　作物立地は，土地所有者の個人的営農だけでなく，地域の営農戦略，社会的要請に配慮して決める必要がある．そのため，作物立地に関わる意志決定では，非常に多くの分野に関わる様々な情報を総合的に考慮しながら複雑な判断を下す必要がある．GIS のオーバレイ機能やモデルを用いた可能性の評価・予測機能は，今後環境問題に関わって複雑化する作物立地に対して，判断の妥当性や客観性，透明性を確保してくれると期待される．

【例題】GIS については，インターネット上で公開されているものもある．地理情報システムや GIS をキーワードとして，インターネットの検索機能を用いて，利用例などを実際に見てみよう．

4.3.6 気象情報の利活用の方向

　農村型 CATV 局の農業気象観測所で観測された気象データがリアルタイムに提供されるようになって，気象情報を有効に利活用する気運が農家に高まっている．例えば，冷害回避のための水温管理，結露予測に基づく水稲イモチ病の発生予察，気温と日長に基づく出穂期や収穫期の予測などである．さらに，施設や畜舎内の温度管理，農薬散布の実施可否や拡散予測などへの利用も可能である．また，MCT の気象情報を用いて 1997 年夏の台風 9 号に伴う山口県北部の局地的な豪雨災害の発生機構を解析し，気象観測ロボットによる局地的な豪雨現象の把握，CATV が豪雨情報の伝達に有効であることが明らかにされている（山本ら，1998）．

　山口県の 4 市町村で 13〜67 km^2 当たり 1 カ所の割合で気象観測ロボットが配置されており，ほぼ望ましい観測網といえる．今後は，有線テレビ法などの問題もあるが，近接する市町村間で，観測データを供用することで，さらに高精度の予報を行なうことが望まれる．また，作物生産にとって必要な

土壌水分，地温，純放射，貯水池や河川の水位，水温などの観測項目の追加も検討する必要がある．現在，既存するデジタル化された気象情報は，市販されている表計算ソフトにより容易に極めて簡単に加工できる利点がある．しかし，メッシュ気象情報などの面的情報は，データ量が莫大であるため保存されておらず，現在は利用することができない．今後は，各利用者が利用したい気象情報を，即時に加工できるデータベースの構築が望まれる．

引用文献

安仁屋政武・佐藤　亮　訳(P. A. バーロー著), 1990：「地理情報システムの原理」, 古今書院, pp. 232.

広島県防災会議, 1998：広島県地域防災計画(基本編).

板木利隆, 1980：栽培好適環境, 「温室設計の基礎と実際」, 養賢堂, 88 - 101.

建設省大臣官房技術調査室・国土地理院監修, 1996：「GIS研究会報告解説」, 日本建設情報総合センター, pp. 126.

気象庁, 1997：「気象庁情報総覧」, pp. 304.

村井俊治, 1996：「GISワークブック基礎編」, 日本測量協会, pp. 180.

村井俊治, 1997：「GISワークブック技術編」, 日本測量協会, pp. 169.

大林成行, 1995：土地分級評価モデルを用いた土地分級評価, 「実務者のためのリモートセンシング」, フジ・テクノシステム, 304 - 340.

岡田益己, 1980：暖房, 「温室設計の基礎と実際」, 養賢堂. 182 - 204.

大阪管区気象台, 1998：農業気象情報の利用状況について.

高谷　悟・能登正之, 1998：気象情報農業高度利用システムの概要. 農業気象, **54** (3), 283 - 287.

山本晴彦・早川誠而・岩谷　潔, 1998：山口県北部における1997年台風9号の豪雨特性と農業災害. 自然災害科学, **17** (1), 31 - 44.

山本晴彦・岩谷　潔・鈴木賢士・早川誠而・鈴木義則, 2001：山口県北部における各機関の降水量観測の状況と詳細な降水量分布の把握. 自然災害科学, **20**, (印刷中).

(財)気象業務支援センター, 1998：地域気象観測所一覧(平成10年度), pp. 122.

第5章　耕地環境の制御・改善事例

5.1　作物の栽培適地・適作期推定手法[*]

5.1.1　風土産業としての農業

　環境保全型あるいは持続型農業の推進が必要とされ，病虫害防除のための農薬と土壌改良や作物栄養のための肥料等として農耕地に投入される，化学資材の削減が大きな社会問題となっている．また，貿易の自由化に伴い，海外からの穀物・生鮮食糧品の輸入が増加して，国内生産物の生産コストの削減と付加価値の向上が大きな使命とされる．こうした社会的請託に農業気象の立場から一つの答えを出すとすれば，適地・適作の実践である．栽培適地で適作期に栽培すれば，作物は順調に生育して，病虫害防除のための薬剤散布回数は少なくなり，流亡する肥料も減少すると期待されるからである．これまでの適地適作は，気象災害の回避や土地生産性の向上に着目してきた．しかし，現代の適地・適作は，持続型農業の推進や生産コストの削減と付加価値の向上による海外との競争力の向上に注目しつつある．

　農業哲学書としても名高い「風土産業」（三澤，1952）の緒言に，"安値提供という市場競争のために工場生産・大規模生産が行なわれたが，供給過剰で行き詰まり，有価値・無価格であるものをその生産過程のなかにできる限り織り込む必要がある"という趣旨のことが述べられている．そして，無価格ではあるが極めて価値の高いものとして風土を取り上げ，その活用事例を表5.1に示すように多数紹介している．風土の活用は，現在でも生産費の削減，高付加価値化に寄与して，今後持続型農業の発展ために不可欠であると考えて，西日本における活用状況を調査した．結果を表5.2に示す．気温一つ取ってみても，冷涼であること，温暖であること，日較差が大きいことなどの周辺との僅かな差が産地形成に巧妙に活用されている．

---

[*] 大原源二・大場和彦

表5.1 わが国における風土の活用例一覧(三澤,1952より作成)

利用対象	内容
低温	穂高のワサビ(扇状地の低温湧泉利用) 諏訪の寒天(晴天弱風) 菅平高原のジャガイモ(低温による呼吸抑制,日較差利用) 佐久高原のフリージア・梅の花(早冷による休眠打破) 信州のマツタケ,リンゴ,早漬けダイコン(早冷)
雪	信濃川沿岸のチューリップ(良土,雪による保温・保湿) 山形のラミー(積雪による株の保護) アケビの蔓細工(融雪後の急激な伸長) 日本アルプスのウトウブキ(同上) 山形のユキナ(積雪下での伸長部の利用,雪萌し) 漬菜・納豆の保存 飯山盆地の製紙業(コウゾの雪むし,漂白・殺虫)
冷水	柏原の鎌(雪解け水による焼き入れ) 鯖江の鍛冶工業(同上) ホウレンソウ(低地温利用)
風	ササゲ(冷涼で風通しがよいと豊産) 夏秋養蚕(風道による高温防止)

表5.2 西日本における気象資源活用型産地の形成例
(中国農試ら,1996より作成)

利用対象	内容
温度	低温を利用するホウレンソウ,ダイコン,夏秋トマト,夏秋イチゴ栽培(多数) 谷の冷気流利用によるホウレンソウ栽培 盆地の冷え込み利用によるチンゲンサイの高品質化 盆地の冷え込み利用によるダリア,キクの花色向上 標高差による気温差を利用する山菜類のリレー栽培 風穴利用による出荷調節
日射	半日陰地でのミョウガ栽培 西日を山で遮り夏季のチンゲンサイの生産安定化
風	強風を避け温暖地の特性を生かすサトイモ栽培

風土の活用を気象という観点からみると,気象災害の回避をねらうものと資源としての活用をねらうものとに分けられる.前者については,すでに厳しい市場競争のなかで多くの対策が講じられている.後者については,事例的には多いが,手法としては体系化されていない.気象資源を活用する適

地・適作の判定法としては，気候要素が発育状態や品質等に及ぼす影響の統計解析・生育予測に基づく方法，気候的類似性に基づく方法，比較優位性に基づく方法等が考えられている．

【例題】土地の古老等は，風土を活用して栽培されてきた作物の種類や分布に詳しい．各地での事例について話を聞いてみよう．

5.1.2 日射環境評価法

農業は，工業などと違ってもっぱら生産過程のなかに土地・水・太陽という自然資源を直接取り込んでいる．そのために，その土地の地形・土壌，あるいは気象・気候などが，そこで営まれる農業の形態・方法・生産などを本質的に支配している．農業の形態や生産力の形成され方は自然的，社会経済的な立地条件への適応とした結果として現われるが，ここでは生産力の形成要因の一つとして，自然的条件を基礎としての適地適作手法について紹介する．

農業生産を持続的可能な農業として，環境保全的で効率的に行なうためには，自然環境のなかでも気象環境に適応した作物・品種の選択と農業様式の確立が必要である．それには農作物の季節による気象環境の過不足を評価しなければならない．

農業面で要求されるのは，多くの場合，観測地点における気象値そのものでなく，耕地の作物，果樹，家畜などをじかにとりまく気象環境である．ところが，我々は気象官署や観測所における気象・気候以外については余り知らないのが普通で，漠然と観測所における気象観測値がその付近の気象状態を代表しているという観点に立っているに過ぎない．しかし，小地域内でもそのなかの気象分布を調べると場所により大きな違いがみられる．したがって，どの程度の観測（観測点の数とその配置，観測期間など）をすれば，どの程度の精度で，地域の気象状態を把握できるかを知る必要がある．ここでは，50mメッシュにおける日射環境評価法について述べる．

(1) 日射環境評価手順

日射環境評価システムを稼働するためには，数値地図50mメッシュの地形情報を必要とする．はじめに数値情報から複雑な地形地域を再現して，そ

の地点の日射量を推定する．計算順序は以下の方法である（黒瀬ら，1999）．

(a) 複雑地形域再現のためのモデル化

計算対象メッシュ地点から半径3kmまでは50mグリッドの4隅の標高値，半径3kmから25kmまでは250mグリッドの4隅の標高の平均値を用いた．傾斜角と方位角は50mメッシュを四つの三角形に区分し，各々の三角形において傾斜角，方位角を求め，その値から50mメッシュの傾斜角と方位角を計算する．すなわち，50mメッシュの傾斜角は四つの三角形の傾斜角の平均値を用いた．方位角は最大傾斜方向の方位角を用いた．各三角形の傾斜角（δ）と方位角（ξ）は次式から求める．

$$\delta = \{(\Delta H_X/\Delta X)^2 + (\Delta H_Y/\Delta Y)^2\}^{1/2} \tag{5.1}$$

$$\xi = \tan^{-1}[(\Delta H_Y/\Delta Y)/(\Delta H_X/\Delta X)] \tag{5.2}$$

ここで，ΔXはX軸（東西）方向の50mメッシュの長さ，ΔYはY軸（南北）方向の50mメッシュの長さ，ΔH_XはX軸方向の標高差，ΔH_YはY軸方向の標高差である．

5度刻み（72方位）について平均標高，傾斜角，方位角および最大仰角を計算し，周辺地形を再現する．これにより，半径100kmまでの地形を50mグリッド標高値を用いて1度刻み（360方位）で再現するのと同等の結果が得られた．なお，計算においては地球は半径6,370kmの球体として扱った．

(b) 複雑地形域再現性の検証

上記手法を用いて，九州山間部に位置する宮崎県西米良のアメダス観測点周辺の地形を50mメッシュと250mメッシュ情報で再現して，モデルの検証を示した結果が図5.1である．西米良は九州地域と四国地域のアメダス観測点のなかで周辺地形の影響が最も大きい地点である．実線は上記モデルから周辺地形を再現した場合で，点線は250mグリッド標高値のみから地形を再現した場合である．破線は冬至と秋分における太陽の動きで，日の出と日没時に直達日射の遮蔽と関係する地形が再現されていないことがわかる．そのため，周辺地形による日射の遮蔽量を過少評価する危険性が大きいことがわかる．図5.2に示す実測の日照時間とモデルによる地形条件を考慮した可照時間では9月から3月までの期間では実測値とほぼ一致している．

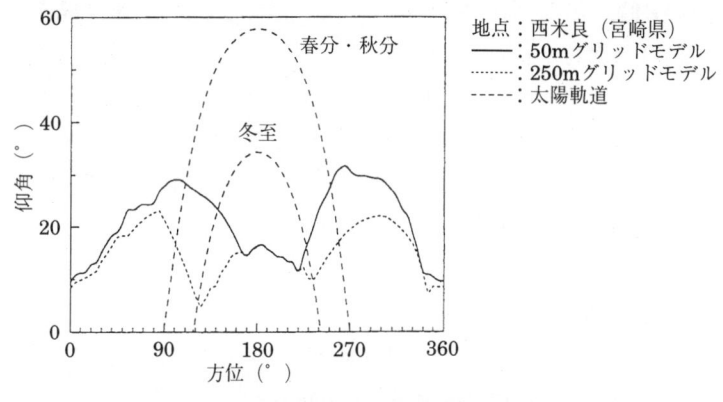

図 5.1 周辺地形と太陽軌道(黒瀬ら,1999)

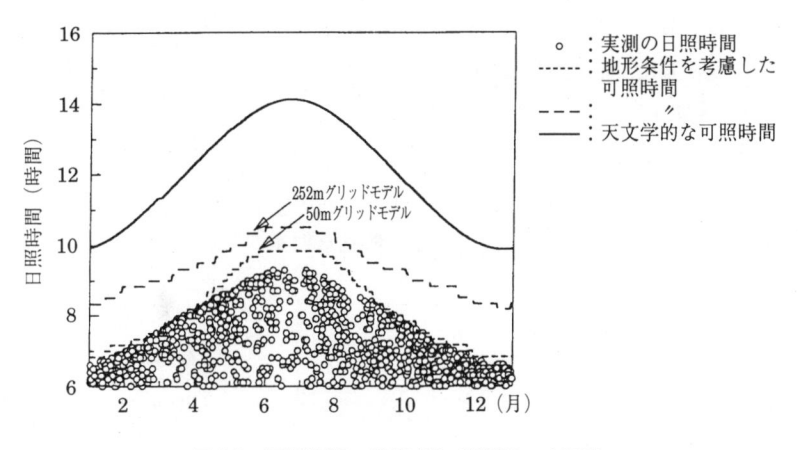

図 5.2 可照時間の季節変化(黒瀬ら,1999)

(c) 日射環境評価法

再現された地形と太陽との位置関係を 10 分毎に求め,メッシュに入射する直達日射量を式 (5.3), (5.4) で計算する.また,散乱日射量は天空率をもとに式 (5.5) で計算する.その合計値が計算対象メッシュに入射する日射量である.直達・散乱日射量の日変化曲線は清野・内嶋 (1985) が求めた経験関数を使用した.

任意の日時,場所における斜面に対する太陽高度(h')および斜面直達日射量(Q_{dn})は次式で示される.

$$\sin h' = \sin h \cdot \cos \theta + \cos h \cdot \sin \theta \cdot \cos(A - \alpha) \quad (5.3)$$

$$Q_{dn} = Q_n \cdot \sin h' \quad (5.4)$$

ここで,h は太陽高度,A は太陽方位角,θ は斜面の傾斜角,α は斜面の方位角,Q_n は法線面直達日射量である.

また,散乱日射量の等方性を仮定すれば,散乱日射量は可視天空の広さに関係する.全天空から入射する散乱日射量と可視天空から入射する散乱日射量の比は天空率に等しくなる.周辺の地形により可視天空が制限された場合の散乱日射量は,周辺の地形による遮蔽仰角の余弦の2乗に反比例する.この関係を用いると,周辺の地形情報から天空率を求めることができる.ここでは,天空率を求めるために,計算対象メッシュから半径25km以内の地形情報を使用した.散乱日射量(Q_{td})は次式から求まる.

$$Q_{td} = Q_d \cdot F \quad (5.5)$$

ここで,Q_d は水平面散乱日射量,F は天空率である.1日の直達日射量は周辺地形によって遮断されない時間の直達日射量の積算値であり,1日の散乱日射量は太陽高度が0°以上の時間帯の散乱日射量の積算値で,両方の合計

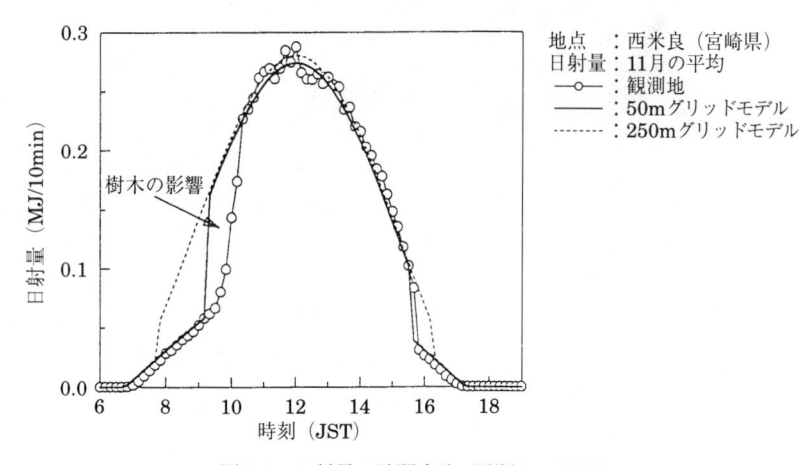

図5.3 日射量の時間変化(黒瀬ら,1999)

250m

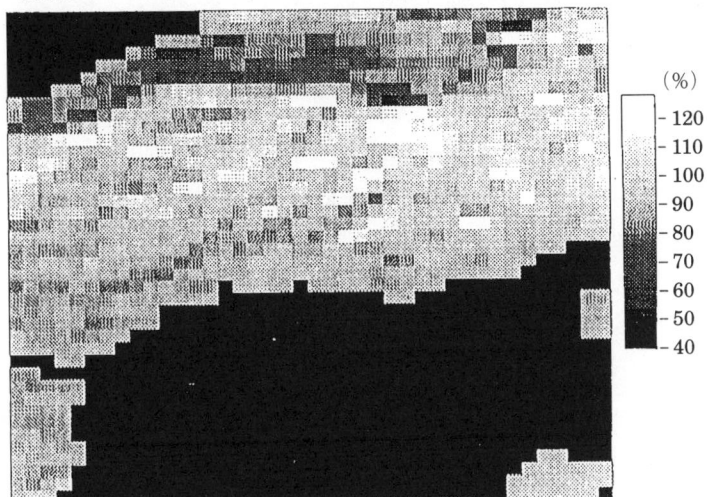

50m

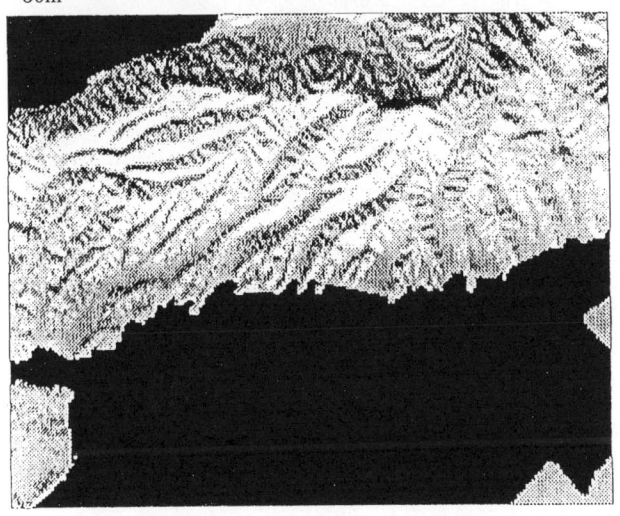

図 5.4 斜面日射量の推定結果（黒瀬ら，1999）
時期：12月，地域：松合（宇土半島）
日射量：平坦地が受ける日射量を 100 として相対値で示す．

値が1日の日射量である．九州山地に位置する宮崎県児湯郡西米良村で測定した実測値と推定値の比較を図5.3に示し，計算で求めた値は実測値とほぼ一致し，現実的な日射量である．

(d) 日射環境の適用事例

日射の推定は1/2.5万地形図単位で行なわれ，地形を棚田として利用した場合（水平面日射量）と現地形のまま農地として利用した場合（斜面日射量）の日射量の推定が可能である．推定された日射量は$X-Y$座標系でテキストファイルの形で出力されるので，市販の画像を出力する図化ソフトで画像化可能である．その結果を図5.4に示す．この図はミカン産地の熊本県宇土半島の12月日射量の分布を示したものである．メッシュの差異による分布は明瞭で，北側斜面地域と南側斜面地域の日射量の差異が明瞭に区別され，南側での日射量の多少も評価できる．

(2) 日射環境評価の成果

四国，中国，九州山地などの地形条件が急傾斜で複雑な地域では，従来から使われている1kmメッシュや250mメッシュでは日射量の推定には限界がある．数値地図50mメッシュを用いることにより実状にあった日射量の推定が可能となる．複雑な地形を有する地域で農耕地が現存する位置は，農家の経験によって条件のよい場所を年月をかけて淘汰し残った地点と考えられる（黒瀬ら，1999）．この日射環境推定手法を用いて，複雑な地形地域における農耕に適した地形条件，気象条件を把握することは，現在問題になっている耕作放棄地，棚田や里山など複雑な地形を有する地域の農業生産量評価や農業適地を抽出することにつながる．具体的には日射環境からみた条件不利地域での棚田の評価や果樹・花卉栽培地の収量・品質などの評価に適用でき，適地適作期の把握が試みられている．

5.1.3 栽培適地・適作の判定

(1) 水稲品種毎の栽培適地判定

東北・北海道のように冷害に遭遇する頻度が高い地域では，作期の移動による気象災害の回避が重要である．そのため，内島ら（1983）は水稲の生育段階（移植期，減数分裂期，成熟期）毎の生育限界温度を設定して，平年の気

温経過に基づいて冷害を受ける可能性を最も低くする安全作期の決定法を開発した．しかし，米の産地間競争が高まり，品質を高く維持できる気象条件の確保も重要な課題となった．

そこで，梅津ら（1993）は，出穂期の早期限界を障害型冷害を回避できる最も早い時期，出穂期の晩期限界を品質を高く維持できる必要最小限の登熟温度を確保できる最も遅い時期とし，出穂期から移植期を推定するのに発育ステージ予測モデル（堀江・中川，1990）を用いて，好適作期と栽培適地を決定する手法を開発した．これによる作期策定と適地判定のフローを図5.5に示す．出穂期早限 (H_1) は，減数分裂期から発育ステージ予測モデルに従って予測した日に2日を加えた時期とした．減数分裂期早限 (R) は，耐冷性が強い品種で日平均気温が18℃に初めて達する日，その他では19℃に達する日とした．移植期は，発育ステージ予測モデルに従って逆算された日で，その早限は日平均気温が13℃に初めて達する日とした．成熟期限界は，日平均気温が15℃を上回る最後の日とした．品質を高く維持するには，出穂後積算気温が1,000℃日以上で，1,000℃日到達日までの日平均気温が

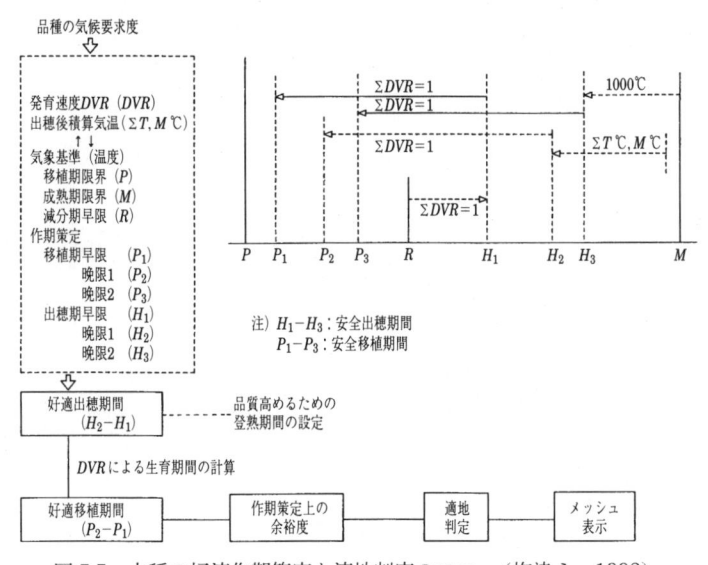

図5.5 水稲の好適作期策定と適地判定のフロー（梅津ら，1993）

21℃以上でなければならない．そして，この条件を満たす最後の日を出穂期晩限とした．メッシュ気候値（気象庁，1988）を調和解析した平年の日毎の気温を用い，これらの条件を満たし，作期的に余裕のあるメッシュを適地として，山形県内で水稲4品種の適地区分を行なった．

(2) 高品質ミカンの栽培適地判定

和歌山県は，有田地方のミカン園5,600 haを対象に400 haに1カ所の割合で選定した基準調査園と試験場で，果実品質に深く関わる果汁糖度とクエン酸濃度を調査した．これら品質は，斜面の方位や傾斜角で大きく異なる日射環境の影響を強く受ける．そこで，100 mメッシュの傾斜角，方位角，月別日射量，可照時間等の複雑地形下の日射環境に関わる因子から，品質を推定する式を求めた．その結果，果汁糖度は6〜11月の午前中の日射量，可照時間，標高を説明変数とする重回帰式と高い相関を示し，クエン酸濃度は標高と高い相関を示すことが明らかにされた．そこで，予測式の信頼区間を考慮しつつ糖度11度の高品質ミカンが生産できる圃場の100 mメッシュ図を策定し，酸度についても同様のメッシュ図を作成した．また，可照時間，標高等のメッシュ図も作成して「味一みかん生産適地分級図 有田地方」として，高品質ミカンの生産に貢献している（和歌山県，1990）．

(3) 収量予測に基づく野菜の適地・適作期判定

中国野菜の生育所要日数と収量は栽培期間中の平均気温と図5.6のような密接な関係を示した．このような関係が明らかになれば，気温の経過から収量と収穫期を容易に推定でき，栽培適地や適作期を判定することも可能である．

メッシュ気温図を調和解析すれば日毎の気温が推定できる．そして，任意の播種日の気温を生育日数1日目の値として点Aにプロットする．そして，2日目まで，3日目までと順次気温を積算して，その期間の平均気温をプロットして行けば，やがてC日目には点Bで生育所用日数−平均気温の関係曲線を横切る．その時の気温を下に延長して得られる点Dから，収量−気温関係曲線を用いて収量を推定できる．こうした試算をメッシュ気温図を用いて，ある地域全体で行なえば栽培適地を判定できるし，同一の地点で播種日

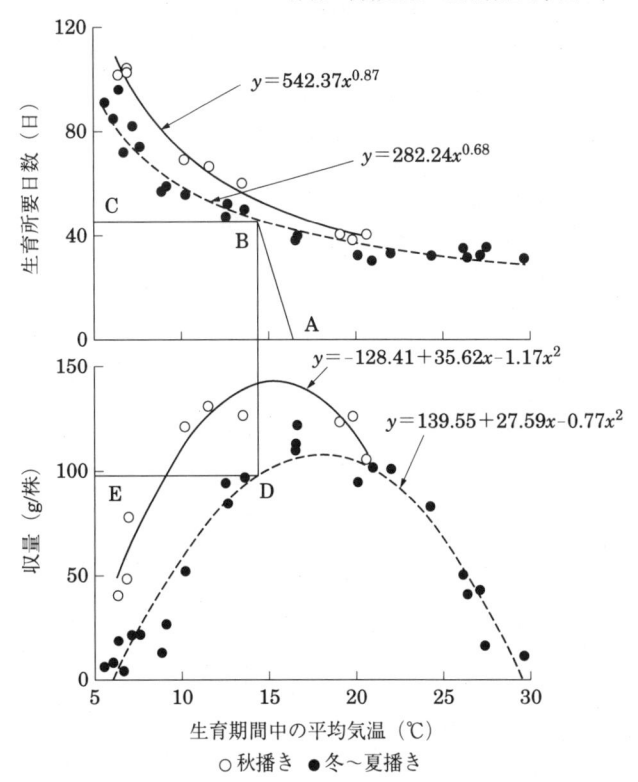

図5.6 気温-生育特性曲線に基づくチンゲンサイの生育予測
(大原・檀上, 1994)

を変えて行なえば栽培適期が判定できる.
(4) 気候的類似性に基づく導入適作物の選定と適地判定
(a) 年間を通しての気候的類似性に基づく導入適作物の選定
　広島県は,気候類似都市検索システムを開発して,アメダス観測点のなかから月別気温と月別降水量の類似した地点を検索することを可能にした(広島県立農業技術センター,1997). 本システムを用いて,広島県中部台地と月平均気温が±0.5℃以内で,なおかつ月降水量が±100 mm以内の地点を検索すると,表5.3のような野菜の指定産地と指定品目が検出された. 表中の品目は,いわゆる準高冷地の雨除けハウスによる夏秋どり作型と判断さ

表5.3 広島県世羅台地の気候的に類似の野菜指定産地とその指定品目

(大原ら,1998)

指定産地内の地域名	指定品目
福島県広野市	かつてバレイショの産地
栃木県鹿沼市	夏秋キュウリ・トマト,ニラ
長野県飯田市	夏秋キュウリ・トマト,ピーマン,春ハクサイ,春レタス,アスパラガス
奈良県大宇陀町	夏秋ナス

れ,現地の気候区分にあうものである.他方,現地のJAで聞き取り調査を行なうと,生産を拡大しようとしている品目はピーマンとアスパラガスで,拡大すべき品目はナスとハクサイという.アスパラガスは農家も生産拡大に意欲的で,その生産量も大きく伸びている.こうしたことから,気候的類似性に基づく他産地の栽培品目の検索は,導入適作物の選定に有用な情報を提供できると考えられる.

地域の活性化のために,多彩な農林水産物を生産し,加工利用することを目的に,地域生物資源の生物的特性,栽培法等の膨大な情報が集積されている(藤巻,1998).しかし,記載された生物的特性だけから導入適地を判定することは,なかなか困難である.現在の栽培分布状況等に気候的類似性を適用すると,その判定はかなり容易になると期待される.

(b) 栽培期間中の気候的類似性に基づく導入適作物・適作期の選定

年間を通しての気候的類似性の適用は,特定の季節しか栽培されない野菜や花卉では僅かな作期の移動で気温等が大きく変化するために,制約条件としては厳しすぎる.そこで,特定の季節しか栽培されない作物を対象として,導入の適否・適作期判定のために,発育段階毎に気候的類似性を適用する手法を開発した.

様々な産地の栽培事例に対して定植期を0,収穫期を1とする発育指数(DVI)を考える.そして,DVIを0.1毎の階級に分割して,様々なDVIで出現する気温の頻度分布を調べる.他方,任意地点で任意の日に定植した場合のDVI 0.1毎の気温の出現状態を調査する.そして,発育段階毎に出現する気温が産地の事例に適合するか気候的類似性を調査することで導入の適否・栽培適期の判定を行なう.

産地事例における様々な DVI での気温の出現頻度分布を，野菜作型別生育ステージ総覧（統計情報部，1994）のキャベツ中，最も産地の事例数の多い品種"金系201号"を対象として求めた．事例数は350例で，栽培地は産地名に包括される市区町村名の役所・役場の位置とした．そして，1 kmメッシュの月平均気温を調和解析した定植日から収穫日までの気温から発育速度を算定して，様々な DVI における気温の出現頻度分布を推定した．全国のすべての作型から得られた結果を図5.7に示す．

　出現した気温の低温側は，定植直後はやや高いが，その後かなりの低温が出現し，中期以降は比較的高く推移している．高温側は，初期にやや高いが以後は低めに経過している．キャベツは，結球期に凍結すると腐敗病を発生しやすく，高温期は軟腐病，黒斑病が多発しやすい．これらの気温経過は，定植時の活着促進，初期の高耐寒性・耐暑性，凍結および高温による病害からの回避など冷涼な気候を好むキャベツの発育段階毎の生態特性などをよく示し，適地判定に有用と考えられる．図5.7は，全国のすべての作型から算定したために示される気温の範囲は広いが，特定の作型等に限定すれば，そ

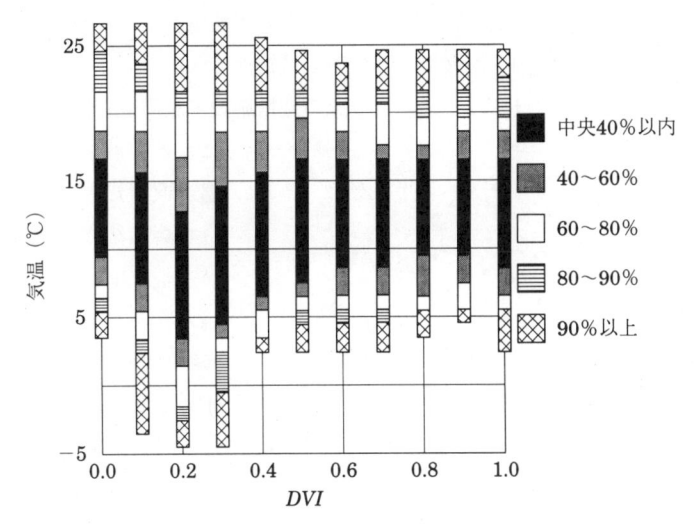

図5.7　キャベツ"金系201号"栽培時の発育段階毎の気温出現頻度分布（大原，1999）

の範囲は当然狭くなる．様々な作物について，こうした図が多数できれば，導入適作物の判定もより容易になると考えられる．

(5) 比較優位性の活用

最近，極めて安価なマイクロデータロガー方式の温度計が市販された．これらを多数配置して，気温測定値に50mメッシュの標高値を用いる地形因子解析法を適用すれば，市町村規模の広さの詳細な気温分布図を容易に作成できる（大原・植山，1998）．その分解能は，従来の1kmメッシュに比べて格段に高く，圃場毎の気温分布を推定することも可能である．

気温測定時に作物の収量を調査すると，気温と収量の関係から対象とする地域の詳細な栽培適判定が行なえる．本事例では，雨除けハウスによる夏どりホウレンソウの収量を農家の出荷量から調査した．そして，雨除けハウスの設置位置の気温を50mメッシュの気温分布図から読み取り，図5.8に示される関係を得た．図の横軸には，夏期の気温を代表するものとして8月の月平均気温を取った．そして，縦軸には，農家毎の相対収量をとった．これは，夏期（7～9月）の農家毎のハウス設置面積当たりの出荷量の全農家平均値に対する比である．従来困難であった調査対象地域の現在の栽培慣行のもとでの気温と収量の関係が図のように容易に把握できる．

図の同一気温における収量の差は農家の栽培施設・設備や管理技術等の差によると解釈される．気温が収量の制限因子となっているのは，収量の高い上位グループと考えられる．そのため，上位グループの収量の気温に対する傾きから，気温が収量に及ぼす影響を推定できる．僅か1～2℃気温が低下すると収量は大きく増加するので，栽培地

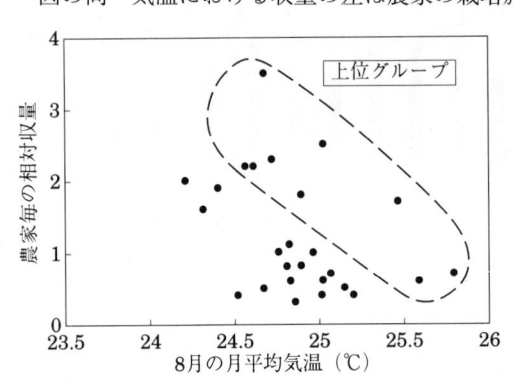

図5.8 気温と雨除けハウス夏どりホウレンソウの収量の関係（大原ら，1998）

を気温のより低い地区に移動する効果は極めて高いと判定できる．また，夏どりホウレンソウでは，僅か1～2℃の気温低下が，農家間の設備や管理技術の差と同等以上の影響を収量に及ぼすことも読みとれる．1/10細分区画土地利用データ（国土地理院，1994）や航空写真等を用いれば，容易により栽培に適する場所が選定できる．そのため，狭い地域内での気候条件の比較優位性の活用による適地判定は，地域にとっても実態が理解しやすく，地域計画の策定に有用と考えられる．

引用文献

中国農業試験場・四国農業試験場，1996：環境資源活用型産地の事例報告，pp. 134.

藤巻　宏編，1998：「地域生物資源活用大辞典」，農山漁村文化協会，pp. 582.

堀江　武・中川博視，1990：イネの発育過程のモデル化と予測に関する研究．日本作物学会紀事，**59**(4)，687-695.

広島県立農業技術センター，1997：「天・地・人メッシュ」利用ガイド，pp. 28.

気象庁，1988：気候値メッシュファイル作成調査報告書(気温).

国土地理院，1994：「数値地図ユーザーズガイド(改訂版)」，日本地図センター，pp. 468.

黒瀬義孝ら，1999：数値地図50mメッシュを用いたポテンシャルな日射量分布の推定．農業気象，**55**(4)，315-322.

三澤勝衛，1952：「風土産業」，古今書院，pp. 257.

大原源二・檀上隆信，1994：野菜類の気象生態反応と栽培適地図の作成．農及園，**69**(7)，797-802.

大原源二・植山秀紀，1998：局地の50mメッシュ気温分布図の試作．日本農業気象学会講演要旨，104-105.

大原源二・藤森英樹・植山秀紀，1998：局地の気温分布と野菜作付け適地の事例的検討．日本農業気象学会講演要旨，142-143.

大原源二，1999：発育段階毎の気候的類似性を用いる導入適作物判定法．日本農業気象学会講演要旨，186-187.

清野　豁・内嶋善兵衛，1985：複雑地形地(阿蘇カルデラ)における太陽放射資源量の評価．農業気象，**41**(3)，247-255.

内島立郎，1983：北海道，東北地方における水稲の安全作型に関する農業気象学的研究．農業技術研究所報告，A-31, 23-113.

梅津敏彦・木村和則・中野憲司・長谷川愿・松田裕之・太田秀樹・芳賀静雄・武田正宏・矢島正晴，1993：メッシュ気候値を活用した水稲適地区分第1報．山形農試研報，**27**, 1-21.

和歌山県，1990：味一ミカン生産適地分級図（オレンジマップ）有田地方，pp. 69.

5.2 耕地環境制御の活用事例

5.2.1 被覆を用いた活用 *

(1) 資材被覆の目的と効果

元来，野菜や果物は，季節性や地域性の大きな作物であった．それが，被覆資材の利用により，季節や高低温・風雨・病虫害等の環境条件が不適で，露地栽培が困難であった時期や地域での作物生産が可能になる（例えば，ブドウの2期作や沖縄での夏野菜生産など）とともに生育時期や作型をかなり柔軟に設定できるようになり，収穫時期の飛躍的拡大，収益性や労働生産性も向上した．さらに，農薬使用量の削減や雑草防除の効果も得られる．

(2) 資材の種類

わが国での被覆資材の活用は，慶長年間の油紙利用に遡るとされる（内藤，1994）．明治期に導入されたガラスは，現在もその優れた透光性と耐久性により活用され続けている．透明普通板ガラス（フロート板ガラス）以外に，型板ガラス・すりガラス・熱線吸収ガラス・複層ガラスなども用いられるが一般的ではない．

近年におけるプラスチック系被覆資材の改良や開発は非常に著しい．それには，生産現場からの，より新しい資材を必要とし，その利活用を促進する大きな需要が常に存在するからといえる．図5.9に示したように，原料として，当初農業用ポリ塩化ビニル（農ビ，PVC）が導入され，次いで農業用ポリエチレン（農ポリ，PE）が，現在では，エチレン酢酸ビニル共重合体

---

* 本條　均

5.2 耕地環境制御の活用事例

〔用途〕　〔適用資材〕　　（ガラス）　　　　　主原料

- 外張り
  - ガラス室 ── ガラス
  - プラスチックハウス
    - 軟質フィルム
    - 硬質フィルム
    - 硬質板
  - トンネル
    - 軟質フィルム
    - 不織布ほか
    - 寒冷紗
- 内張り
  - 固定
    - 軟質フィルム
    - 硬質板
  - 可動
    - 軟質フィルム
- マルチ
  - 不織布ほか
  - 反射フィルムほか
  - 軟質フィルム
  - 反射フィルム
- 遮光（日長処理を含む）
  - 寒冷紗・ネット
  - 不織布
  - 軟質フィルム
  - ヨシズ
- べたかけ ── 不織布ほか
- 外面保温
  - コモ
  - 発泡シート
  - 軟質フィルム
- 補光 ── 反射フィルム
- 防虫・防鳥
  - 寒冷紗
  - 反射フィルム
- 防風・防雹 ── ネット

（ガラス）
- 普通板ガラス　　　　　SiO₂
- 型板ガラス
- 熱線吸収ガラス
- （軟質フィルム）
- 農ビ（農業用塩化ビニルフィルム）　PVC
- 農ポリ（農業用ポリエチレンフィルム）　PE
- 農サクビ（農業用エチレン酢酸ビニル共重合フィルム）　EVA
- 農PO（農業用ポリオレフィン系特殊フィルム）
- その他（反射フィルムなど）
- （硬質フィルム）
- ポリエステルフィルム　PETP
- フッ素フィルム（エチレン・フッ素共重合フィルム）　ETFE
- その他（硬質板）
- ガラス繊維強化ポリエステル板　FRP
- ガラス繊維強化アクリル板　FRA
- アクリル板　MMA
- ポリカーボネート板　PC
- その他（塩化ビニル他）（不織布・ほか繊維資材）
- ポリエステル　PETP
- ポリビニルアルコール　PVA
- ポリプロピレン　PP
- 棉（セルローズ）（寒冷紗・ネット）
- ポリビニルアルコール　PVA
- ポリエステル　PETP
- ポリエチレン　PE

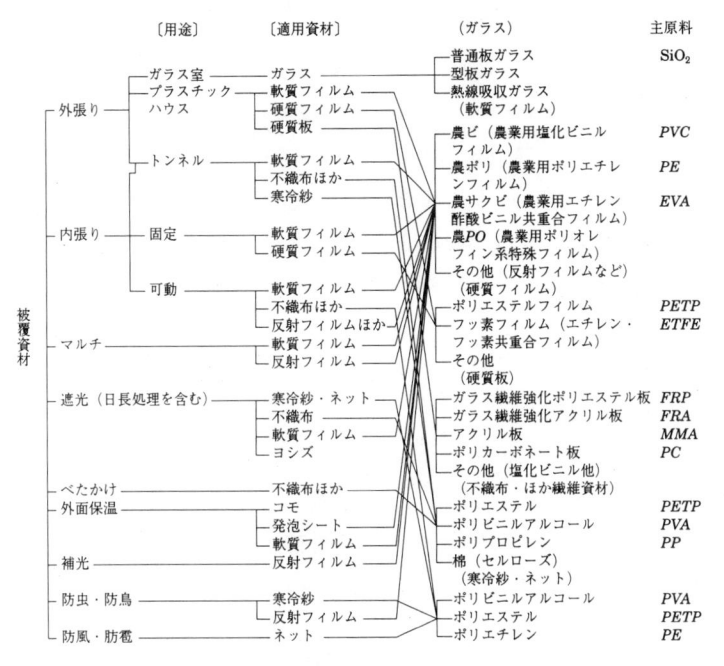

図 5.9　被覆資材の区分（内藤, 1994）

（農サクビ, *EVA*），ガラス繊維強化アクリル（*FRA*），アクリル樹脂板（*MMA*），ポリカーボネイト（*PC*），ポリビニルアルコール（*PVA*），ポリプロピレン（*PP*）など多様な素材が用いられる．それらは，板，フィルム，シートやネットなどの種々の形態に加工され，目的に応じた形態・機能を持つように品質・物性を改良される．

(3) 資材活用の場面

被覆資材の種類や骨組みとなる構造材の組み合わせにより，活用場面は以下のように分類される．

(a) ガラス室

資材のなかで，ガラスは非常に耐候性が大きく，耐用年数は長い（20年）が，比重が重く（2.5），衝撃により破損しやすい．構造材としては，鉄骨やアルミ軽合金材が用いられる．単棟式と連棟式があり，単棟式には両屋根式，

スリークォーター式，片屋根式等がある．両屋根式は左右相称な屋根を持つ，一般的な形態のガラス室で，2～3連棟もある．岡山県を中心とした高級温室ブドウ（マスカット・オブ・アレキサンドリアやグロー・コールマン）の生産場面に多く使われている．スリークォーター式は，東西棟の南側の屋根面が，屋根面全体の幅のほぼ3/4を占めるように広くした型式を持つ．採光性に優れるため，とくに冬季の栽培に有利である．また連棟の両屋根式ではあるが，フェンロー型はオランダから導入され，普通板ガラス（厚さ3mm・90cm・幅50cm）に比べ，厚さ4mm・長さ165cm・幅73cmと大きく，しかも高い軒高で狭い間口を持つ大面積・大容積の多連棟ガラス室として，大規模経営に導入されている．

(b) プラスチックハウス

プラスチックハウスは，通常ハウスと呼称され，硬質板，硬質・軟質フィルムを被覆し，構造的には，鉄骨ハウス・鉄骨補強パイプハウス・地中押し込み式パイプハウスの3型式がある．施設の設置面積は5万ha以上で，約98%がプラスチックハウスである．全体の7割が野菜用で，次に果樹，花卉用の順である．農家一戸当たりの面積は拡大傾向にある．野菜では，メロン，イチゴ，キュウリ，トマトとホウレンソウが，果樹ではブドウと柑橘類が主要な品目である．労働過重が原因と推定される面積の減少（とくにイチゴ）など，品目による増減傾向がある．

① 硬質板

FRA，MMA，PC などが多く用いられ，FRA は透過光が MMA，PC より拡散しやすく，ハウス内に陰を生じさせにくい．また，FRA と MMA は紫外線透過が良好であるが，PC は紫外線を吸収する（日本施設園芸協会ら，1996）．FRA の耐用年数は7～10年，MMA と PC は10～15年で，防曇性の持続期間が短い．硬質板と鉄骨ハウスを組み合わせ，園芸用施設安全構造基準（日本施設園芸協会，1981）に適合させれば十分な強度と耐久性が得られ，風速50m/s程度までは耐える．

② 硬質フィルム

これには，農業用ポリエステルフィルム（PET）と農業用フッ素フィルム

(エチレン-四フッ化エチレン共重合樹脂フィルム，ETFE) があり，長期耐久資材として，鉄骨ハウスか鉄骨補強パイプハウスに展張される場合が多い．

PET フィルムは耐用年数が 4～10 年，全光透過性は 88～91 % であるが，紫外線透過性には差異があり，紫外線に不透性のもの，360 nm よりと 314 nm より短波長側をそれぞれ通さないものに分類される．近紫外線域が透過しないフィルムは，ナス・イチゴなどアントシアン系色素の発現が必要な作物や，授粉昆虫の行動に障害がでる．紫外線に不透性の資材では，灰色カビ病や菌核病などの繁殖の抑制やスリップスやアブラムシなどの害虫の忌避効果がある．

フッ素フィルムは，強度や耐久性が非常に優れ，耐用年数は 10～15 年で，透明性が長く維持される．光線透過率は 91 %，紫外域から近赤外域まで透過性が高い．伸縮性が無いので展張に注意する．燃えると有害ガスが発生するので，使用済み資材はメーカーに回収義務がある．

③ 軟質フィルム

軟質フィルムには，農ビ・農ポリ・農サクビならびに農 PO フィルムがある．農ビ (PVC) は，展張資材とマルチにも用いられる．可視光線の透過率は 90～92 % であるが，赤外域の透過率が農ポリ・農サクビに比較して小さく，保温性が高い．紫外線吸収剤や防曇剤など種々の添加剤との相容性が優れ，用途別に多様な資材が開発されている．塩素を含むので，低温で燃やすと塩化水素が発生して有害である．使用済み資材の回収と再生処理が必要である．

一般農ビは，使用量が最も多く，透明と散光性の梨地とがある．梨地フィルム下では，構造材の陰ができ難く群落下方の光環境の改善効果が認められる．光線選択性農ビには，可視部の透過性を調整した着色農ビ，近紫外域の光線を除去した紫外線カット農ビ，一般農ビより紫外域の透過性を向上させた紫外線強調農ビなどがある (内藤，1994：日本施設園芸協会ら，1996)．

紫外線カット農ビには，病害虫の制御，軟弱野菜の葉面積拡大，トマトの裂果抑制，などの効果があり，減農薬という面からも有効である．また，赤色大粒系ブドウでは，紫外線カット下では葉の緑色が保持され，枝梢の登熟，

果房の着色抑制が起こることを利用し，12月まで収穫を抑制する栽培技術が実用化された．

　農ポリ(PE)は，農ビに比べて保温性が劣るため，ハウスの内張り用やトンネル，マルチ用に利用される．農サクビ(EVA)は，ハウスやトンネルに使用され，農ポリよりも保温性に優れる．最近では，PE と EVA の保温性（断熱性）が劣ることを改良するために，農PO（農業用ポリオレフィン系特殊フィルム）とよばれるフィルムの使用も増加している．農PO は，PE，EVA，PP とともにポリオレフィン系（PO）樹脂を材料として，PE や EVA を共押出しして多層（主として3層）に成形し，赤外線吸収剤を配合したものである．農ビと違って塩素を含まないので，使用済み資材の処理が容易である．農PO フィルムと総称されるが，メーカーにより各層の材料構成は多様である．軽量で柔軟性があり，作業性もよい．適度な硬さと伸びにくさがあり，耐風性がある．そのため，農ビのようなフィルム固定具や固定方法を用いない，バンドレスハウス等の農PO に適した作業性や採光性がよいハウス形態の改良が行なわれている．

(c) 雨よけ

　簡易な構造を持ち，屋根部のみを被覆し，側方を開放した雨よけ施設も，上述の(b)の軟質フィルムを用いる．雨よけは，作物体が濡れることによる病害や生理的・物理的障害の発生を抑制することが主目的である．野菜では，ホウレンソウとトマトが主であるが，品目の多様化が進んでいる．雨よけハウスにより，露地に比較し品質や商品化率の向上が認められる（岡田，1994）．とくに雨よけの効果が著しいのはオウトウ栽培である．露地では収穫前の降雨による裂果の発生が激しいが，雨よけにより裂果の発生が効果的に防止できる．わが国のオウトウ生産量のほとんどは何らかの被覆施設下にある．

(d) マルチ

　マルチ資材としては，農ポリ等のPO 系資材が多く用いられ，農ビの割合は少ない．(b)のハウス用外張り被覆資材とは異なる多種多様な製品があり，保温効果による生育促進，病害虫の発生防止，反射フィルムによるアブ

ラムシ等の飛来防止，雑草防止，土壌流出の防止・土壌水分や団粒構造の保持，果実の汚染防止等の効果がある．

透明マルチフィルムは，黒色フィルムに比べ，日射透過率が高いので地温上昇効果は大きいが，雑草の発生抑制効果は劣る．着色フィルムの効果は透明と黒色の中間程度となる．中央部を透明に，両側に黒色を配置した二色マルチで雑草の発生抑制効果を狙ったもの，除草剤を透明資材中に練り込み，地温上昇と除草効果を狙ったものもある．

反射マルチフィルムには，透明ポリにアルミを真空蒸着させたアルミ蒸着フィルム，アルミ微粉末をフィルムに塗布あるいは混入したアルミ粉末利用フィルム，表面が白または銀色で，裏面が黒色の二層マルチフィルムなどがある．反射率や透過率の違いにより，地温上昇・雑草の抑制，害虫忌避，着色促進などの効果に差異がでる．

通気性マルチフィルムは，$3\,mm\phi$ 程度の孔を，数 cm 間隔で開けたフィルムである．孔から空気や水蒸気が交換され，土壌中の二酸化炭素濃度が下がり，酸素濃度が高まる．高温期のマルチ時に根の活性低下対策となる．

最近，PE 系のフィルムシートあるいは不織布のマルチ資材が温州ミカンの果実糖度向上や着色促進を目的として急速に拡大した．従来の農ポリマルチより被覆後の土壌水分減少効果が顕著で，湿度環境調節機能を持つ．資材自体は疎水性であるが，成形あるいは加工時に微細な孔隙を設け，その孔隙から水蒸気やガスは通過するが，雨水は透さないので，マルチ下の土壌水分が調節される．例えば，晴天日が続くと植物の蒸散作用により土壌水分が低下し，樹体に適度な水ストレスが発生し，果実糖度の上昇効果が得られる．これら資材は，透湿性資材または多孔質資材と総称され，日射反射率が 90 % 以上と高く，散乱性もあり地面に被覆すると群落内光環境が改善され，果実着色も良好になる．落葉果樹では，被覆期間が長いと糖度は高いが小玉果になりやすい．その年の天候により，被覆結果は左右される．冷夏年では，露地栽培のニホンナシで糖度や着色が無被覆よりも顕著に良好であった．

(e) べたがけ

べたがけとは，通気性とある程度の光透過性を持つ資材を，対象作物に密

着させてかけるか，若干の空間を設けて簡易に被覆する状態をいう（岡田・小沢，1997）．沖縄県で寒冷紗の導入を契機に始められ，防風・防虫と土壌乾燥防止による野菜の生育促進をもたらした技術である．被覆法には，基本的に直がけと浮きがけがあり，使用場面として，露地，トンネル内，ハウス内がある（日本施設園芸協会ら，1996）．

用いられる資材としては，PP，PET，PVA，PE等の素材があり，製法別には，不織布（長繊維不織布（PP，PET）と割繊維不織布（PVA，PE）），化繊ネット，寒冷紗に分けられる．製品により，遮光率，通気性（目合いと間隙率により決定される），耐候性が異なる上に，使用地域や季節により，資材の汚れによる光透過性の低下と紫外線による劣化の状況が異なる．露地での耐用年数は，PP製の割繊維不織布で1年程度，PVA製では2～3年，寒冷紗（2～4年）や防風ネット類（2～5年程度）とされ，年間の使用期間が短いとか，トンネル内やハウス内で使用すると耐用期間はさらに延びる（岡田，1994）．

その効果は，高温・低温期の温度調節（暑さ・寒さ除け），防風，病害虫対策，光や湿度の調節など幅広く，資材の種類，被覆法，外部環境条件，対象作物とその生育時期や期間より，使用法と効果が大きく異なるので，用途に応じた選択が重要となる．例えば，亜熱帯地域におけるべたがけの目的は，防虫・防鳥，台風などに対する防風効果と強日射からの遮光による昇温と蒸

表5.4 夏季べたがけ下の気温および地温（岡田，1994）

処理区（熱研沖縄支所）1986年7月16日測定	光線透過率（％）	気温℃ (10 cm)		地温℃ (1 cm)		地温℃ (10 cm)	
		最高	最低	最高	最低	最高	最低
対照区	100	34.4	27.2	42.5	26.7	36.3	29.0
寒冷紗（白，1.5 mm目）	69.4	35.6	27.0	38.3	27.2	33.8	28.8
ネット（青，2 mm目）	83.7	35.9	27.3	39.4	27.3	34.7	29.3
ネット（青，2 mm目）	65.5	36.4	27.1	38.9	27.0	33.9	28.7
処理区（東京農試江戸川分場）1987年7月27日測定	光線透過率（％）	気温℃ (5 cm)		地温℃ (5 cm)			
		最高	最低	最高	最低		
対照区	100	35.1	23.4	27.3	25.1		
長繊維不織布	81.6	46.2	24.0	31.0	27.0		
長繊維不織布（シルバー）	54.1	42.8	23.8	31.0	26.4		

発散の抑制が主目的であり,保温性よりも通気性と遮光性が重要となる(表5.4).それに対して,寒冷地では秋から春にかけての温度上昇と防寒・防霜を目的に行なわれるなど,多様な用途がある.

関東地方内陸部のニホンナシ等の果樹園では,夏季の降雹による被害防止対策として,寒冷紗やラッセル網等のネット資材を棚がけ(浮きがけ)し,防雹・防虫・防鳥効果と春先の防霜の複合的機能を持たせた多目的防災網として活用している.

5.2.2 耕起・不耕起 *

(1) 耕起

耕起は,播種または植付け作業の前に,土壌を撹拌あるいは反転して,耕土を膨軟にするとともに,土壌を砕き,通気性や透水性などの物理性を改良し,水と空気の保持容量を大きくし,地表面の雑草や前作物の残さ,肥料,土壌改良剤を鋤き込むために,固く締まった土壌を鋤起こすことである(三枝,1997).耕起は,作物を栽培する直前に行なうことが多いが,水稲栽培では乾土効果を促し,雑草の生育を抑えるため,秋季または冬季に行なわれる場合もある.耕起した後,播種や苗の植付けに適した状態にするために,砕土,均平,鎮圧,畦立てなどを行なう整地作業を伴う.耕起と砕土の両方の作業を一挙に行なうことを耕うんといい,水田で行なわれることが多い.砕土の良否と種子の発芽率の関係では,比較的種子が大きいダイズは砕土率の影響が少ないが,種子が小さいヒエやソルガムは砕土率が高いほど発芽率が向上する.

(2) 不耕起

耕うんは,農業の基本作業と考えられてきたが,以下の問題点を持つ.それは,農作業中に占める耕うんの作業時間や所要エネルギーが大きいこと,耕うん後の土壌が裸地となり土壌浸食を受けやすいこと,雨滴によるクラストが発生しやすく,雨水の浸透や発芽の阻害が起こりやすくなること,地耐力の低下に伴う降雨後の機械作業性が低下する場合があること,などである

---

*本條 均

(三枝,1997：長野間,1998).

　土壌浸食防止と省エネルギー，労働生産性を高めるために，圃場を耕起せずに，あるいは部分耕を行ない，作物を栽培する方法が省力・低コスト栽培技術として注目されている．このような栽培方法は，草地で主に行なわれ，造成の段階から不耕起，あるいは造成時のみ耕起し，以後は不耕起栽培で長期間牧草を栽培するものであった．水田や畑地での不耕起栽培が実用的に可能になった背景には除草剤の発達があげられる．土壌硬度が問題でなければ，耕起による除草の必要はなく，除草剤使用による収量の低下も少ないという(長期不耕起栽培圃場研究グループ,1994).

　水稲の不耕起栽培では，耕起，土壌改良剤散布，代かき，移植，追肥などの作業時間が省力化できる．ダイズでは，コムギ収穫後の後作として，不耕起のままで栽培する方法が行なわれる．農水省農業研究センターが開発した不耕起栽培法では，秋に圃場をプラウで耕起し，春は不耕起でダイズや陸稲を栽培することにより，5年程度は安定した収量と省力効果も得られる(山口ら,1998)．また，水稲不耕起播種体系として，冬季間に数回土壌表面を薄く削耕し，雑草防除と整地効果を得，春には不耕起のままで播種を行なう方法もある．この場合，通常の移植栽培の労働時間14.7時間(10a当たり)に比べ，不耕起栽培では8.4時間と大きな省力効果をあげている．水稲不耕起移植栽培と慣行栽培の比較では，青森県黒石農協では生産コスト低減による所得増が報告されている．また，水稲の不耕起移植栽培と肥効調節型肥料を用

表5.5　育苗箱全量施肥・不耕起移植栽培と慣行耕起栽培の比較

(金田,1995を改編)

年次	処理区	穂数 (本/m^2)	玄米重 (kg/10a)	収量 (%)	登熟歩合 (%)
1993年(低温年)	不耕起区	440	647	104	84.4
	慣行区	405	621	100	86.9
1994年(高温年)	不耕起区	422	623	105	87.8
	慣行区	428	591	100	82.0

供試品種：「あきたこまち」，収量：慣行区に対する相対収量(%)

いた育苗箱全量施肥を組み合わせると，慣行の耕起栽培に比べて，冷夏や暑夏年を問わず安定した収量が得られ，施肥した窒素肥料の利用率も80%と高かった例（表5.5）もある（金田，1995）．

(3) 耕起・不耕起栽培と土壌の保全

不耕起栽培の環境保全的な利点として，土壌浸食の防止効果が非常に大きい（長野間，1998）．作物体の残さが雨滴の衝撃を和らげ，土壌の分散を防ぎ，表面流去水の速度を緩やかにし，土壌構造を保全し，その浸潤性や保水性を維持するからである．ただ，欠点として，土壌硬度の増大による生育不良や湿害発生，肥料の利用効率の低下，除草剤使用量の増大，表面施肥であることによる脱窒，揮散による環境負荷の増大などがあげられている．わが国の黒ボク土や水田土壌では，土壌硬度の増大はそれほど重要な問題とはならないが，アメリカ大陸における大規模な畑作地帯では，次のような問題が起こることがある．

農耕地では，作業機械による踏圧やせん断力，練り返しなどのために，作土直下の土壌の圧縮が起こりやすい．土壌圧縮が繰り返されていくと，団粒構造が破壊あるいは変形され，粗孔隙が少なく，微小団粒，砂，シルトが均一に充填された土層（硬盤）が形成され，植物根の伸張阻害，多雨時の湿害や土壌浸食の原因となる．ブラジル・セラードの大規模畑作地帯で耕起・不耕起栽培での，開墾後1～8年までの土壌硬度分布（深さ60 cmまで）の調査（佐久間，1997）によれば，小麦作1年目では根の伸張を阻害するような硬い下層土は見られないが，3，8年と経過するにつれて，深さ20～30 cm付近に著しく硬化した土壌が発達してきた．この場合の作土層は13～15 cmにすぎないので，開墾後3～5年で下層への根の伸張は阻害され始め，8年経過すると，根群は作土層に限定されるようになる．耕起栽培と不耕起栽培の比較では，不耕起栽培の作土層が浅く，顕著に厚い硬盤が発達していた．このような状態では，有効水量の減少を招き，水ストレス耐性を低下させることになる．

その防止のためには，接地圧の低下，作業回数の制限，防除や収穫作業の効率化などが重要である．機械自体の圧縮圧の軽減，深耕・部分的深耕，心

土破砕などの土壌改良を行なうか,深根性作物,牧草,マメ科作物などとの輪作・混作も有効である.

5.2.3 防風林・防風網[*]

耕地環境制御の活用事例として防風施設(林・垣・網)を取り上げる.防風施設には減風・転向・貯溜,微粒子の捕捉,微気象の調節などの機能があり,また作物の生育・収量増加などへの効果や派生的な効果,および逆に負の効果もあるが,農耕地の風害防止や気象改良・改善の目的で,古くから経験的に利用されてきた.それらの機能・効果について解説する.詳しくは真木(1987)を参照されたい.

(1) 防風施設の減風・転向・貯溜機能

防風林・垣・網は風の流れに対して障害物または抵抗体としての役割を果たし,風速を減少させ,風向を転向させて,風陰となる部分の風を弱める.

(a) 風速の減少(減風)

防風施設は風の持つ運動エネルギーを奪って地中に逃がす一方,運動エネルギーを熱エネルギーに変換する作用を果たす.したがって,風は失った運動量だけ弱まる.弱められた風の領域は風下側に長くは続かないで,次第に風速が回復するが,これは風の乱れにより風の強い領域から運動量が拡散するためである.

防風施設による効果範囲は風上側 $-5H$(高倍距離,防風施設高度 H の倍数で表わした距離で,風上側をマイナス,風下側をプラスで表わす)から風下側 $20H$ であり,幅を持たせると $-7\sim-2H$ から $10\sim30H$ までとなる.なお,最低風速発生域は $1\sim10H$ である.これらの数値は,防風施設の密閉度,風速の強弱,風向,乱れの強さ,安定度などによって少し変化する.

防風施設による減風効果例として,水田防風網(網高 $H=2$ m,密閉度50%)の観測結果(真木,1987)を選び,図5.10のAに風速の水平分布,Bに垂直分布,Cにイソプレット(等風速)分布を示す.$0.5H$ 高における防風網による減風率(基準点 $-20H$,$0.5H$ 高)をみると,風下側 $2H$ で最低の40

---

[*] 真木太一

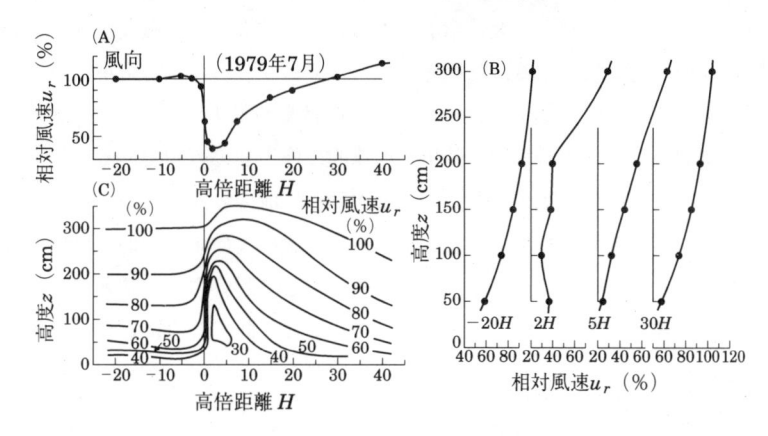

図 5.10　防風網による風速の (A) 水平, (B) 垂直, (C) イソプレット分布
　　　　（真木, 1987）
　　防風網: 寒冷紗 110 番網, 密閉度 $D=50\%$, 網高 $H=2$ m, 北海道長沼町

% の相対風速を取り, $30H$ で風速が回復する. 垂直分布からは基準点と $30H$ での高度に対する対数分布, $2H$ の網高 2 m 以下での等風速分布, $5H$ での直線分布である. 水平・垂直分布を合せた等風速分布（基準点 $-20H$, $1.5H$ 高）からは, 30 % 以下の弱風域と風速の回復状況が判る.

(b) 種々の条件による減風の差異

　隙間のない場合を密閉度 100 % とし, 障害物のない場合を密閉度 0 % とする. 密閉度 (D) による減風効果の差異は, 野外における防風林での観測結果では過密な林帯で減風率が高いが, 風速の回復が早い. 落葉した広葉樹の林帯では密閉度が低いために減風率は最も低く, 疎な林帯では減風率はかなり低い. 最適密閉度の林帯では減風率はかなり高く, しかも風速の回復は最も遅く, 効果範囲は広い.

　一般に密閉度が小さいと, 減風も小さく, 風下への効果範囲も狭い. 逆に密閉度が高過ぎると, 風下直後では風は弱くなるが, 密閉度が約 80 % 以上では明らかに逆風となって渦が発生し, 風速の回復は早い. 多くの実験, 観測によると, 減風率も高く効果範囲も広い最適密閉度は, 一般に防風林, 防風垣では 60〜70 % であり, 防風網では 50〜60 % である.

防風施設の高さ，長さ，幅が増加すれば効果が拡大する．風速が強いと効果範囲は相対的に狭くなる．防風施設の形状では，いわゆる防風垣タイプの角ばったものが効果が高く，丸みのあるものはやや効果が低い．また連林・連垣・連網のように連続すると効果が加算的に作用して有利である．防風施設の下方を一般に少し空けるが，これは過度な気流の停滞を防いだり，ある程度減風し，効果範囲を広める意味がある．防風施設の末端や切れ目では強風化することがあるが，袖・副防風施設を設定して対応する．防風施設に斜風が吹く場合には効果が狭くなるため，できるだけ防風施設に対して直角に当たるようにする．

(c) 空気の滞溜

冷気流は斜面の上方から下方に流下するため，傾斜面の上方・風上側に密閉度の高い防風林があると冷気流はその防風林の風上側でせき止められるか，または幾らか流下方向を変えることができる．この現象を利用することによって凍霜害を軽減できる．とくに霜道となるところでは効果が高い．その逆に農地の下方に防風林とか土手などがある場合には，冷気の停滞を招き，返って霜害を受けることになる．したがって，防風林，防風垣の下層部の枝払を行ない，また防風網では下層部を若干空けて冷気が流下するようにすると無難である．

(2) 微粒子の捕捉

防風施設は霧，塩分，雪片，砂，粉塵などの微粒子を捕捉する機能があり，とくに海岸防風林では海霧を防止し，除塩機能によって潮風害の軽減作用を有する．

(a) 霧粒

夏季にやませ風地帯および北海道の南東部の偏東風地帯では海霧を伴った風が吹き，農作物に冷害を発生させる．この霧を防風施設によって捕捉沈着させ，雫として落下させると，防風施設の風下側では視程はよくなる．また，内陸に入るにつれて霧が少なくなり，日射があると急速に霧は消散することになる．防霧効果によって日射量が増加し，日照時間も増加する．

(b) 塩分

　防風施設は気流中の塩分を捕捉する機能を有する．台風や強い低気圧に伴って海から吹く風のなかの塩分を防風林，防風垣の枝葉や防風網の網糸が付着，落下させて潮風害を阻止することができる．クロマツ，ダンチクなどの防風林・垣が有効である．防風網でもかなりの効果があり，柑橘では$0.4 \sim 0.5 \mathrm{~g/m^2}$の塩分付着量で被害が発生し始めるが，防風垣によって潮風害が減少する．

(c) 雪片

　防風林・垣は風のなかに含まれる雪粒子を捕捉する作用があり，防雪施設として機能する．ただし，防風施設の風下側に雪のドリフトが付着するため，種々の条件を考慮して防風施設の配置には注意が必要である．

(d) 砂粒

　防風施設は砂粒子，土壌粒子を捕捉する機能を有する．これには防砂機能で土壌の風食防止効果がある．防風施設は枝葉に当った土，砂粒子を樹間，株間に落下させて堆積させるとともに，風下側にも堆積させる．

(e) 粉塵

　防風施設には粉塵を捕捉する機能がある．とくに防風林・垣では効果が高い．防風林は塵埃をその枝葉に付着，沈着させる機能があり，これによって大気汚染物質としての微粒子を減少させ，空気を浄化する．

(3) 微気象の調節

　防風施設には主として，① 昇温，② 湿度上昇，③ 蒸発散量減少，④ 土壌水分増加，⑤ 日射・日照増加などの効果がある．例えば，冷温，低温に対しては昇温作用があり，一方，逆に高温に対しては降温作用がある．すなわち，温度較差を小さくする作用，いい換えれば気候緩和機能を有する．

(a) 昇温効果

　防風施設は，一般的には防風保護域を昇温させる機能を有するが，上述したとおり条件によってはその逆の場合もある．

　晴天・曇雨天日の水田で密閉度50％の防風網（$H = 2 \mathrm{~m}$）を用いた場合の水温，葉温についての水平分布によると日平均では$-5 \sim 20H$で昇温してお

り，最高昇温域は 2〜5H 付近である．晴天日には表面水温の昇温が約 2.5 ℃ にも達し，また曇雨天日でも約 1 ℃ 昇温している．また，連網の場合には図 5.11 に示すとおり，表面水温 t_w で最高 1.6 ℃，t_l で最高 0.6 ℃ の昇温が顕著に認められる．なお，2列目では平均の水温が加算的に上昇している（真木，1987）．

草地で，密閉度 50％ の防風網（$H = 0.5$ m）を用いた場合の観測結果における表面葉温の水平分布によると，晴天日の昼間の最高昇温は大きく 4〜5 ℃ もあり，夜間は小さく約 0.5 ℃ であった．また，曇雨天日にも約 1 ℃ の昇温が認められた．一方，防風網の直前・直後で網下を空けていることによる強風化のため，若干低温化することがあった．ただし，日平均値では昇温が認められた．

群馬県薮塚台地の裸地畑における表面地温の水平分布によると，日中は昇温が大きく夜間，とくに早朝では気温および地表面付近の地温は基準値よりも低温となることがあった．ただし，地下 15 cm 以下では昇温しており，また日平均では全層にわたって防風区が高く，効果が認められた．

このように平均的には昇温効果が認められる．日中は昇温が大きい一方，夜間には，とくに裸地の防風区では温度低下を引き起こすことがあるため，冬季や春・秋季に霜害が発生することがある．防風区では土壌が湿っておれば逆に高温の軽減になるが，夏季では土壌が乾燥している場合に日中の温度

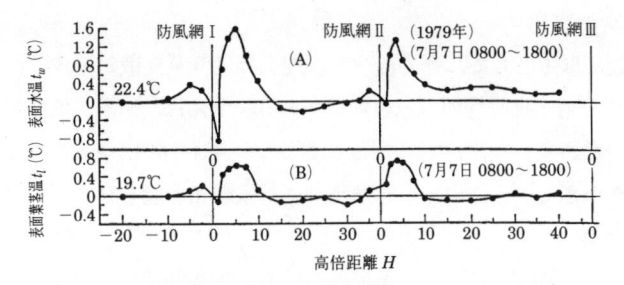

図 5.11 水田防風網による表面水温（t_w），表面葉茎温（t_l）の水平分布（真木，1987）
防風網：寒冷紗 110 番網，密閉度 $D = 50\%$，網高 $H = 2$ m，北海道長沼町

が上がり過ぎる場合がある．また乾燥地では夏季に防風施設があると却って高温となり，土壌からの蒸発量が増加して水利用上，逆効果となり，作物は高温障害を起こすことがある．

(b) 水分条件改良効果

一般に湿度上昇，蒸発散量減少，土壌水分増加の効果が認められる．防風施設によって一般的には風下側で湿度が高くなり，蒸発散量は減少し，水利用効率は高くなる．作物に対しては気孔抵抗は小さくなるが，蒸散は減少する．また，土壌に対しては土壌水分が増加する．

蒸発量の観測結果で，図5.12（Skidmore & Hagen, 1970）のように間隙率40, 60％では風下側$12H$まで10～30％の蒸発量の減少が認められる．また密閉度100％の防風垣の直後ではかなり大きい蒸発量の減少を示すが，回復が早く，相対的に効果が低い．このように防風施設には蒸発量の制御効果が認められる．

以上のように，防風施設は温度環境を緩和し，改良調節する作用を有する．

(4) 作物の生育，収量などへの効果

防風施設は減風，昇温などの気象改良・緩和機能を有する．そのため，防風区での作物の初期生育を促進し，多くの場合に収量の増加と品質向上をもたらす効果があり，その結果，安定生産が可能となる．

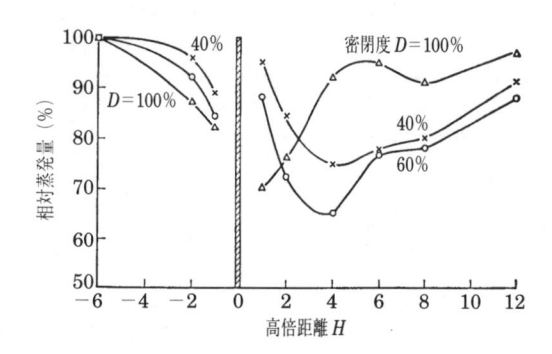

図5.12 防風垣の密閉度に対する相対蒸発量の水平分布（Skidmore & Hagen, 1970）

(a) 作物の生育促進

防風網（網高 $H = 2$ m，密閉度 50 %）による生育の促進に関して，北海道の水田地帯における水稲の草丈，茎数の増加例を図 5.13（真木，1987）に示す．$5H$ 付近で草丈が 15 cm 増加し，また連網のために風下 $10H$ 以降においても $35H$ まで連続的に 5 cm 高くなっている．茎数では $5H$ 以後で連続して約 4 本の増加を示しており，いずれも顕著な効果が認められる．

また，北海道におけるヤチダモ防風林（樹高 $H = 13$ m，密閉度 60 %，林帯幅 50 m）による水稲の生育（泊ら，1980）では草丈，茎数ともに $3.8H$ で効果が大きく，草丈で約 7 cm 高く，茎数で約 4 本多くなり，また $10H$ 付近でも草丈で約 1 cm，茎数で約 2 本多くなっている．また，幼穂形成期と登熟期は，それぞれ 2 日と 3 日早くなっており，防風林の効果が顕著に現われている．とくに北海道のような冷涼地では冷害軽減効果が明確に認められる．

(b) 作物の収量増加

さらに作物収量について，アメリカ大平原での畑作物の場合，模式化した図 5.14（Stoeckeler，1962）に示すように，収量増の範囲は $2 \sim 12H$ で最大 50 % となっている．

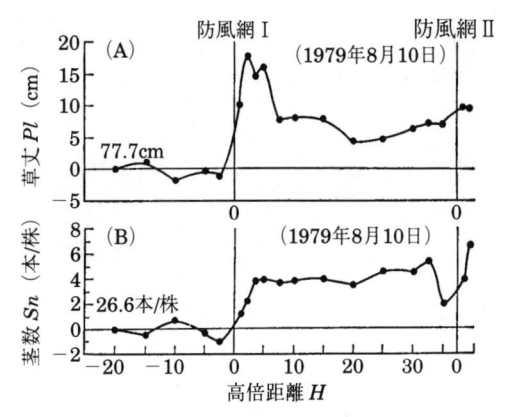

図 5.13　防風網による草丈 (Pl)，茎数 (Sn) の水平分布（真木，1987）
防風網：寒冷紗 110 番網，密閉度 $D = 50$ %，網高 $H = 2$ m，北海道長沼町

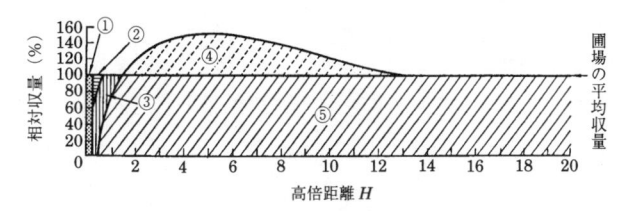

図5.14 防風林による作物の増収・減収領域とその割合
(Stoeckeler, 1962)

領域 ① 圃場の末端での不耕作による減収領域
領域 ② 圃場の末端での自然減収域
領域 ③ 防風林による養水分の競合による直接減収域
領域 ④ 防風林による直接増収域
領域 ⑤ 圃場の平均収量域
領域 ④−③ 防風林による純増・減収域である．これらの増収，減収面積が全体の面積に対してどの程度であるか，実際の作物を想定して収益計算を行なう必要がある．

作物の生育は，防風施設が作った良好な環境下で一般的には促進される．とくに初期生育は，促進されるが，葉菜類以外の果実や種子を収穫する作物（果樹，果菜類，穀類の一部）や冷涼作物の根菜類（ダイコン，カブ），イモ類（ビート，ジャガイモ）などでは効果がはっきり出ない場合がある．

(5) 派生的な効果およびマイナスの効果

防風施設には主要な効果以外に派生的な効果が幾つかある．一方，その同じ防風施設によって負の効果や思わぬ不利益が発生することがある．

(a) 派生的な効果

防風施設には減風，風向転換，微粒子の捕捉，微気象調節，作物生育促進・収量増などの種々の機能がある．水食害防止，干害防止，病虫害防止，防音効果，防火効果，日陰の利用，各種物質の提供，美観・景観の保持，場所の提供などがある．

(b) 防風施設のマイナスの効果

防風施設には，逆風に伴う気象改良効果があり，また強風害，潮風害，乾熱

風害，寒風害，風食害，吹雪害，冷風害，移流霧害，冷気流害，汚染気流害などの気象災害の防止・軽減によって農業にプラスの効果があるが，その反面，マイナスの効果もある．そのマイナスの効果として，例えば耕地面積を減少させ（つぶれ地），日陰を作り，作物と養水分の競合を起こし，作業能率を低下させ，管理費の増加，病害虫の住処となるほか，積雪地帯では吹き溜りを発生させ，融雪を遅らせるなどである．このマイナスの効果をできるだけ少なくすることが望ましいが，この種の性質上，多かれ少なかれ存在する．

5.2.4 防霜 *

本節では，防霜についての耕地環境の制御・改善事例を述べる．

前日まで鮮やかな黄緑だった新葉，新芽，新莢やほのかにピンクがかった花芽が，晴夜の僅か数時間の冷気により朝には黒褐色に変じて枯死してしまう，それが凍霜害である．被害額は凍霜害発生年には日本国内で数十億〜数百億円にも達する．毎年発生するとは限らないこともあって，凍霜害の農業災害に占める割合は必ずしも大きいとはいえないが，被害農家個々にとっては甚大な損失である．防霜法としては，燃焼法，被覆法，防霜ファン法，散水氷結法などがあるが，ここでは，耕地環境の制御・改善の観点から恒常的な対応が可能な事例として，防霜ファン法にしぼって記述することにする．

(1) 凍霜害をもたらす原因

宇宙からみた地球は太陽の光をうけてブルーに輝き，白い雲の帯をまきつけて，暗黒のなかに浮かんでいる．実は凍霜害はこの光景の裏側（夜間）のある部分でおこる．地球はその表面温度に応じて決まる熱を赤外放射の形で暗黒宇宙に放出している．これが放射冷却で，絶え間なく続く．この作用がなければ地球は灼熱地獄となって生命の存在すら危ぶまれるので，極めて重要な役割である．しかし，晩春から初夏や初秋の夜間の放射冷却の強まりは，畑（園）地に凍霜害（晩霜害・初霜害）をもたらすので，営農上困った作用となる．

凍霜害発生に関する放射冷却の強まりの条件とは，上空5,000 m でおおよ

---

* 鈴木義則

そ−20℃以下の寒冷な移動性高気圧が来て，しかも地上近くの気温も冷涼になるときである．夜間地上近くの気温を低下させるのは地物で，植物がその代表である．それ自身ほとんど放射冷却をしない空気は，放射冷却が進行して体温が下がった植物（地物）に触れることによって冷やされる．重要なことは，このように作物体温が気温よりさらに低温となることである．低温の程度は，天空に逃げる赤外放射量が多いほど，また風速が弱いほど強くなる．

凍霜害は広大な平地でも，盆地でも発生する．盆地の低地部でより被害が大きくなるのは，夕刻から日没後数時間は斜面上部で冷却された空気が下に急速にたまって逃げ場がないこと，その後は放射冷却が進む一方，低地部では風も弱く上下の空気の混合が弱くなるためである．気温の高度分布を測定すると上部で高温，低地で低温という気温の逆転層ができる．上下の温度の違いの程度は，上向き赤外放射量（有効放射量）と風速によって変わる．この気温逆転発生のメカニズムのなかに，防霜ファン法の原理と温度資源がある．

(2) 防霜ファンによる環境改善の例

(a) 原理と設置の方法

防霜ファン法は，放射冷却の強まりによって生じた気温の逆転層内の高温空気を気象資源として，ファンを作動させて高温空気を作物面まで吹きおろして作物体温を危険温度以上に上げる方法で，これには作物にへばり付いている低温気層を吹き払い，葉温を周辺気温まで上げる効果が加わる．

防霜ファンを6〜10 mのポールの先端にとりつけ，作物表面付近にセットした温度センサーで作動（オン）・停止（オフ）させる．作動温度は1℃に設定されることが多い．さらに傾斜畑では，温度センサー取り付け位置を低地部にすることが大切である．防霜ファン法が有効となるのはファンの位置での気温が−1℃以上であることはいうまでもない．それ以下の温度での運転は，凍霜害を助長させてしまう．ここで，凍霜害を受ける農作物は，チャ，モモ，オウトウ，リンゴ，ナシ，ブドウ，バレイショ，ナタネ，その他で，耐凍性は種類やそれまでの気象の前歴によって異なるが，作物体温で−2〜−3

℃である．

(b) 防霜ファンによる環境改善の例

傾斜茶園で降霜があった日の防霜ファン作動前後の茶樹の葉温の発現状態を，熱画像で示したのが**口絵4**である．ファンは傾斜中部から上方にかけて写真の範囲内で5台取り付けられている．ここでポール（電柱）の高さは7m，その先端にファン（直径0.9m）があり，そしてファンは斜め下向き（60度），首振り角度は60度に設定されている．

ファン作動前には，低地部が最低，斜面上部が高温と逆転層が形成されていた（**口絵4左**）．ファン作動開始約30分後には，斜面中部のファンについてみると，直接風が当たっているファンの前方約30m，幅約10mにわたり楕円状に昇温した．そしてさらに，2時間後には直接風が当たっている部分が昇温しているのみならず，傾斜地の全面にわたって昇温していることが示された（**口絵4右**）．これは夜間で温度がさらに低下する方向にあることをみれば，低温化に歯止めがかかった以上の効果がもたらされたことを意味する．茶の葉にはファン作動前には弱い霜がついていたが，作動後は水濡れの状態に変わった．こうなるともう安全である．

ファンのポール位置を基準に風上・風下側にとった距離と葉温の関係をみると，図5.15に示すように，昇温の程度は風下12m位のところで最高となり，その前後で昇温が鈍る傾向を示した．図にはファンの作動30分後と3時間後のデータを示している．風のあたる中心部の平均風速は0時ごろでは2.5〜3m/s，昇温度合は2〜2.5℃であった．株面で間欠的に吹いてくる風速を平均風速で表わして昇温度合との関係をみたのが図5.16である．風速が強いほど温度が高くなるものの，その上がり

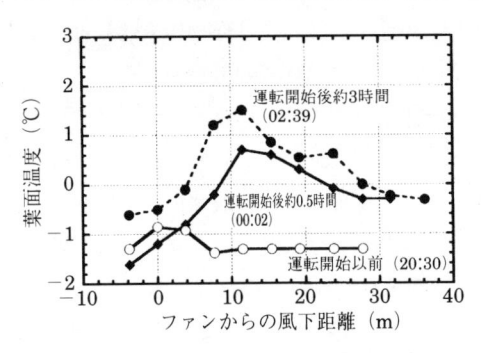

図5.15 防霜ファン作動前後の葉面温度の発現状況（Suzuki *et al.,* 1993）

方は次第にゆるやかになる．ところで，平均風速によって効果を判定するのは難しい．効果はファンの高さにおける気温により変わるからである．概していえば0.5～2.5 m/sの範囲で効果が現われるとみてよい．それ以上の強風は葉面温度に

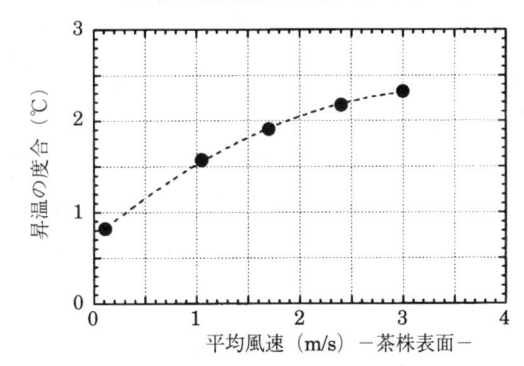

図5.16 葉面温度の昇温の度合と平均風速の関係の一例（Suzuki *et al*., 1993）

ついていえば効率的とはならない．しかし，その谷全体の温度を上げるには役立っているといえる．ここで注意すべき点は，平均風速では3 m/sであっても，首振りにより風に直面する株面の瞬間風速は10 m/sにも及ぶことである．これ以上の風速は植物には逆に悪影響を及ぼすので，極端に強風にすることは避けなければならない．

(c) 防霜ファン法の問題点

高度7 mほどの所の相対的に高温である大気を作物に吹きつけて低温環境を改善する原理からみて，そこには自ずから限界温度が存在する．ファンの高度で対象作物の耐凍性の温度より高温であること，すなわち，温度-2℃以上，安全のためには-1℃以上であることが不可欠である．それ以下の温度でのファン作動は，かえって霜害を助長することになる．

傾斜地での気温の高度分布は，逆転層内では高度に対してほぼ直線的に増加する傾向があるが，その程度は時期や自然の風の強弱によって大きく異なる．一概にはいえないので，実測することが望ましい．また，ファンの風きり音は，住宅の近くでは騒音害になるので注意が必要である．

【例題】図5.17は，低地部から高地部にかけて1人で所有するA茶園で，数本のポールに防霜ファンを設置し，自動運転していたものの被害にあった事例である．これと隣接したさらに低地部をもつ他の所有者のB茶園は，同様な配置のファンのもとで無害であった．日の出前

図 5.17 防霜ファンがあったのにもかかわらず
被害が出た例（Suzuki *et al*., 1993）

　気温が最も低くなったときに園内を見回ったときには両茶園のファンはともに正常に回転しており，そして停止したのは日の出後かなりたってからであった．なお，ファン起動用の温度センサーは両茶園それぞれ 1 個であり，違う場所にセットされていた．
　この霜害の有無をもたらした理由を述べよ．また，その改善法としてどのようなことを考えるか．
【解答のヒント】B 茶園では無害であったことは，そこがさらに低地であることから，低温の程度は下のファンの高さでも −2℃以上の安全圏内であったことを意味する．次に，最低気温発生時にはファンが回っていたので，ファンの故障によるものではない．A 茶園はこれら以外の理由でやられたことになる．傾斜地での気温の発現状態に注目して，解答を導くこと．

5.2.5　寒さ・暖かさの利活用と制御 *

　地域に特有の気候資源を利用することによって，農産物の付加価値を高めたり，新たな農業の展開を図ることは重要である．また，クリーンな自然資源・自然エネルギーを利活用する技術の確立を図ることは，化石燃料消費の

---
* 横山宏太郎

削減など，省エネルギー，地球環境保全にも大きく貢献するものである．ここではその例として，雪・寒さの制御と利用，風穴，斜面温暖帯の利用について述べる．

(1) 雪・寒さと農業

日本は地球規模で見ると雪氷圏の縁辺部に当たり，降積雪の変動が大きい．しかし平均的には，人口稠密地としては世界に類を見ないほど大量の降積雪がある．日本のなかで豪雪地帯特別措置法が適用される市町村は国土面積の52％にも達するが，そのほとんどは農業地帯であり，農業，農村生活への雪の影響は極めて大きい．雪と農業の関わりについては大先達による総説（大沼，1976）があるが，それ以降の克雪の進展とともに，そこで先駆的に提唱された利雪が実現しつつあることは喜ばしい．

雪は耕作期間を制限し，作物や施設に被害を及ぼすなど，一般には農業にとっては制限要因となるが，そればかりではなく利点もある．水田農業にとっては，田植え時期などに雪解け水が供給されるので，貴重な水資源でもある．また，寒冷な地域では冬期間，積雪によって作物を凍害から守ることができる．これらは，いわば雪の特性を自然のままに利用している事例といえる．これに対して，雪を積極的に制御して農業に利用する試みが近年盛んになってきた．その一つが農産物の貯蔵であり，もう一つが作物の生育制御である．寒さも雪と同様，通常は農業にとっての制限要因である．そのままでは利用が難しいが，氷として蓄えるなどの方法によって，冷熱源としての利用が図られている．

雪は気温，日射などと同様に気候資源の一つであり，毎年もたらされる再生可能で枯渇の恐れがない資源である．雪は広範囲に分布するが，その賦存密度は低い．また，先に述べたように変動が大きく，安定した供給が確保できないことにもなる．しかし他の気候資源に比べると，保存，加工，輸送が容易という利点がある．

物性として，雪は0℃以下で存在し，融解時に融解熱を吸収するので冷却能力をもつ．また，断熱性も優れている．このため，積雪となって地表面を覆った場合はそこに特殊な環境（積雪環境）を形成する．とくに積雪下には，

温度 0 ℃，湿度 100 %，暗黒，高 CO_2 濃度といった条件で，植生，作物を含めれば積雪生態系というべき特徴的な環境が形成される．

このように雪の特徴の多くは，利雪・克雪両面からみて表裏一体の関係にある．したがって雪を不要なところから排除し，必要なところへ輸送して，保存・利用すれば効率がよい．すなわち，制御と利用の両方の技術を有機的に結合するのが一つの理想である．

(2) 雪と寒さの制御

(a) 融雪促進技術

積雪があると耕作が開始できず，農業生産には大きな制約となる．道路などでは機械除雪が一般的であるが，広大な農地を除雪するには大量の機械力，すなわち経済的負担を要するため，融雪を促進する方法がとられる．その一つは雪面黒化法で，日射の吸収量を増大させるものである．散布する資材には古くは灰，土などが用いられたが，最近ではカーボンブラックなどの資材が用いられる．もう一つは雪面畝立て法で，雪面に畝状の起伏を作り，空気に対して粗くすることで大気から雪面へ伝わる熱を増加させる．

村松 (1987 a) は上記二つの方法の効果を実験的に検討した．幅・高さとも 60～70 cm の畝を作ると，日減雪深 (1 日当たりの雪面低下量) は 40～50 % 増加した．融雪資材を用いる場合，散布量の増加とともに効果は高まり，10 a 当たり 80～100 kg の散布で日減雪深は無散布に比べ 27～28 % 増加する．しかしそれ以上散布量を増やしても，同 200 kg で 33 % 増加と，効果はそれほど大きくならないので，緊急度を考慮して散布量を決定すべきである．両方を併用すれば効果は高まる．村松 (1987 a) は実験結果から北陸地域の 100 を越える地点について，根雪消雪日と消雪促進可能日数を推定できる図を作成している．一例を図 5.18 に示す．また，城岡ら (1993) は北海道について，アメダスデータやメッシュ気候値を用いて，根雪消雪日と融雪促進可能日数を推定する手法を開発した．これらにより，計画的に資材散布をすることができるようになった．

(b) 融雪抑制技術

雪の長期利用を図るためには，大量に集積することと，融雪を抑制するこ

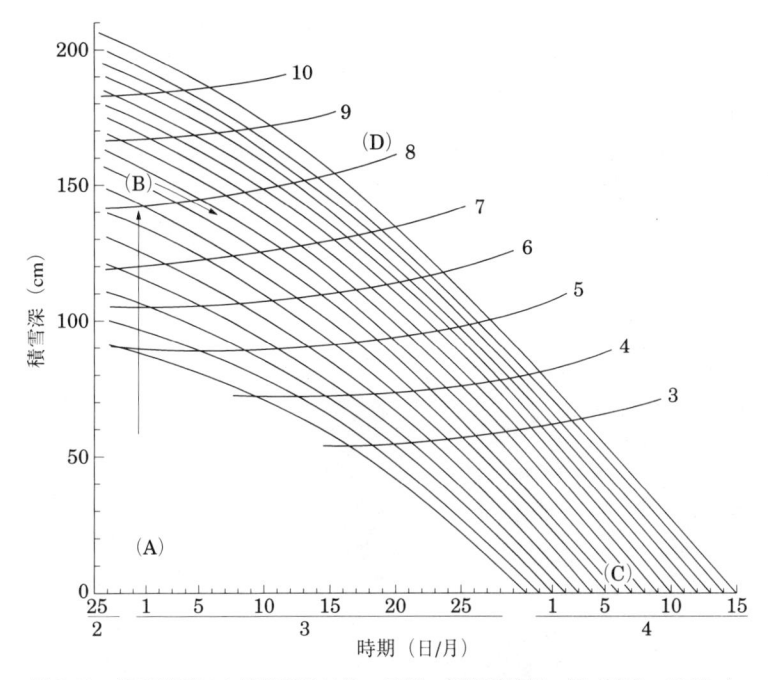

図 5.18 根雪消雪日と消雪促進日数の予測,新潟県津川の例(村松,1987 a)
この例では,予測日 3 月 1 日 (A) に積雪が 150 cm (B) あった場合,対応する曲線を横軸に交わるまでたどった 4 月 6 日 (C) が予測される消雪日である.また,同日に融雪資材を散布した場合には,対応する曲線の示す 8 日間 (D) 程度の消雪促進が期待される.

とにより,保存期間を長くする技術がある.融雪抑制は,雪冷熱のコントロールと同じことであり,外部からの熱の供給を抑えることが必要である.そのためには,籾殻やアルミ蒸着シートなど断熱性に優れた資材で被覆する方法が効果的である.雪の融解にともなって断熱材との間に空間ができると,対流によって熱が効率よく伝わって融解が加速されてしまう.また,断熱材の不均一はいったん生じると次第に拡大し,融雪を早める.ゼラチンを主成分とする泡で雪を被覆する方法も提案された(梅村ら,1987).対馬ら(1991)は数種類の断熱材を比較する貯雪実験を行ない,ポリ袋に詰めたモミガラでよい結果を得た.ほかの資材では不均一が起こりやすかった.大規

模な貯雪を行なう場合には，被覆資材の使用後の処理も考えておくべき問題である．

(c) 雪圧縮成形技術

雪を冷熱源として集積したり，構造材料として利用するには圧縮成形する技術が有効である．また，これは除排雪と兼ねて行なうことができるので効率がよい．媚山ら (1993) はシリンダーとピストンで雪を圧縮する「雪氷変換機」を開発し，$300〜700 \text{ kg/m}^3$ の範囲の乾き雪を圧縮して，平均 900 kg/m^3 に近い密度とした．これに対して，宮崎ら (1995) は操作が簡単で連続的に作業できるスクリューフィード方式の雪圧縮機を開発した．圧雪塊のぬれ密度は平均 910 kg/m^3 に達した．機械としては小型にでき，経済性，機動性に優れる．大黒ら (1996) は，農用小型トラクタに装着し，自走しつつ作業できる雪圧縮成形処理機を開発した (図5.19)．成形雪の形状は直方体である．除雪を兼ねて雪ブロックを作成できる．

図5.19 雪圧縮成型処理機 (小林 恭 氏 提供)
農用トラクタの動力出力を利用して油圧により圧縮する．取り込んだ雪を前・左右・上の順に圧縮し，$30 \times 30 \times 60 \text{ cm}$ の雪ブロックに成形する．雪ブロック1個の質量は 30 kg 前後になる．

(d) 冷熱蓄熱

北海道のような寒地では十分な自然冷熱があり，それを効率よく蓄積するためには，水―氷の相変化を利用し潜熱の形で蓄積する．すなわち水を少しずつ散布しながら自然の寒気により凍らせる．水の供給方式などにより様々な手法があるが，ここではアイスポンド方式を紹介する．小綿ら (1993)，小綿・佐藤 (1993) は散水を制御し，自然冷熱を自動的に蓄熱する技術を開発し，そのシステムを農産物の長期貯蔵に利用する方式を示した．散水の制御には，従来凍結速度の予測に用いられていた積算寒度 (零下の気温の積算値)

だけでは不十分であったので，気温と風速から導く新しいパラメーター TWIN（温度－風速積算値）を提案しその有効性を示した．これは，ある風速における気温が無風時に比べ何倍大きく凍結に寄与するかを「寒度評価値」とよび，零下の気温にこの値を乗じて積算するものである．寒度評価値は風速が0では1.0，風速が3 m/sでは3.2という値をとる．

(3) 雪と寒さの利用

利雪への動きは1980年代に入って活発になってきた．新潟県湯之谷村，岩手県沢内村，山形県舟形町などで利雪の試みが実を結んでいる．とくに農産物の雪中貯蔵が盛んとなり，現在では実用化された技術として，各地で取り入れられている．さらに消費者の自然志向をとらえ，また地域興しの動きと重なって，日本酒の雪中熟成など特産品にさらに付加価値をつけるために利用されてもいる．しかしその機構は必ずしも明らかになってはいない．それだけに，一過性の人気に終わらせない工夫が必要となろう．

(a) 雪中貯蔵

野菜を雪中に貯蔵して冬の食品とすることは，昔から民間で行なわれてきた．その方法には2通りあり，一つは野菜を畑に植えたままで積雪に埋没させ，後に掘り出して収穫するもの（雪下かんらんなど）と，もう一つは収穫後の野菜を集積して雪に埋められるのを待ち，雪下で貯蔵するもの（いわゆる「むろ」または雪室）である．村松（1987b）はとくにむろの技術に着目し，長期にわたる実験を行なって雪室内の環境条件を明らかにするとともに，貯蔵野菜の品質を検討し，糖度と水分含量が増大することを見いだした．ついで技術の実用化

図5.20 雪むろを覆う雪の外観（7月）（村松謙生氏提供）
野菜をいれた「むろ」を雪で覆い，融雪を抑制するためアルミ蒸着シートなどで覆ってある．

試験を行ない，その後の発展の基礎を作った．ここでは主に村松の報告（村松，1987 b）によってその特徴を示す．

基本的な方法は，野菜を断熱性のある構造の「むろ」に入れ，積雪が室を覆うのを待つ．積雪期間中は室の内部は温度 1～2 ℃，湿度 95 ％ 以上という貯蔵に好適な条件となる．稲わらを用いた室ではネズミの食害が発生したが，コンクリートブロックと断熱材を用いたものが積雪開始前の室内条件が安定しており，適切であった（図 5.20）．導入時には，以下の点に注意すべきである．

① 気候条件

積雪，気温についての気候条件を確かめる．積雪が少なく低温であると凍害を受けやすくなるため，適切な断熱処置が必要となる．室方式は，気温が 0 ℃ 前後で積雪が数 10 cm 以上という北陸に適した方式である．

② 貯蔵開始時期

貯蔵開始前に凍霜害を受けないためにはなるべく早く貯蔵を始める方がよいが，室に野菜をおさめてから積雪に覆われるまでに減耗や品質低下が進むため，その時間は短いほどよい．積雪開始の予測はいまだに難しいため，ある程度のリスクをともなう．

③ 野菜の品質・状態

貯蔵開始時に適切な熟度で高い品質が得られるように，作期を調整することが必要である．ダイコン等では，貯蔵中の減耗を防ぐため茎葉を除去する．また，傷を付けないようにして洗浄する．

④ 積み込み方法

ハクサイやキャベツなどでは積み重ねたり，接触したりすると腐敗しやすい．

⑤ 貯蔵期間

野菜の種類により大きく異なるので，出荷時期などを考慮して計画を立てる必要がある．

(b) 抑制栽培

積雪の保存，雪室や雪冷熱を利用して低温環境を作り，これによって作物

の栽培を抑制して出荷時期を調整するものである．例えば新潟県高冷地農業技術センターでは農業における雪利用に取り組み（後藤，1988），パイプハウスを利用して雪室を作り，コゴミ根株（7月下旬まで），タラノキ穂木（10月まで）を長期に保存したのちに伏せ込む抑制栽培を行なった（樋口ら，1993）．また，圃場の積雪をモミガラとアルミ蒸着フィルムにより覆って消雪を遅らせ，ウド（30～55日），イチゴ（30～40日）やユリ（2週間～45日）の作期を遅らせた（小田切ら，1994）（図5.21）．これらの成果をもとに，現在では実用化されている事例も多い．

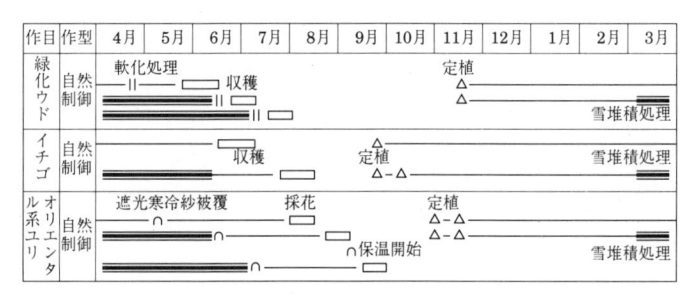

図5.21 消雪時期の調節による緑化ウド，イチゴ，オリエンタル系ユリの長期栽培の作型図（小田切ら，1994）
積雪表面を断熱性のある資材で覆うことにより融雪を抑制する．

（4）風穴の利用

特殊な地形によって冷気の吹き出す穴が風穴（ふうけつ）とよばれるものである．溶岩地帯，石灰岩地帯や岩屑の堆積した地形などの，空隙の多い構造に由来するもので，一般には地中で冷やされた冷気の吹き出し口を指している．人里に近く利用しやすい風穴は，古くから知られているものが多いと思われるが，地形的な特徴や局地的な植生の違いに注目して探索すれば，新たな風穴が見つかる可能性はある．夏期に周囲の気温よりも低い温度が得られるため，直接いわば天然の冷蔵庫として用いたり，冷気を貯蔵施設に導いたりして，古くから様々に利用されてきた．

風穴の形成機構として，一般的には地中温と外気温との差による対流で説明される．真木（1998）は山形県天童市のジャガラモガラ風穴を調査し，蒸

発潜熱による冷却が風穴内に氷体を長期間維持し，それによって冷気流が安定して生成されることを推論している．

(5) 斜面温暖帯の利用

放射冷却が起こると，斜面上で生成した冷気は斜面を流れ下り，下部の盆地などに冷気湖を形成する．冷気湖より上の斜面では，高度とともに気温が低下する．したがって，斜面上では冷気湖の上端付近が最も気温が高いことになる．このようにして斜面中腹に現われる温度の高い部分を斜面温暖帯とよぶ．放射冷却が起こりやすい冬でも低温になりにくいために，凍霜害を避けることができる．これを利用して，果樹の栽培などが行なわれている例がある．

このような特徴を持つ地帯を判別するには，地形条件からおよそ推定することができるが，人工衛星のデータや，サーモグラフィーによる測定によって実態を把握し，それに基づいて利用計画を立てることが望ましい（黒瀬・林，1993：黒瀬，1996）．

5.2.6 暑熱対策[*]

1998年の夏，日本各地で猛暑による家禽家畜の熱死が多数発生した．これは熱死という最悪事態であったが，それに及ばないまでも生理障害レベルの影響の広がりには非常に大きいものがあった．このように家禽家畜に対する夏季の暑熱ストレスの改善は，わが国においては，暖地の九州にとどまらず東北地方や場合によっては北海道でも問題となる農業気象上の研究課題である．

本節では，暑熱対策として畜舎の生産環境の改善事例を述べる．牛についてみると，夏季の放牧は西日本では高冷地を除いて暑熱の影響が大きいとしてなされずに，舎飼いとなっているところも多い．動物の心理はわからないが，畜舎での様子を見た限りではそれがベストとは思われない．なるべく自然に近い状態で飼育することを基本に，改善事例の紹介としては，新たなるエネルギーの多量投入を必要とするものは除き，ごく簡単な方法に焦点を合

[*] 鈴木義則

わせる．エネルギーでもってエネルギーを制するやり方は堂々巡りで，地球に優しい方法ではないからである．あくまでも，自然界のなかにある原理や仕組みを利用するものが望ましい．大げさに書いているが，その実，古来の打ち水を使おうという単純なものである．簡便な暑熱対策として水の相変化，すなわち，気化に伴う低温化とそれによる熱放射の低減を活用するものである．ただし，打ち水を受ける物質には特徴がある．産業廃棄物を利用して作った保水性セラミックタイル（以下保水タイルと略す）である．

(1) 屋根に対する打ち水効果の発現機構

　水は気化，すなわち，液体から気体に変化するときに熱を奪う．ここでは自然が用意してくれたその原理を利用して冷却面の創出を図る．現実には保水タイルという特殊な素材を介して，日中数時間オーダーで間欠的に給水を行ない，気化現象を持続させるのである．そのとき表面温度は次の熱収支で述べる内容により，昇温が抑制される．そして，その保水タイルの温度が体表面温度より低温になれば，熱放射が進むことになり熱ストレス改善効果へとつながる．

　熱収支法はエネルギー保存の法則にベースをおくもので，前出の式(2.8)(2.2節)で表わされる．これによれば，正味放射量 Rn が大きければ大きいほど昇温となりやすいこと，一方，Rn が同じなら顕熱伝達量 H と潜熱伝達量 lE の大小関係でそこの気温，あるいは表面温度には大きな差が出てくることがわかる．$H > lE$ なら暑さを感じ，$H < lE$ ならさほど昇温を感じなくてすむ状態である．両者の比 (H/lE) がボーエン比といわれるもので重要な値である．この値が大きければ昇温する方向になり，小さければ昇温が抑制される方向になる．したがって，暑熱環境を改善しようとすれば，遮光施設をつくって受熱 ($Rn > 0$) 量を減少させたり，顕熱伝達量を潜熱伝達量に振り向ける割合を増大させたり，蓄熱分 (G に相当) を減少させればよい．

　次に，対面する部位同士は相互に熱放射を行なうので，このとき家禽家畜が涼感を得るためには，周辺に対して体表面から熱放射がなされることが必要である．ステファン・ボルツマンの法則により放射エネルギー量の大小関係を検討することになる．Ea，$εa$，Es，$εs$ をそれぞれ家禽家畜の体，周辺

環境からの放射エネルギー量，長波（赤外）放射の射出率，Ta，Ts をそれぞれ家禽家畜の体，周辺の表面温度とすれば，

$$Ea = \varepsilon a \sigma Th^4 \tag{5.6}$$
$$Es = \varepsilon s \sigma Ts^4 \tag{5.7}$$

ここで，σ はステファン・ボルツマンの定数である．

暑熱環境の改善は，$Ea > Es$ の発現状態から評価されることになる．

(2) 簡易片流れ屋根式牛小屋の熱放射環境の改善

この牛小屋は，片流れの屋根に保水タイルを敷設しただけで，側壁は柱のみで完全開放となっている．高さは約2.5〜2.2 m，屋根の広さ5 m×3 m（色はベージュ）で，南北に長くなるように置かれている．対照区には遮光施設として一般によく使用されているトタン屋根（サイズは同一，色はブルー）を併設している．床面は自然草地である．供試した牛は，ホルスタイン種の子牛2頭で，体重はほとんど同じ約165 kgである．実験小屋に入れておくのは10〜16時で，1日交替で保水タイル屋根とトタン屋根を経験させた．

1枚の金属製屋根からは晴天日中下向きの熱放射が著しいのが一般的である．熱ストレスの軽減方法として，保水タイル屋根面上での気化冷却によるそれ自身の温度低下が，どのような影響を加えるのか，牛の体表面との間の熱放射収支に着目して述べる．

(a) 屋根面温度や気温の発現特性

トタン屋根と保水タイル屋根の夏季の表面温度の例を図5.22に示す．この日トタン屋根は40℃を越えて最高53℃に達した．これに対して，給水され湿潤となった保水タイル屋根面はせいぜい33℃どまりであり，両者には最大約20℃もの差が生ずる．ここで特筆すべき点は，保水タイルの温度は，直射光を受けているにもかかわらず気温並みの温度になっていることである．

参考のために夜間についても述べると，トタン屋根＜保水タイル屋根となり，日中とは逆の現象となり，その差は2〜3℃ある．これはそれぞれの物体がもつ熱容量に差異があるため，赤外放射による冷却熱量の効き方に差が生ずるためである．なお，牛はこの夜間には別の牛舎に移されていた．

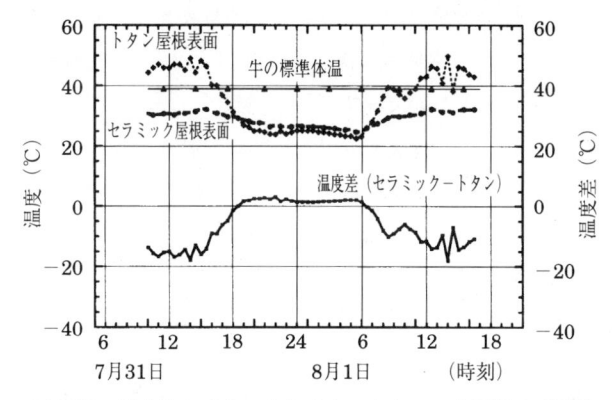

図 5.22 保水性セラミックタイル，トタンの各屋根の表面温度並びに両者の温度差の経時変化－夏季の例（鈴木，原図）
牛の標準体温も模式的に示している．

日中，表面温度差が大きくでることは，保水タイルからの蒸発水量がそこで気化潜熱を奪うためであった．そのときの蒸発水量をみると，0.4〜0.7 mm/hr であった．平均でも 0.5 mm/hr 程度の水で冷却効果がえられるのである．

屋根材の相違によって，表面温度に大きな差があったにもかかわらず，気温には差異はほとんどなかった．これには小屋の構造が関係しており，屋根

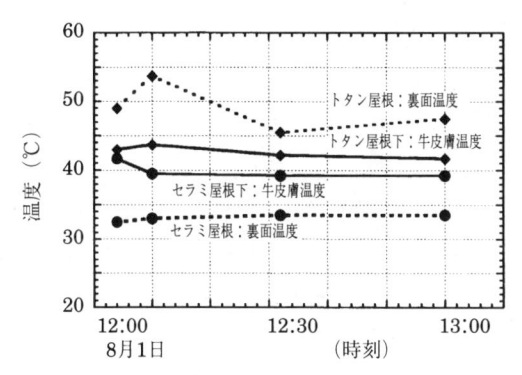

図 5.23 屋根の裏面温度，牛の皮膚温度の保水性セラミックタイルとトタンの相違－8月1日正午付近（鈴木ら，1998）

面の広さが狭い上に側壁がなく,屋根の下側を風が自由に吹走していたためである.屋根に対面する牛体表面温度(背中)は,薄曇で時おり陽光がさす状態であった正午前後において保水タイル屋根区39.2〜39.5℃,トタン屋根区43.7〜41.7℃であり,保水タイル屋根区は牛の標準体温にとどまっていたのに対して,トタン屋根区は4.2〜2.5℃も高くなった(図5.23)(鈴木ら,1998).保水タイル屋根区では熱ストレスがまったくかからないことを意味する.両者とも直射光にさらされない日陰条件下にあったなかでの測定値である.このとき牛体表面温度のみならず,舎内草地面の温度にも差が生じた.

(b) 熱放射量の比較

保水タイル屋根区とトタン屋根区のそれぞれの部位と牛体からの熱放射量を算出し,区間の差を求めた.最も大きな差は屋根で見られ150 W/m^{2}に及んだ.牛体表面での区間差はせいぜい30 W/m^{2}どまりであった.草地も僅かであるが差が生じた.ここで,牛と周囲の物体との放射収支をみる(図5.24).最も強い日射量の時,牛と屋根の間では,保水タイル屋根区は−40 W/m^2,トタン屋根区は+70 W/m^{2}であって,逆の熱放射環境になることがわかった(鈴木ら,1998).プラスというのは牛が熱ストレスを受ける状

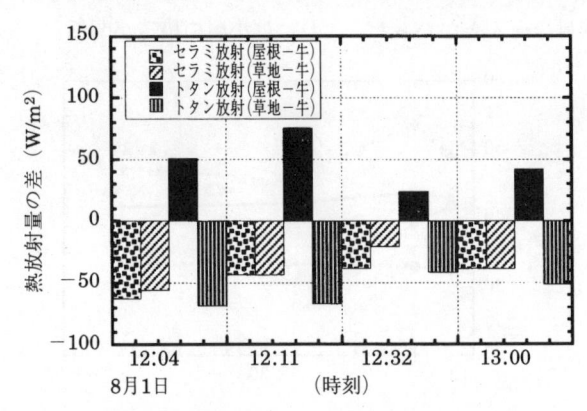

図5.24 屋根面,草地面と牛体の熱放射収支の保水性セラミックタイルとトタンの比較−8月1日正午付近
(鈴木ら,1998)

況で，マイナスはそれがなく涼味すらあることである．この相違は気化冷却効果によってもたらされたのである．牛と草地との間は両区とも$-40 \mathrm{W/m^2}$程度であるが，草地ではこの放射環境に加え，腹ばいになれば地中への熱伝導があるため涼感は増すと考えられる．

(c) 牛の反応の一例

トタン屋根，保水タイル屋根に1日交代（長さは日中の約6時間）でおかれた牛は，上述のように背中への入射エネルギーに大差があった．実験終了時の16時に飲料水を与えたところ，熱いトタン屋根の下におかれたときには約60 lも飲んだのに対して，セラミックタイルの下では20 l以下しか飲まなかった．体が欲した水量にこれほどの差異がでるとは予想できないことだった．

(3) 水の確保

冷却効果をもたらす蒸発水量は平均でも$0.5 \mathrm{mm/hr}$程度であった．基本単位として$1 \mathrm{mm}$は$1 \mathrm{m^2}$当たりでは$1 l (= 1 \mathrm{kg})$に相当するので，$0.5 \mathrm{mm}$の量は$0.5 l/\mathrm{m^2}$である．所要水量は屋根面積に比例する．そこで水の確保が問題となるが，雨量統計からみれば，秋から春までの雨水を貯めるだけで十分である．ハードとしては雨水受けと貯水槽，そして散水ポンプ・散水装置の設置ができればよい．貯水槽が確保できれば，水道水のような高価な水を使用することは避けられる．

以上にみてきたように，水さえ確保できれば，夏季に極端に過湿となる地帯以外，水の相変化を活用して暑熱対策を講ずることが可能である．単なる遮光では屋根自体の高温化を招いてしまうが，保水タイルは冷却板に変じる．そこでは人も牛も夏季日中，熱放射環境の改善により熱ストレスを軽減できるのである．なお，本文では直接は触れていないが，蒸発現象を持続させるには風の存在が不可欠である．空気の沈滞は効果を無くすのである．

もう一例示すと，サウジアラビアの乾燥灼熱地帯であっても，細霧冷房を使うことによってホルスタイン牛の牧場経営に大々的に成功しているとのことである（朝日新聞，1999.3.22）．

【例題】(2)-(c) に示した牛の飲料水量の差異を発汗によるものとみなし，

熱量に換算して保水タイルの有効性を考察してみよ．ただし，水の気化潜熱は $l = 2.50 \times 106 - 2370 \, t \, (J/kg)$，牛の体表面温度は概略 40 ℃ とする．

引用文献

朝日新聞，1999：砂漠の真ん中世界一の牧場．1999. 3. 22.

長期不耕起栽培圃場研究グループ，1994：長期不耕起直播田の土壌及び水稲栽培の実態調査．農業技術，**49**，251 - 256.

後藤　豊，1988：雪むろを利用した貯雪と抑制栽培．日本農業気象学会北陸支部会誌，**13**，3 - 5.

樋口賢治・小田切文朗・金井政人・櫻井　精・小熊正巳・市村恒雄，1993：コゴミとタラノキの雪中貯蔵と抑制栽培．日本農業気象学会北陸支部会誌，**18**，19 - 20.

金田吉広，1995：水稲の育苗箱全量施肥・不耕起移植栽培法，庄司貞雄 編「新農法への挑戦」，博友社，203 - 218.

小綿寿志・佐藤義和・奈良　誠，1993：アイスポンドによる自然冷熱蓄熱技術の開発（Ⅰ）．農業施設，**24** (1)，21 - 30.

小綿寿志・佐藤義和，1993：アイスポンドによる自然冷熱蓄熱技術の開発（Ⅱ）．農業施設，**24** (3)，3 - 11.

黒瀬義孝・林　陽生，1993：四国地域を対象にした熱画像情報による冬期・放射冷却条件下の気温分布の把握．農業気象，**49** (1)，11 - 17.

黒瀬義孝，1996：局地気象の計測手法について．日本農業気象学会耕地気象改善研究部会第13回研究会講演論文集，8 - 19.

真木太一，1987：「風害と防風施設」，文永堂出版，pp. 301.

真木太一，1998：ジャガラモガラ風穴・盆地の地形，気象および植生の特徴．農業気象，**54** (3)，255 - 266.

村松謙生，1987a：北陸地域における根雪消雪日の予測と消雪促進可能日数の推定．北陸農業研究資料，**17**，1 - 127.

村松謙生，1987b：野菜の雪中貯蔵方法とその実証．北陸農業試験場報告，**29**，75 - 94.

媚山政良・小山敏広・鷲谷和夫・谷藤　毅・谷藤耕二・木村與助・松尾岳史・豊川　剛，

1993：往復動式雪氷変換機の特性と性能(第1報)基礎特性および充填雪密度による影響について．雪氷，**55**，107 - 112.

宮崎伸夫・原田俊之・近藤　茂・長谷見達雄，1995：小型雪圧縮機の開発と作成した圧雪塊の実用性についての研究．雪氷，**57**，149 - 154.

長野間宏，1998：土壌不耕起管理の意義．農業および園芸，**73**，171 - 176.

内藤文男，1994：被覆・保温資材の種類と特性，日本施設園芸協会編「三訂 施設園芸ハンドブック」，日本施設園芸協会，94 - 105.

日本施設園芸協会，1981：「園芸用施設安全構造基準(暫定基準)改訂版」，日本施設園芸協会，pp. 68.

日本施設園芸協会・21世紀施設園芸研究会監修，1996：「最新施設園芸用被覆資材」，園芸情報センター，pp. 189.

小田切文朗・金井政人・市村恒雄・樋口賢治・渡辺　勧・櫻井　精，1994：雪堆積による緑化ウド，イチゴ，ユリの栽培時期調節．日本農業気象学会北陸支部会誌，**19**，45 - 47.

岡田益己，1994：簡易被覆の利用，日本施設園芸協会編「三訂 施設園芸ハンドブック」，日本施設園芸協会，112 - 117.

岡田益己・小沢　聖，1997：「べたがけを使いこなす」，農文協，pp. 159.

大黒正道・小林　恭・帖佐　直・澤村宣志・佐々木豊，1996：農用トラクタ装着型雪圧縮成型機の開発．雪氷北信越，**16**，98.

大沼匡之，1976：雪と農業，「新潟県の雪－その科学と生活－」，野島出版，新潟，47 - 67.

三枝正彦，1997：作物の生育と土壌，久馬一剛 編「最新土壌学」，朝倉書店，179 - 196.

佐久間敏雄，1997：農地の改良および保全，田中　明 編著「熱帯農業概論」，築地書館，453 - 491.

城岡竜一・広田知良・村松謙生，1993：北海道における積雪深分布と根雪消雪日・融雪促進可能日数の推定，「平成4年度新しい研究成果－北海道地域－」，農林水産省北海道農業試験場，82 - 86.

Skidmore, E. L. and L. J., Hagen, 1970 : Evaporation in sheltered areas as influenced by windbreak porosity. *Agric. Meteorol.*, **7**, 363-374.

Stoeckeler, J. H., 1962 : Shelterbelt influence on Grate Plains field environment and crops. *A Guide for Determing Design and Orientation*, USDA Prod. Res. Rep., **62**, pp. 26.

Suzuki, Y., S. Hayakawa and H. Hiiragi, 1993 : Agro-meteorlogical analysis and methods of protection against frost damage. *J. Agric. Metorol.*, **48** (5), 671-674.

Suzuki, Y., S. Hayakawa and H. Yamamoto, 1993 : Effects of fan's blow and fog at night on temperatures of plant leaves relating to frost damage. *Proceed. of the SINO-Japanese Symposium on Applications of Agrometeorology*, published by Chinese Society of Agrometeorology, 179-190.

Suzuki, Y., K. Takahashi, Tur Muhammed, K. Wakimizu, K. Okano and T. Ozaki, 1997: Improvement of summer thermal environment for domestic animals using hydrated ceramic plate. *J. Agric. Meteorol.*, **52** (5), 517-520.

鈴木義則・トゥールムハメット・尾崎哲二・田中　稔・岡野　香，1998：98農気・生環・施設合同大会講演要旨，256-257.

泊　　功・石黒忠之・藤原　忠，1980：防風網による冷害気象改善に関する研究．北海道農試報，**127**，31-76.

対馬勝年・谷井文夫・藤井昭二，1991：雪山の融雪制御．雪氷北信越，**7**，27.

梅村晃由・多田賀信・早川典生・本多昭喜・古川征夫・大沼匡之，1987：泡被覆による融雪制御の研究．雪氷，**49**，203-210.

山口武則・山川修治・大浦典子，1998：「環境アグロ情報ハンドブック」，古今書院，pp. 258.

第6章　近年の耕地気象災害 *

　現在，地球環境は，化石燃料の過消費による地球温暖化，砂漠化，酸性雨，オゾン層の破壊，森林破壊（過伐採），過開発，過放牧，過耕作，水の過消費，大気汚染，水質・海洋汚染等々，様々な問題に直面している．

　このなかで近年，異常気象が頻発し，農業気象災害が多発している．日本では，まず1963（昭和38）年の有名な「38豪雪」があり，地球の回転軸がゆがみ，みそすりを起こして「地軸をゆるがす異常気象」として騒がれた．また北海道での1964年からの3年連続や1971年の冷害，1991年の「リンゴ台風」による風害，1993年の「平成の大凶作」，さらには1990，1994年の猛暑・干ばつ，1992，1995年の夏季前半の低温・多雨から後半の高温・少雨への夏季天候の激変，1996年の北冷西暑および1998年の北冷西暑型天候に台風の最遅・最少発生などが挙げられる．

　これらの異常気象は地球温暖化の下で発生していることが注目される．このなかで，異常気象がなぜ多発するのであろうかの問いに対して，地球の温暖化に伴って，ある安定期から次の安定期までの過渡期にあるがゆえの気候変動や異常気象の多発が挙げられる．このため，農業気象災害が日本および世界の食糧生産に悪影響を与え，食糧の逼迫が危惧されている．

　ここでは，異常気象の代表として1991年の台風害，1993年の冷害，1998年の冷害と高温害について解説する．また，地球環境問題としての地球温暖化と異常気象の発生状況，炭酸ガスを初めとする温室効果ガスの増加と作物生産への影響，エルニーニョと異常気象，砂漠化と農業気象災害について考察するとともに，気象災害の防止方法・対策についても若干触れることとする．

---

* 真木太一

6.1 日本の最近の異常気象の発生状況

6.1.1 1991年の台風害

1991年台風19号は「リンゴ台風」(風台風)とよばれたが,それは丁度収穫を間近にしたリンゴが強風によって落果・倒伏するなど甚大な被害を起こしたためである.1991年の台風発生数は29個(平年27.8),上陸数は14,

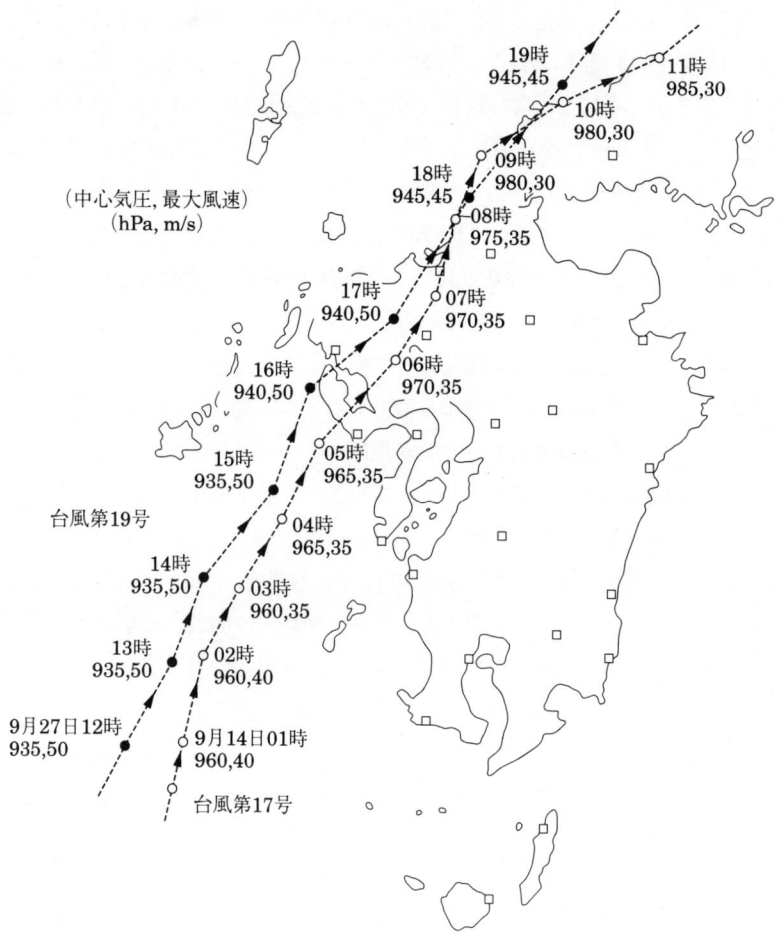

図6.1 1991年台風17・19号の通過経路と中心気圧・最大風速(山本,1992)

17, 19号の3個（平年2.8個）で，平年並であった．しかし本土への接近数は9個（平年5.3）で非常に多く，1951年に統計を取り始めて2番目に多かった（北村，1992）．

そのなかで，台風17〜19号が9月第2，3，4週の週末毎に接近または上陸した．台風17号は九州北部から中国北部・北陸北部をかすめて仙台付近を通るコースを取り，九州では50 m/sを越えた所もあった．

一方，台風19号は940 hPaで九州北部に上陸し，勢力を保ったまま猛スピードで日本海から北海道に再上陸した．この19号では60 m/sを越える地域もあり，風害が激しく，かつ広範囲に及んだ．このため最大風速や最大瞬間風速の記録を更新した官署が続出した．台風19号は20年振りの強い上陸台風であり，また洞爺丸台風（1954年）に勢力，通過コースなど種々の点で類似していた．

台風による人的被害や建物被害，農林水産被害額は1982年以来の大被害となった．農作物は17〜19号の台風に刺激されて活発となった前線による大雨や台風本体の暴風雨などによって大被害を起こし，天災融資法が適用され，激甚災害に指定された．果樹・水稲・野菜を中心にした被害額は3,279億円に達した．被害の内，果樹，とくにリンゴの落果・倒伏が激しかった．また林木の折損・倒伏も九州や北海道で多発した．さらに潮風害では九州・中

表6.1　1991年台風17・19号による九州の水稲の収量・作況指数・被害額（山本ら，1992）

	1991年収量 (kg/10 a)	作況指数	被害額 (億円)
福岡県	350	72	114
佐賀県	333	64	131
長崎県	296	68	57
熊本県	416	84	99
大分県	392	83	57
宮崎県	423	95	3
鹿児島県	428	96	10

被害額：台風9117号および9119号による被害額
（農地・農業用施設の被害額は本表には含まれない）

国地方の水稲, ミカンなどに大きい被害を及ぼした. 図6.1 (山本, 1992) に九州地域の台風17, 19号の通過状況と中心気圧と風速を示す. また, 表6.1 (山本ら, 1992) には九州での強風害や潮風害による水稲被害と作況指数を示す. 台風対策には種々の方法があるが, なかでも防風施設の必要性が再認識された.

6.1.2 1993年の大冷害

1993年の大冷害は一般に「平成の大凶作」といわれ, 米の緊急輸入など近年にない社会的混乱を招き, ミニマムアクセス容認の原因の一つともなり, 米に対する社会的通念が変化する契機ともなった.

(1) 冷夏の状況と農業災害

1993年の夏季は長期間にわたって低温, 寡照となり, 「夏のない年」とも

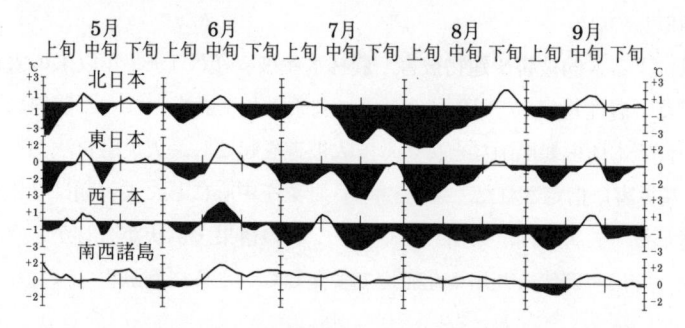

図6.2 1993年における地域別の日平均気温偏差の5日移動平均変化 (気象庁;栗原, 1994)

表6.2 夏季 (1993年6〜8月) の地域別の平均気温偏差・降水量平年比・日照時間平年比 (栗原, 1994)

	北日本	東日本	西日本	南西諸島
気温平年差 (℃)	−1.7 かなり低い	−1.4 かなり低い	−1.1 かなり低い	0.6 やや高い
降水量平年比 (%)	106 平年並み	137 かなり多い	185 かなり多い	49 かなり少ない
日照時間平年比 (%)	81 かなり少ない	68 かなり少ない	68 かなり少ない	103 平年並み

いわれた．これは過去の気候変動から相当隔たった現象であった．夏季（6～8月）の気温偏差は北海道から九州にかけて−0.5℃から−2.5℃以上と低く，標準偏差の2倍以上であった．図6.2（気象庁；栗原，1994）に示すように，とくに7～8月が低温で，北日本では3℃も低温である期間が1カ月にも及んだ．また，表6.2（気象庁；栗原，1994）には地域別の気温，降水量，日照時間を示すように，低温・多雨・日照不足が顕著であった．降水量はとくに西日本で多く185％にも達した．一方，日照時間は西・東日本では68％であった．

次に，1946～1993年の夏季の地域別の平均気温の順位を示すと，北日本では1954年に次ぎ2位，東日本は1954年と同値の1位，西日本は1949年に次ぐ2位であった．また，夏季の降水量では東日本では1953年に次ぐ2位，西日本では大きくかけ離れた1位であった．さらに，日照時間の少ない方からは北日本で3位，東日本では1位，西日本でも1980年に次ぐ2位であった．

全国的な低温の例は1954, 1957, 1976, 1980年である．1993年は低温の程度では1954年に次ぐが，4月頃から10月頃まで半年も低温が持続し，とくに7月中旬より8月中旬までの40日間は全国的に長期間強い低温であった．この年は西日本でも低温であり，とくに台風上陸数も多く，多雨で日照不足のため全国的に稲の作況指数に悪影響を及ぼした．とくに東北地方では図6.3 A，B，C（菅野・井上，1995；井上，1994）に示すように，低温の程度が激しく，8月上旬に16℃以下の低温で平年差−6℃にも達した．このため水稲作況指数，全国74，北海道40，東北56であり，東北地方の太平洋側北部などでは作況指数は0～1桁台の所や収穫皆無の所も多かった．

(2) 異常天候の経過とその原因

1993年の天候の経過を記すと，6月中旬から8月中旬まで前線が日本付近に停滞し活動は活発化した．そして6月上旬から8月上旬まで寒冷なオホーツク海高気圧が頻繁に出現し，とくに6月上旬および7月中旬～8月上旬は持続的な出現であった．また，5個の台風が7月下旬から8月下旬に相次いで接近・上陸した．一方，太平洋高気圧は本州南海上にとどまり，本州付近

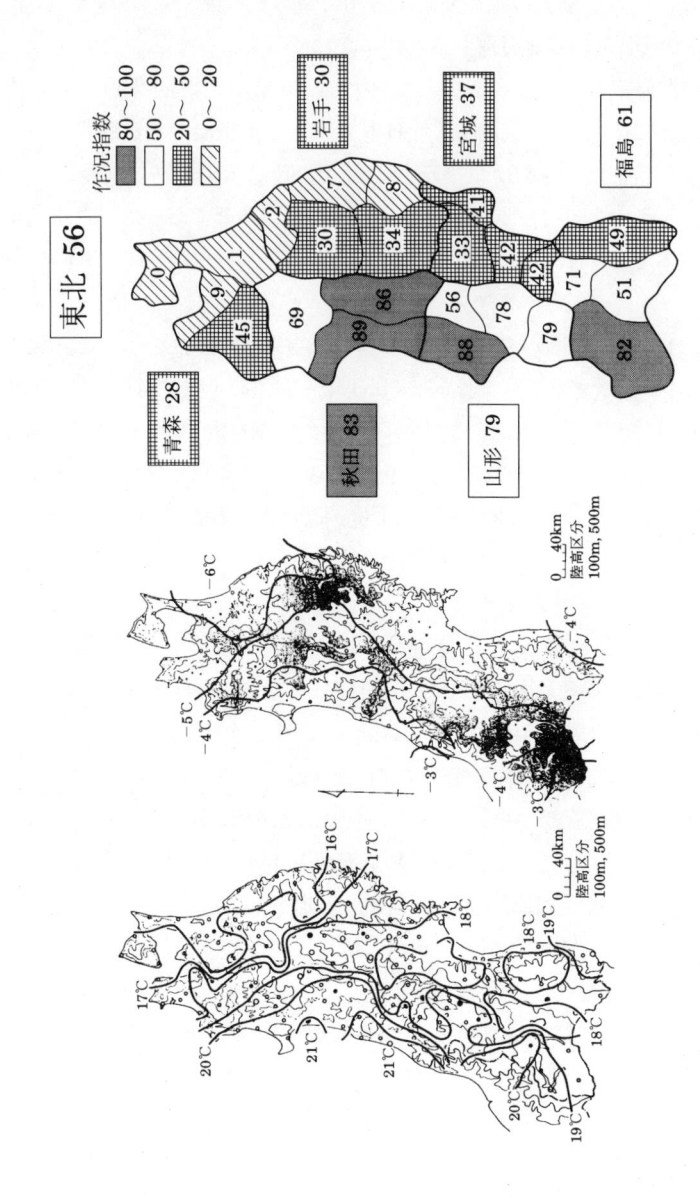

(230)　第6章　近年の耕地気象災害

図 6.3　1993年8月上旬の東北地方の気温・平年気温偏差・作況指数の分布（菅野・井上，1995；井上，1994）

を覆うことはほとんどなく，夏季を通して曇天や雨天で，かつ低温であった．

9月も前線が停滞し，北太平洋高気圧に覆われ残暑はほとんどなかった．しかも東北から九州まで梅雨明けが特定できなかったが，このような事例は過去にはなかった．それはオホーツク高気圧の北東気流（ヤマセ）の流入，前線の停滞と活発化，台風の接近・上陸などの条件が重なったためであり，極めて特異な事例であった．それに反して，沖縄など南西諸島の天候は高温・少雨で対照的であった．

この低温を主とする異常気象の原因は種々あると考えられるが，一つの大きい原因にエルニーニョ（図6.4，気象庁；若原，1998）が挙げられる．1991～92年に出現したエルニーニョが一度終息し，直ぐまた1993年の春季に再発して秋季まで継続した特異な発生現象の影響があった．また，1991年のピナツボ火山の大噴火によるエーロゾル増加に起因する日射量減少の影響があった．さらには，太陽黒点数の極大期を含む数年間の冷害の発生しやすい

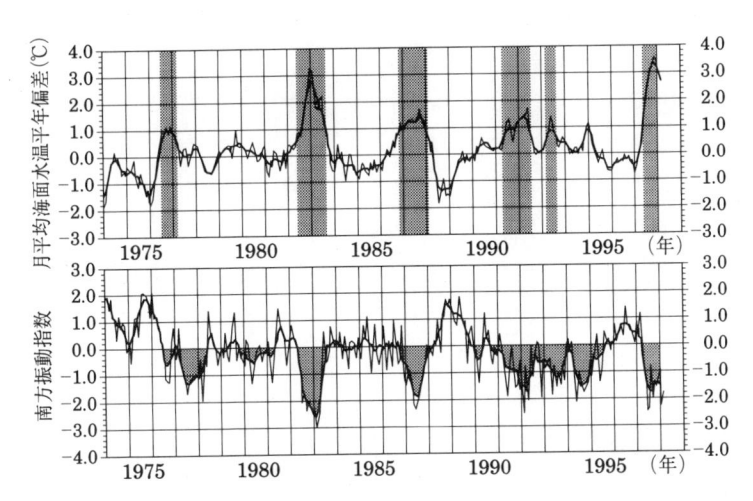

図6.4 月平均海水温平年偏差（エルニーニョ・ラニーニャ）と南方振動指数の変化（気象庁；若原，1998）
太線は5カ月移動平均，陰影はエルニーニョ，南方振動指数はタヒチとダーウィンの気圧差で＋は熱帯の貿易（東）風が平年より強いことを示す．

時期と合致していた．しかも地球温暖化のなかでの異常気象多発期でもあり，それら多数の複合的な原因による冷害であったと判断される．

6.1.3 1998年の異常気象と農業気象災害

1998年の春・夏季における世界の異常気象災害をみると東アジアの中国長江，松花江上流の嫩（ノン）江での大洪水や日本，韓国での洪水，その逆に東南アジアのインドネシア，フィリピン，中南米のキューバ，ブラジルの干ばつ，さらにはヨーロッパ，北アメリカの熱波によるトウモロコシなどへの被害が大きかった．

著者は当年5月下旬の時点で，エルニーニョ2年目，太陽黒点数の極小期1～2年目などから夏季の気象として，北日本の冷夏，西日本の暑夏による北冷西暑型の天候と散発的な集中豪雨を予測した．結果的には予測どおり，北日本では低温・寡照であり，米どころの東北や北陸および北関東でも，程度はそれほど激しくはなかったが，冷害（低温・多雨・寡照）が発生するとともに，全国的な範囲でゲリラ的集中豪雨が頻発し，逆に四国・九州では一時期，高温・干ばつが発生した．

(1) 1998年冬～秋季の気象経過特性

冬季（1997年12月～1998年2月）は，今世紀最大規模といわれた前年からのエルニーニョの顕著な影響もあって，東日本・西日本の暖冬，東日本の太平洋側と西日本で多雨，また西日本で日照時間が少なかった．

次に，春季（3～5月）は，全国的に高温，東・西日本で多雨，寡照であった．したがって，作物は生育が促進されたが，ムギでは赤カビ病が多発した．そして生物季節がその後の夏・秋季に異常を来す原因ともなった．

一方，夏季（6～8月）は，図6.5（気象庁；渡辺，1998），図6.6（気象庁；湯田，1999）に示すように，北海道・東北を合わせた北日本ではやや低温（−0.5℃）で降水量が多く，日照時間は少なく，しかも東北・北陸では梅雨明けが特定できなかった．また，東日本はやや高温，降水量は日本海側でやや多く，太平洋側で平年並，日照時間はかなり少なかった．そして西日本ではかなり高温，降水量は幾分少ない89～93の平年並，日照時間は太平洋側でやや少なく，日本海側で平年並であった．南西諸島ではかなり高温で，降

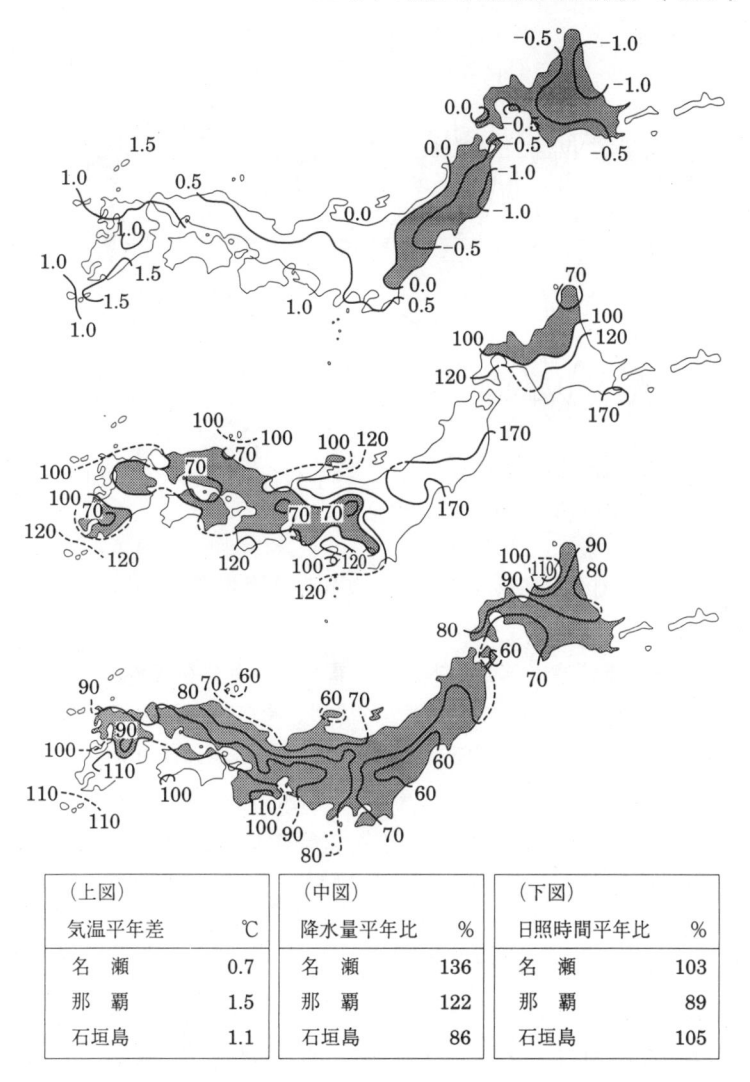

(上図)			(中図)			(下図)		
気温平年差		℃	降水量平年比		%	日照時間平年比		%
名　瀬		0.7	名　瀬		136	名　瀬		103
那　覇		1.5	那　覇		122	那　覇		89
石垣島		1.1	石垣島		86	石垣島		105

図 6.5　1998年6〜8月の平均気温平年差・降水量平年比・日照時間平年比の分布（気象庁；渡辺，1998）

水量，日照時間は平年並であった．

また逆に，秋季（9〜11月）は，全国的に高温・多雨・寡照であった．とく

(234)　第6章　近年の耕地気象災害

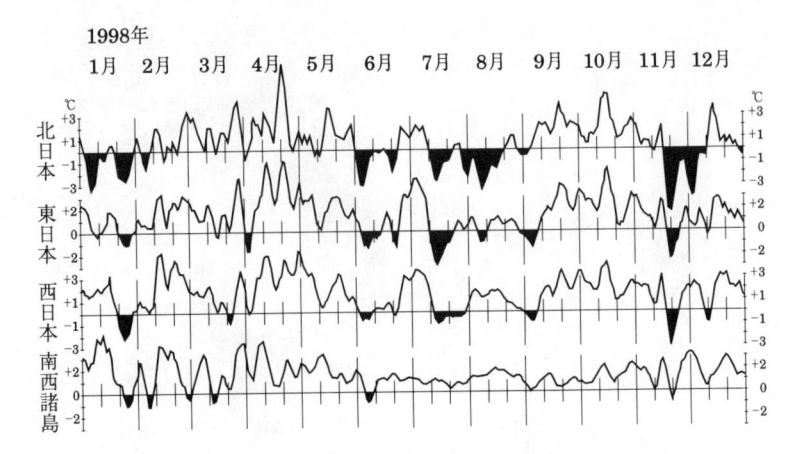

図6.6　1998年の地域平均気温の平年差（5日移動平均）と平年値以下を示す陰影部（気象庁；湯田，1999）

に10月では全国149地点の気象観測所の内，116地点で最高気温の記録を更新した．

(2) 異常気象と冷害，風害，水害，干害の多種多様な災害

　局地的な短期間には極端な気象が出ており，それが農作物，社会生活などに大きい影響を及ぼした．例えば，気温を取り上げると，4月21日の北海道小清水では32.8℃で平年より22.8℃も高温であり，北見でも32.2℃であった．また，群馬県榛名町の7月4日の気温では観測史上2位の40.3℃の高温を記録したことなどで，異常高温が継続するかとも思われたが，そうはならなかった．

　次に，降雨を取り上げると，栃木県那須町で一雨雨量が年降水量の2/3以上を越える1,242mmもの集中豪雨があった，このような雨が新潟，福島，静岡，神奈川，奈良などと場所，時期を移しながら頻繁に発生した．一方，高知では5月中旬と9月下旬に2度の集中豪雨があったが，その高知や四国・九州の北部・西部では8月上旬〜9月中旬と干ばつが発生し，香川，愛媛，高知，福岡，長崎，宮崎，沖縄では取水制限など深刻な時点にまで達するほどであった．

6.1 日本の最近の異常気象の発生状況 (235)

　異常気象の特徴として，とくに降水量では，同じ場所で長期間続くのではなく，比較的短期間に低温，高温，多雨，少雨が，時期，場所を不規則に移しながら，いわばゲリラ的に気象災害を発生させた．結果的には，北冷西暑など変化に富んだコントラストの強い冷害，風害，水害，干害など多種の気象災害が発生した．

(3) 台風発生が異常に遅く，数も異常に少なかった特異年

　さらに特徴的なことは，台風の発生が観測史上最も遅く，7月9日に第1号，8月3日に第2号の発生であり，極めて遅く少ない反面，9月には3個のかなり強い台風5,8,7号がその順に相次いで，また10月にもかなり強い台風10号が上陸した．とくに5,7,10号は発生して短期間で接近・上陸した台風で，どれも見掛けより強い台風であったため被害を大きくした．しかも4,6,9号も日本本土にかなり接近して，それぞれ相当の大雨を降らせた．したがって，4～10号がすべて連続して日本に影響を与えたことになる．結果的には年間の台風発生数は16個(平年27.8)で最少記録更新となった(図6.7，気象庁；渡辺，1999)が，本土接近数は平年並以上，また上陸数は4個(平年2.8)で多かった．少数精鋭の極めて特異な台風年となった．

(4) 冷害，台風害，干害などの被害状況と予測結果

　夏季には東北の太平洋側から関東の東部太平洋側ではヤマセ風のため低温，寡照となり，東北南部から関東北部で水稲の作況指数が低く，栃木93，福島・茨城・群馬94，その周辺地域で96～97であり，東北・北陸で97，関

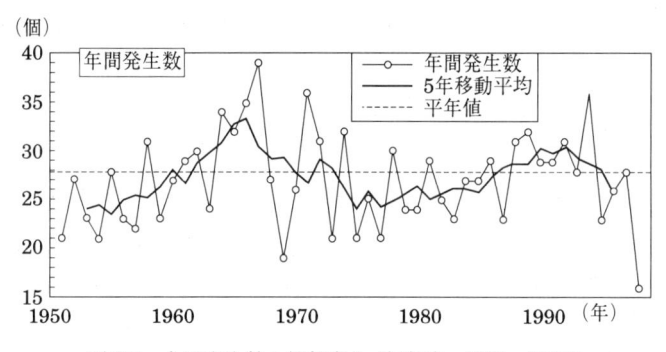

図6.7 台風発生数の経年変化(気象庁；渡辺，1999)

東・東山で95であった.また,台風による風水害で岐阜86,奈良89,和歌山93となり,高温・干ばつで高知90,宮崎94,沖縄79となった.

このため作況指数は全国で98となったものの,北海道では耐冷性品種と防風ネットなどの耐冷技術で105,西日本では鹿児島106,九州中・北部,岡山・山口・愛媛103〜105であり,冷害,風水害などによる減収を緩和する結果となった.とくに,1998年は地域間差が激しく,特徴的な現象を呈した.なお,北海道ではかなり低温(-0.5〜-1.0℃)であったが,1998年も7〜8月の水稲の減数分裂期などの重要な時期に低温をまぬかれたように,2年続けて綱渡り的に冷害を回避した.したがって,北海道では冷夏の予測は当たったが,冷害軽減技術で乗り切ったといえる.

結論としては東北・北陸・関東地方の冷夏・冷害および西日本の高温・干ばつと集中豪雨・台風などによる気象災害は,被害予測とおおむね合致し,全般的には北冷西暑型の天候予測がよく当たったといえる(真木,1998a).

(5) 農業災害と農産物の価格および対応策

1998年は経済不況のなかで,種々のタイプの異常気象が発生し,国内外の多種の産業に暗い影を与えた.農業方面では8月26〜31日の大雨による農作物被害で534億円,9月15日〜10月2日の台風関連に伴う集中豪雨被害で777億円など,多額の農業被害が発生した.

秋・冬季の野菜価格と気象災害の関係をみると,秋季の,まず9月には野菜指定産地のキャベツ,レタスなどで台風害・雨害が発生した.また9〜10月では全国的に高温,多雨,寡照であったが,その後,11月中旬までは主として台風,長雨などにより高温,日照不足があり,大雨による多湿や土壌水分過多に高温が作用して病害が多発した.また,栽培農家の減少,輸入量不足(円安)も関与して,野菜の価格が高騰し,緊急輸入などを行なったが,その状態は1999年の冬期間継続した.このような異常気象による野菜の高騰は近年にない特異な現象であった.

(6) 今後の気候予測と農業気象災害対策

現在,炭酸ガスなど温室効果ガスによる地球温暖化は事実であるが,年次,

場所により変化し,必ずしも均一,平均的に気温が上昇している訳ではない.とくに,気温の上昇の過渡期には,気象変動が激しいのは確かであり,今後とも気象変動や異常気象が多発すると予測されるので,農業気象災害の対策は不可欠である.

　気象災害には高温化に伴う高温害,干害などの災害ばかりでなく,逆の冷害,霜害,雹害など,多岐にわたる気象災害が発生することが予測される.これらに対して種々の防止対策はあるが,温暖化の下での異常気象の多発,極端な気象の発生状況下では抜本的な対策,すなわち,従来の災害防止対策より見方を変えて,栽培作物種の変更や作期の移動,人工気象室を含むハウス栽培への移行,危険分散栽培法などかなり大きい変更を迫られる状況にあると判断される.気象災害防止,気象改良など災害回避・対処の方策は種々あるが,応用の仕方に工夫を要するものであるとともに,さらなる技術開発の研究が必要である.

6.2　最近の世界の異常気象の状況

　世界の異常気象の発生状況は1998年では図6.8（気象庁；礒部,1999）のとおりである.最近の異常気象は激しいものがあり,各地で種々の農業気象災害が多発している.なお,1998年の年間の地上気温によると,世界では平均で14.06℃,平年比1.02℃の高温であり,日本では夏季の北日本の低温にもかかわらず,西日本および冬季・春季・秋季の高温で,年間では平年比1.30℃の高温であり,日本,世界のどちらも過去最高であった.このベースには二酸化炭素の増加による地球温暖化が関与していると判断される.この地球温暖化は今後も当分続くと予測されるため,異常気象も多発することが考えられる.

　一方,地球温暖化は第1章の図1.4に示したような単なる気温上昇からも明らかである.温室効果ガス（炭酸ガス,メタンなど）による温暖化は,2100年には2〜3℃（2.5℃）気温が上昇するとされている.この温暖化によって,海面が15〜95 cm（50 cm）上昇すると予測されており,また砂漠化の進行も懸念される.

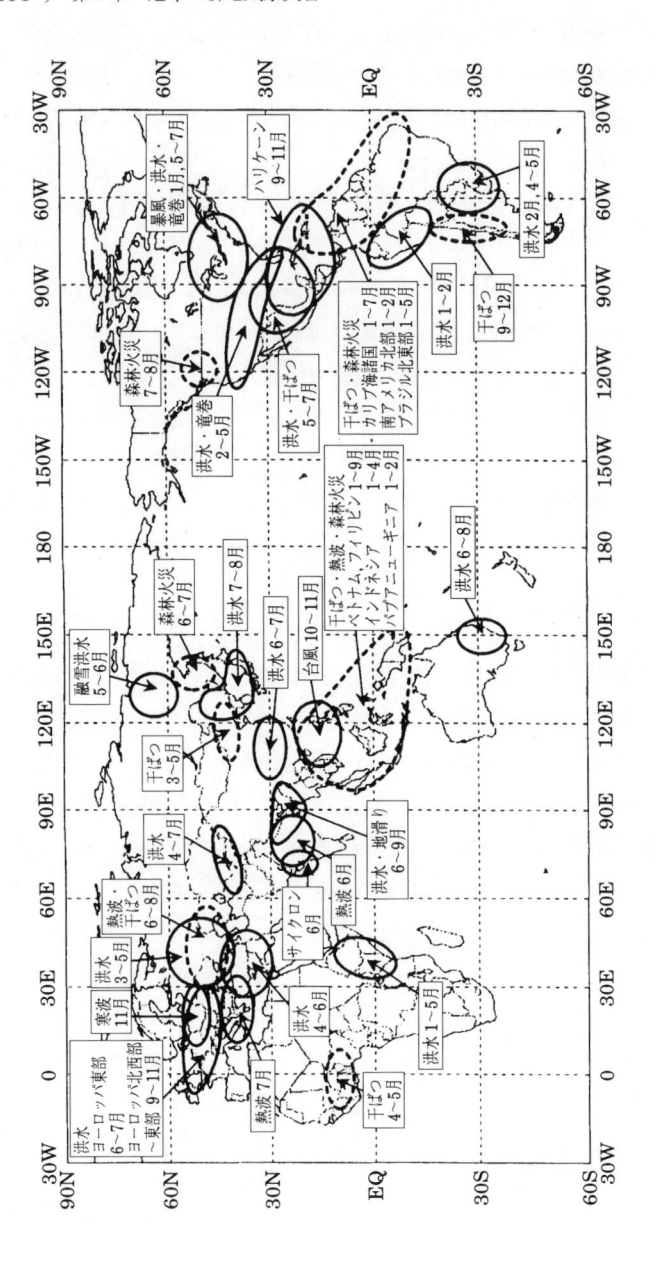

(238)　第6章　近年の耕地気象災害

図6.8　1998年の主要な気象災害の発生地域・時期（気象庁；礒部，1999）

地球温暖化や異常気象に対する農業方面での対策としては，作物の栽培地域，栽培体系の調整が必要である．また高温化した条件下に適応する新作物，品種の導入が必要である．さらには播種期・収穫期の移動，肥培管理（施肥，病害虫防除）の変更，永年作物（果樹など）への対応など，最適栽培システムの導入が必要である．また，環境保全型農業の視点から低投入型持続農業（LISA）の導入で環境負荷を軽減し，化学肥料・農薬投入の削減をはかる必要がある．

6.3 地球温暖化と農業気象災害

6.3.1 地球温暖化による農業への影響

　地球温暖化・気温上昇は前述したとおり，ある安定期から次の安定期までの過渡期であり，変化幅が増大して異常気象が頻発し，その結果農業気象災害が多発することになる．その意味で地球温暖化を取り上げたが，ここではその他の農業への影響について記述する．

　まず，温暖化・高炭酸ガスによる食糧・作物収量予測について述べる．産業革命以前の炭酸ガス濃度（280 ppm）の2倍程度である555 ppmとした場合の気温と降水量の予測モデルによるコメ，トウモロコシ，コムギの収量予測は各モデル間にかなり差があり，また季節変化や地域変化もかなり大きい結果が得られている．そのなかでも，わが国の作物生産量は気温の上昇と降水量の減少に伴って減少し，降水量と炭酸ガスの増加に伴って増加する予測傾向が認められる．

　また，Kendall & Pimentel（1994）による2050年の世界の穀物（コムギ，コメ，トウモロコシ，ダイズ）生産量の予測結果（GISS，GFDL，UKMOモデル使用）をみると，炭酸ガス増加と温暖化が関与すれば，コメ，トウモロコシはすべて減少，コムギ，ダイズはUKMOが減少，GISS，GFDLが増加すると予測されているが，かなりモデルによって変化し差異がある．

　なお，植物の移動速度，北限・南限の移動などにおいては，平均的な気温の変化よりもさらに大きい問題として，異常気象に起因する，ある年の極端な気象変動（高・低温，乾燥・湿潤など）による気象災害に大きく影響されるこ

とが考えられ，注意する必要がある．

6.3.2 気候変動に関する京都会議

1997年，京都で開催された気候変動に関する国際連合枠組条約第3回締約国会議（COP 3）での議定書から要点を拾うと次のとおりである．

対象ガスは6種類（CO_2：二酸化炭素，CH_4：メタン，N_2O；亜酸化窒素，HFCs：ハイドロフルオロカーボン，PFCs：パーフルオロカーボン，SF_6：サルファヘキサフルオライド）であり，目標期間は2008〜2012年の5年間を第1約束期間とされた．

数量目標は付属書I国（39国・地域）全体でCO_2，CH_4，N_2Oの3ガスについて基準年を1990年とし，HFCs，PFCs，SF_6については基準年を1995年としてCO_2換算での総排出量を少なくとも5％削減する（付属書I国全体で5.2％，対策を取らなかった場合と比べて30％の削減）．また各国は別途定められた割当量を超過しないことを確保する（日本：−6％，米国：−7％，EU：−8％など）．シンク（吸収源）の取り扱いとしては1990年以降の新規の植林，再生林および森林減少に係わる排出と吸収を限定的に考慮する．また，プロジェクト活動で削減された対象国の削減量を自国の数量目的達成に使用可とする，などが採択された．

6.4 エルニーニョと農業気象災害

エルニーニョとは太平洋赤道東部域（ペルーの西方海域）の海面水温が平年より高くなる現象を指す．数年に1回発生し，半年から1年以上継続することが多い．その逆がラニーニャである（図6.4）．太平洋赤道域の平年の海面水温は西で高く，東で低い．その付近の海域の下層対流圏では貿易風とよばれる東風（北東・南東風）が卓越しており，この風が表面の暖かい海水を太平洋西部のインドネシア東方海域に吹き寄せるためである．

海面下100 m（50〜200 m）付近には水温躍層とよばれる鉛直温度傾度の急な所があり，その上に比較的暖かい海水が乗っているが，この暖水の厚さは西ほど厚く，東ほど薄い．したがって，暖水の薄い東部では冷たい海水が湧き上がる湧昇流によって海面が冷やされやすくなる．貿易風が弱いと暖水

の西への吹き寄せが少なくなり，西部では暖水が平年より薄くなる．逆に東部では暖水が厚くなり，海面水温は平年より高くなる．これがエルニーニョの状態である．

　さて，海面水温は大気の影響を大きく受けている．平年では海面水温の高い太平洋西部では対流活動が活発で，大気の大規模な上昇域となっている．大気下層では，この上昇域に向かって東から西に風が吹き込む．上昇した大気は赤道上を東に進み，対流活動が活発でない太平洋赤道東部域で下降する．太平洋赤道域の貿易風はこの太平洋全体の大気の東西循環（ウォーカー循環）の一部である．一方，エルニーニョが発生している時は暖水の発生場所の変化に対応して対流活動の活発な場所が東にずれるため東西循環が弱まり，貿易風が弱まる．大気と海洋は相互に影響し合ってエルニーニョを発達させ，維持している．

(1) エルニーニョの気象・気候への影響

　最近の異常気象の発生と1998年5月までのエルニーニョ年との関連は図6.8（気象庁；栗原，1998）に示したとおりであり，異常気象が頻発している状況がよく判る．このため農業気象災害が多発し，農業に重大な影響を与えることになる．

(2) エルニーニョの日本の夏季気候への影響

　日本の冷害との関連性は表6.3（真木，1998a）に示すとおり，エルニーニョ年か，その翌年（ポストエルニーニョ）に冷害の発生が高い．1998年夏季にはその前年の夏季に始まったW風がE風に変換する時期に当たったが，W風の残存が予測されたため，エルニーニョの終結の有無にかかわらず，北日本を中心とした冷夏が懸念された（山川，1998）．また，エルニーニョ年には暖冬頻度が高いが，エルニーニョでありながら，寒冬年には極渦の崩壊が起こりやすい傾向があり，これも成層圏下層のW風との関連が深い．

表 6.3 全国と北日本の水稲作況指数と天候型・低温時期，冷夏タイプ，エルニーニョ・ラニーニャ，太陽黒点数，火山爆発との関係（真木，1998 a；1999 年以降を追加）

西暦 (昭和・平成)	作況指数 全国	作況指数 北海道	作況指数 東北	天候型 低温時期	冷夏タイプ	エルニーニョ ラニーニャ	太陽黒点数	大規模な火山爆発
1963（昭38）	101	102	97			エルニーニョ		
1964（昭39）	99	68	99	北冷西暑	2	ポスト・エル	極小期	
1965（昭40）	97	86	102	北冷西暑	2	エルニーニョ	極小期1年	
1966（昭41）	99	73	99	北冷西暑	2＋1	ポスト・エル	極小期2年	
1967（昭42）	112	116	114					
1968（昭43）	109	122	110					
1969（昭44）	102	86	103	北冷西暑	1＋2	エルニーニョ	極大期1年	
1970（昭45）	103	109	110					
1971（昭46）	93	66	94	北冷西暑	2＋1	ラニーニャ	極大期3年	
1972（昭47）	103	121	101					
1973（昭48）	106	113	103					
1974（昭49）	102	117	100					
1975（昭50）	107	100	108					
1976（昭51）	94	80	90	全国低温	2＋1	エルニーニョ	極小期	
1977（昭52）	105	112	103					
1978（昭53）	108	118	109					
1979（昭54）	103	107	103					
1980（昭55）	87	81	78	全国低温	1	弱エルニーニョ	極大期	セントヘレンズ
1981（昭56）	96	87	85	全国低温	1→2	弱ポスト・エル	極大期1年	翌年
1982（昭57）	96	105	96	7下8上低	1	エルニーニョ	極大期2年	エルチチョン
1983（昭58）	96	74	98	北冷西暑	1＋2	エルニーニョ	極大期3年	翌年
1984（昭59）	108	114	108					
1985（昭60）	104	103	108					
1986（昭61）	105	108	104					
1987（昭62）	102	96	104	8上中低	2	エルニーニョ	極小期1年	
1988（昭63）	97	104	85	7中下低	1	ポ・エ，強ラニ	極小期2年	
1989（平1）	101	107	98					
1990（平2）	103	109	104					
1991（平3）	95	100	91	8上低台風	1	エルニーニョ	極大期1年	ピナツボ
1992（平4）	101	89	100	8上9上低	1	エルニーニョ	極大期2年	翌年
1993（平5）	74	40	56	全国低温	1＋2	エルニーニョ	極大期3年	翌々年
1994（平6）	109	108	107					
1995（平7）	102	103	96	6月低温	1	弱エルニーニョ		
1996（平8）	105	101	103					
1997（平9）	102	102	103			エルニーニョ		
1998（平10）	98	105	97			エルニーニョ	極小期2年	
1999（平11）	101	103	103					
2000（平12）	104	103	104					

注）ポスト・エル，ポ・エ：ポスト・エルニーニョ，ラニ：ラニーニャ
　低温時期（例）8上中低：8月上旬中旬低温，台風：台風19号
　冷夏タイプ（例）1＋2（1種に2種が加算）：1種（海洋性寒気，ヤマセ型），2種（大陸性寒気）
　1963年以降の北海道または東北の作況指数が96以下を主として取り上げ解析した．
　1998年の冷害による作況指数：東北・北陸97，関東・東山95
　1999～2000年は10月15日現在の作況指数

6.5 砂漠化と農業気象災害

6.5.1 砂漠化の現状

　地球上の全陸地の3分の1は乾燥・半乾燥地である．砂漠化の問題の事例として中国を取り上げる．世界の砂漠面積に対する中国のその割合は最も高い．その中国の乾燥・半乾燥地は総面積の52.5％を占め，砂漠面積は130.8万km^2で，総面積の13.6％に達する．中国では緑化（オアシス化）が進む一方では，人口増加による過開発，過放牧，過伐採による人為的な砂漠化が進んでいる．砂漠化が進行することは，農業気象災害の増加はいうに及ばず農地の荒廃現象を引き起こすことになり，農業へ重大な影響を及ぼすことになる．その砂漠を緑化・オアシス化（開発）するためには，防風林が不可欠である．

　中国北西部の乾燥地域における防風林は，水が多くあればポプラが，少なければ胡楊（コヨウ），白楡（ニレ），沙棗（高木グミ）が，非常に少なければ紅柳（タマリスク），沙拐棗（灌木）が多く利用されている．タマリスクは耐風，耐干，耐寒，耐暑，耐砂，耐塩性が最も大きい樹種の一つであるが，砂漠と農地の境界（前線）用である白楡，沙棗，胡楊などで構成された混交防風林が多く利用されている．砂漠化防止と緑化を目的として，農業限界地域においては防風林・防風ネットによる気象改良・気候緩和，作物生育促進，防砂が必要である．

6.5.2 中国の砂漠化と緑化

　中国の最近の砂漠化地域は図6.9（朱ら，1994；真木，1996）に示すとおり，広範囲に及んでいる．この砂漠化は過耕作，過伐採，過放牧，水の過消費など人為的な原因による場合がほとんどである．

　この砂漠化に関係深い砂嵐の発生状況を図6.10（中国人民保険公司・北京師範大，1992：真木，1996）に示すように，中国北西部地域での砂嵐が激しくなっている．このように中国中北部～北西部での砂漠化の一層の進展が危惧されるところである．なお，図6.11, 6.12（真木，1998b）の写真には砂漠の典型であるトングリ砂漠の敦煌の砂丘とタクラマカン砂漠での砂移動によ

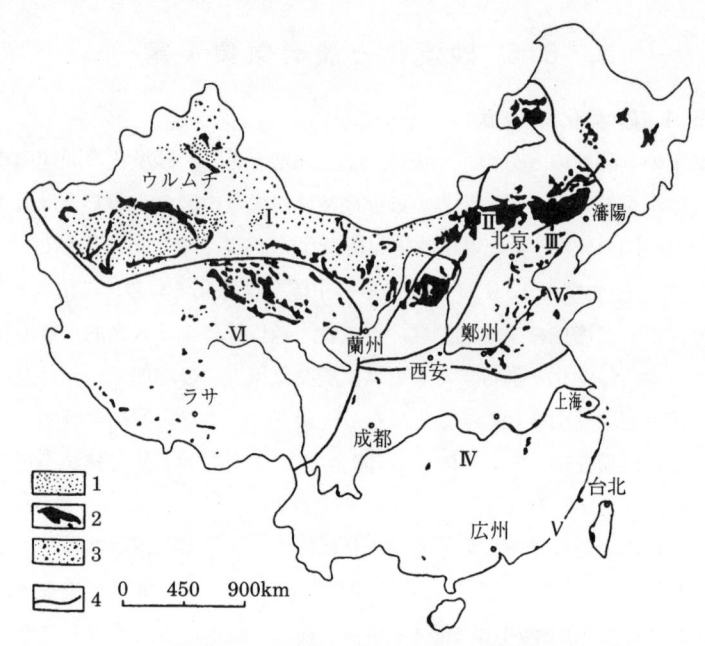

1. 砂砂漠, 2. 砂漠化・風砂化, 3. 石(ゴビ)砂漠, 4. 境界線
Ⅰ. 西北部の乾燥オアシス周辺の砂漠化地域
Ⅱ. 内モンゴル・万里の長城沿いの半乾燥草原の砂漠化地域
Ⅲ. 東北部の半湿潤域の風砂(風食・砂地)化地域
Ⅳ. 南部の湿潤域の風砂化地域
Ⅴ. 海岸域の風砂化地域
Ⅵ. チベット高原の寒冷域の砂漠化地域

図 6.9 中国の最近の砂漠化の状況 (朱ら, 1994 ; 真木, 1996)

る高さ 30 m の胡楊樹の砂丘による埋没状況, すなわち典型的な砂漠化の状況を示す.

この砂漠化の防止方法には種々の対策技術があるが, そのなかでも緑化による方法, すなわち植生の回復が重要であり, また一方, 砂漠の開発としても植生, 緑化が重要となる. この砂漠化防止には, 砂漠化した地域への防風林の造成 (真木, 1987) や草方格 (麦わらなどを砂中に埋めて, 地面上に数十cm 出して, 格子状にした防風施設) の設定による気象改良, 飛砂防止, 堆砂を行なった事例がある. またタマリスク防風林による気象改良 (減風, 気温・

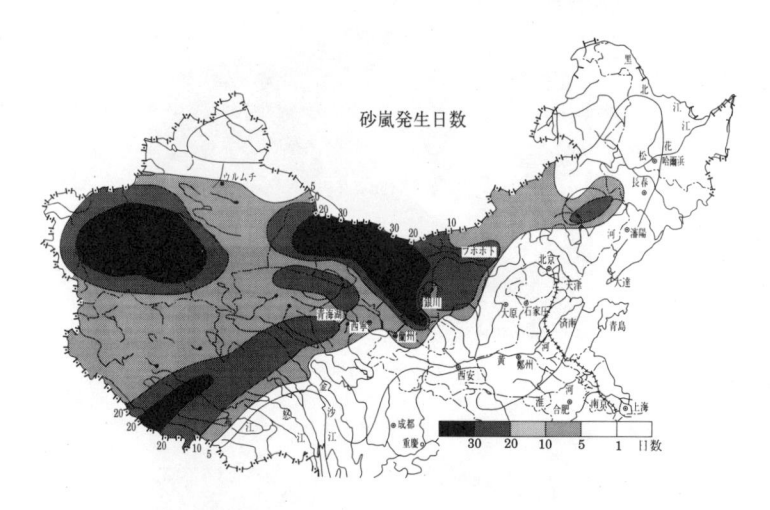

図6.10 中国の砂嵐（砂塵）発生日数の分布（中国人民保険公司・北京師範大，1992；真木，1996）

地温の制御，加湿）・堆砂の事例（真木ら，1993）があり，さらにはポプラ，白楡，沙棗，胡楊などの防風林による作物への効果によって，高品質の作物が多収穫できる特徴がある（真木，1996）．

このように，防風林は砂漠化防止，緑化，砂漠開発に有効であり，中国では大規模に植林はしているが，資金，資材，労働力（作業員）が不足し，逆に砂漠化の進行の方が速いのが現状である．小地域の緑化が拡大して大規模に緑化できれば，大気候に影響を与え，地球規模での環境改善に貢献できるものと思われる．

なお，この環境改善については，100 km×100 km の緑化が行なわれれば，気候に影響を与えて，降水量が増加し，気候が緩和されるシミュレーション予測があるが，大いに活用したいものである．

図 6.11 トングリ砂漠, 敦煌の典型的な砂丘 (真木, 1998 b)

図 6.12 タクラマカン砂漠の砂丘による高さ 30 m の胡楊樹の埋没状況 (真木, 1998 b)
左側の樹木は地上部数 m のみが残り, その左側は完全に埋没.

6.6 農業・食糧問題への提言

地球温暖化や砂漠化が進行し, 異常気象が頻発しているなかで, 環境問題としての農業・食糧問題について, 著者の提言を示して, おわりに換えたい.

(1) 地球温暖化と気象・気候との関係

① 温暖化に伴う農業気象災害の増加の地域的・時期的評価と対策

② 温暖化による気候変動への影響とその変動幅の評価

③ 温暖化に伴う異常気象発生による気候変動と砂漠化との関係解明

（2）農業土木的・栽培的砂漠開発と砂漠化防止法
① 乾燥地での灌漑施設の改良と節水技術の開発・普及
② 乾燥地での作物の節水栽培（点滴灌漑，べたがけ栽培）の改良と普及
③ 乾燥地での塩類土壌の改良と耐塩性植物の導入・普及
（3）緑化による砂漠開発と砂漠化防止法
① 防風林の造成（植林・緑化）による気象改良の評価と造成技術の普及
② 乾燥地での防風施設（防風林・垣・網）の気象改良効果の評価と普及
③ 草方格（防風・防砂施設）による風食（飛砂）防止法の評価と普及
　以上の砂漠化防止法は，比較的低額の費用で実施が可能である．
（4）総合的な砂漠化の防止対策
① 乾燥地での持続的農牧畜業の発展と環境保全とのバランス評価
② 乾燥地での環境アセスメントの作成とその応用
③ 砂漠化防止のための社会・経済的対応と教育の普及
（5）農業食糧問題と環境保全
① 食糧自給率の大幅な向上による食糧輸入量の削減
② 農林業における薬剤・肥料等による環境汚染の軽減対策
③ 農林業が持つ環境浄化機能の評価と植物・微生物による環境汚染の軽減
　日本は先進国で最も食糧自給率が低い国であり，持続的な発展のためには以上の課題の解決が必要である．

引用文献

中国人民保険公司・北京師範大，1992：「中国自然災害地図集」，科学出版社，pp. 169.

北村　修，1992：1991（平成3）年の日本の天候の特徴．農業気象，**48** (1), 69-75.

井上君夫，1994：北日本のヤマセのメソ気象的特徴，「平成の大凶作」，日本農業気象学会，農林統計協会，13-21.

礒部英彦，1999：1998年世界の天候．気象，**43** (3), 34-37.

菅野洋光・井上君夫，1995：平成5年気象の経過と特徴，「東北地域における平成5年冷害の記録－平成5年異常気象による被害の実態と解析－」，東北農業試験場，1

- 11.

Kendall, H. W. and D. Pimentel, 1994 : Constraints on the expansion of the global food supply. *Ambio*, **23**, 198 - 205.

栗原弘一，1994：1993年冷夏の総観気象的特徴，「平成の大凶作」，日本農業気象学会編，農林統計協会，3 - 12.

栗原弘一，1998：1997年世界の天候．気象，**42** (3), 10 - 14.

真木太一，1987：「風害と防風施設」，文永堂出版，pp. 301.

真木太一，1996：「中国の砂漠化・緑化と食糧危機」，信山社，pp. 191.

真木太一・中井　信・高畑　滋・北村義信・遠山柾雄，1993：「砂漠緑化の最前線」，新日本出版社，pp. 214.

真木太一，1998a：1998年の冷夏予測と農作物の冷害．農業技術，**53** (7), 314 - 316.

真木太一，1998b：「緑の沙漠を夢見て」，メディアファクトリー，pp. 128.

若原勝二，1998：暖候期予報の解説．気象，**42** (4), 10 - 12.

渡辺典昭，1998：日本の天候1998年夏 (6~8月)．気象，**42** (11), 34 - 36.

渡辺典昭，1999：寒候期予報の解説．気象，**43** (4), 4 - 6.

山川修治，1998：エルニーニョ年における世界の高低気圧・前線活動．気候影響・利用研究会会報，**14**, 44 - 46.

山本晴彦，1992：1991年台風17・19号による九州の農業災害．農業気象，**48** (1), 77 - 83.

山本晴彦・鈴木義則・早川誠而・岸田恭允，1992：台風9117号および9119号による九州の水稲被害．農業気象，**48** (2), 175 - 180.

湯田憲一，1999：1998年の天候．気象，**43** (3), 12 - 16.

朱　震達・陳　広庭 等，1994：「中国土地沙質荒漠化」，科学出版社，中国，pp. 250.

あ と が き

　本書は日本農業気象学会耕地気象改善研究部会の活動から生まれた書籍であり，研究部会での研究成果をまとめたものである．本研究部会の前身は農業気象災害部会であったが，その研究部会での研究成果として，例えば年2回開催に際しての講演要旨集の発行と本部学会誌「農業気象」への研究部会の講演会報告などがある．また，「防風施設に関する文献リスト集」（旧版）では国内の防風施設に関する文献1,366編の文献を収録し，1985年に発行した成果，および，その後10年を経過して範囲を広めて2,364編の文献リストを網羅的に収集して「防風施設（林・垣・ネット等）に関する文献リスト集」（新版）として1997年に発行した成果がある．さらには，研究部会の名称変更，発展的解消に際して，同じ出版社の養賢堂から「農業気象災害と対策」（1991年，345頁）を刊行している．以上のように部会としての成果があった．

　耕地気象改善部会においては，年2回の研究会の開催で，20回を数えるが，それに際しての講演要旨の発行と「農業気象」への講演会報告を行なってきている．今回は，それらの成果を著書として残すべく，企画して約2年余りで出版できることになった．本書の内容については，「まえがき」にもあるとおり，地球環境から農耕地における気象環境，微気象環境の計測法，リモートセンシング，農業気象情報，気象環境改善・制御，気象災害などについて記述したものである．多くの読者に役に立つことを期待している．

　本書は必ずしも十分とはいえないが，できる限り分かりやすく記述したつもりである．読書の御批判を仰ぐとともに，耕地気象改善部会としてさらなる発展の資料にしたいと考えている．また同時に，本書を次世代の資源として有効利用し，日本農業気象学会への参加や各種の環境研究・環境改善事業・環境政策に少しでも参加する者が増えれば，それは著者らにとって，この上もない喜びである．そして，著者らは研究部会および日本農業気象学会の発展に貢献したいと念じている．今後とも一層の御鞭撻を賜り，今後の発展の

糧としたいと思うとともにその発展を期待して，おわりの言葉としたい．
　なお，最後に本書を出版するに当たって，種々お世話になった養賢堂の矢野勝也・木曽透江氏はじめ多くの方々に心より謝意を申し上げる．

2000年10月20日

3000年の歴史を誇る道後温泉（松山市）にて

日本農業気象学会 副会長

愛媛大学 農学部　真木太一

付録 A 境界層理論の接地気層への応用の基礎概念

1. 大気の運動方程式

　大気の運動は複雑に変化しているが，この様な複雑な流れにおいても速度の時空間的分布は大気の運動方程式によって表わされると考えられている．これは Navire-Stokes の式に地球が自転している結果として生じるコリオリの力（転向力）を加えたもので，温度差で生じる海陸風循環の支配方程式としては次式が与えられる．

$$\frac{\partial u}{\partial t} + u\frac{\partial u}{\partial x} + v\frac{\partial u}{\partial y} + w\frac{\partial u}{\partial z} - f_0 v = -\theta \frac{\partial \pi}{\partial x} + F_x \tag{A.1}$$

$$\frac{\partial v}{\partial t} + u\frac{\partial v}{\partial x} + v\frac{\partial v}{\partial y} + w\frac{\partial v}{\partial z} + f_0 u = -\theta \frac{\partial \pi}{\partial y} + F_y \tag{A.2}$$

$$\frac{\partial \pi}{\partial z} = -\frac{g}{\theta} \tag{A.3}$$

$$\frac{\partial u}{\partial x} + \frac{\partial v}{\partial x} + \frac{\partial w}{\partial x} = 0 \tag{A.4}$$

$$\frac{\partial \theta}{\partial t} + u\frac{\partial \theta}{\partial x} + v\frac{\partial \theta}{\partial y} + w\frac{\partial \theta}{\partial z} = Q \tag{A.5}$$

ただし，$\pi = C_p (P/P_0)^k$, $k = R_c/C_p$ である．
　ここで，$u, v, w : x, y, z$ 方向の三成分風速，C_p：空気の定圧比熱，g：重力の加速度，R_c：気体定数，f_0：コリオリ係数，θ：温位，P：気圧，P_0：地上気圧，F_x, F_y は，それぞれ，x, y 方向の運動量拡散による摩擦力，Q は非断熱効果による温位の変化率である．
　上式で，x, z 方向に変化する二次元定常場を考えると次のようになる．

$$u\frac{\partial u}{\partial x}+w\frac{\partial u}{\partial z}-f_0 v=-\left(1/\rho\right)\frac{\partial p}{\partial x}+\frac{\partial}{\partial z}\left(K\frac{\partial u}{\partial z}\right) \tag{A.6}$$

$$u\frac{\partial v}{\partial x}+w\frac{\partial v}{\partial z}-f_0 u=-\left(1/\rho\right)\frac{\partial p}{\partial y}+\frac{\partial}{\partial z}\left(K\frac{\partial v}{\partial z}\right) \tag{A.7}$$

$$u\frac{\partial \theta}{\partial x}+w\frac{\partial \theta}{\partial z}=\frac{\partial}{\partial z}\left(K\frac{\partial \theta}{\partial z}\right) \tag{A.8}$$

$$\frac{\partial u}{\partial x}+\frac{\partial w}{\partial z}=0 \tag{A.9}$$

$$\frac{\partial \pi}{\partial z}=-\frac{g}{\theta} \tag{A.10}$$

ただし,K は渦拡散係数である.

ここで,大気境階層内の物理量を決定する重要な要素の一つに渦拡散係数がある.渦拡散係数の垂直分布や安定度を考慮した算出方法にはいろいろあるが,ここでは次式を使った.

$$K(z)=\begin{cases} L^2|\partial U/\partial z|(1+\alpha R_i(z)) & \text{ただし, } R_i(z)>0 \text{ の時} \\ L^2|\partial U/\partial z|(1-\alpha R_i(z))^{-1} & \text{ただし, } R_i(z)<0 \text{ の時} \end{cases} \tag{A.11}$$

ここで,$L=\{k_0(z+z_0)\}/\{1+k_0(z+z_0)/\lambda\}$,$\lambda=0.00027 U_g f_0^{-1}$,$U_g=(u^2+v^2)^{1/2}$,$\alpha=-3.0$ であり,z_0:粗度長,k_0 はカルマン定数($=0.4$),U_g は地衡風を意味する.

なお,図 2.20 と図 2.21 は式 (A.6) ~ (A.10) を用いて得られた結果である.

2. 狭い地域における移流を考えた場合の物理量の計算

対象地域が狭い場合に周辺から吹く風は平均的には,ほとんど影響されないと考えてよい.そこで二次元定常場で風が変化しないと考えると式 (A.8) は次のようになる.

$$u\frac{\partial \theta}{\partial x}=\frac{\partial}{\partial z}\left(k\frac{\partial \theta}{\partial z}\right) \qquad (A.12)$$

これを差分に直すと，次のようになる．

$$\frac{u(I,J)\{\theta(I,J)-\theta(I-1,J)\}}{x(I)-x(I-1)}$$
$$=\frac{2}{z(J+1)-z(I-1)}\left\{K(I,J)\frac{\theta(I,J+1)-\theta(I,J)}{z(J+1)-z(J)}\right.$$
$$\left.-K(I,J-1)\frac{\theta(I,J)-\theta(I,J-1)}{z(J)-z(J-1)}\right\} \qquad (A.13)$$

が得られる．

ここで，I, J は x, z 方向の格子点である．この式から分かるように上限と下限に適当な境界条件を与えると，二次元定常場における移流を考えたときの格子点の物理量（温度，水蒸気量）が得られる．

3. 移流を考えたときのフラックスの特徴

鉛直流を無視できる条件下においては式 (A.8) は次のように変形される．

$$\rho C_p u(\partial \theta / \partial x) = -\partial H/\partial z \qquad (A.14)$$

ただし，$H=-\rho C_p K(\partial \theta/\partial z)$ である．すなわち，水平移流項はほぼ垂直のフラックス差とつり合う．次に，式 (A.14) を変形すると次式が得られる．

$$H_{h1}-H_{h2}=C_p\int_{h1}^{h2}\rho u\frac{\partial \theta}{\partial x}dz \qquad (A.15)$$

ここで，H_{h1}, H_{h2} は高度 $h1$, $h2$ における顕熱フラックスを示す．

式 (A.15) から分かるように水平方向の温度傾度が垂直方向のフラックス差を生じさせる．すなわち，水平方向に物理量が，増える場合は垂直方向のその物理量の輸送量は減少し，減る場合には増加する．例えば，水平方向に温度が上昇する領域では垂直方向の顕熱フラックスは減少することを意味

し,水平方向に乾燥している領域では垂直方向の潜熱フラックス(蒸発量)は増加する.このモデルが図2.22である.

4. 熱伝導方程式を用いた非定常場の地中温度の解析

地表面の温度はそこに出入りする熱の収支によって決まる.この基礎概念をもとに地中温度の動態や熱収支の解析が行なわれている.

地中熱フラックスと地中熱伝導の微分方程式は次のように表わされる.

$$B = -\lambda_S \frac{\partial T}{\partial z} \quad z<0, t>0 \tag{A.16}$$

$$\frac{\partial T}{\partial t} = \frac{\lambda_s}{c_s \rho_s} \cdot \frac{\partial^2 T}{\partial z^2} \tag{A.17}$$

ただし,λ_s:熱伝導係数,T:地温,t:時間,c_s:土の比熱,ρ_s:土の密度である.

ここで,土壌各層における熱フラックスの流れを$FLOW(n)$で表わすと,地表面での熱の流れ$FLOW(1)$は式(A.16)と地表面での熱収支($S_0 = lE_0 + B_0 + H_0$)を組み合わせ

$$FLOW(1) = S_0 - lE_0 - H_0 \tag{A.18}$$

となる.また,それ以下の深さ($n \geq 2$)での各土層のエネルギーの流れは式(A.16)を変形して

$$FLOW(n) = -\lambda_s(n)\{T(n-1) - T(n)\}/D_n \tag{A.19}$$

となる.ただし,D_n:n,$n-1$番目の土層の中心距離である.

したがって,各土層のΔt時間後の温度変化(ΔT)は式(A.16),(A.17),(A.19)から次式のように与えられる.

$$\Delta T(n) = [FLOW(n) - FLOW(n+1)]\Delta t / H_n \cdot c_v \tag{A.20}$$

ここで,c_v:土の体積熱容量,H_n:n番目の土層の厚さである.

式(A.20)を用いて各深さの温度を求めることができる.

付録B　各種単位一覧表

付表1　SI基本単位

量	単位	単位記号
長さ	メートル (meter)	m
質量	キログラム (kilo gram)	kg
時間	秒 (second)	s
電流	アンペア (ampere)	A
熱力学温度	ケルビン (kelvin)	K
物質量	モル (mole)	mol
光度	カンデラ (candela)	cd

付表2　補助単位

量	単位	単位記号
平面角	ラジアン (radian)	rad
立体角	ステラジアン (steradian)	sr

付表3　SI組立単位(1)

量	単位	単位記号	他のSIの単位による表わし方	SI基本単位による表わし方
周波数	ヘルツ (hertz)	Hz		s^{-1}
力	ニュートン (newton)	N	J/m	$m \cdot kg/s^2$
圧力, 応力	パスカル (pascal)	Pa	N/m^2	$kg/(m \cdot s^2)$
エネルギー, 仕事, 熱量	ジュール (joule)	J	$N \cdot m$	$m^2 \cdot kg/s^2$
仕事率, 電力	ワット (watt)	W	J/s	$m^2 \cdot kg/s^3$
照度	ルクス (lux)	lx	lx/m^2	
電圧, 電位	ボルト (volt)	V	J/C	$m^2 \cdot kg/(s^3 \cdot A)$

付表4　SI組立単位(2)

量	単位	単位記号	SI基本単位による表わし方
面積	平方メートル	m^2	
体積	立方メートル	m^3	
密度	キログラム/立方メートル	kg/m^3	
速度, 速さ	メートル/秒	m/s	
加速度	メートル/(秒)^2	m/s^2	
角速度	ラジアン/秒	rad/s	
熱流密度, 放射照度	ワット/平方メートル	W/m^2	kg/s^3
熱容量, エントロピー	ジュール/ケルビン	J/K	$m^2 \cdot kg/(s^2 \cdot K)$
比熱, 質量エントロピー	ジュール/(キログラム・ケルビン)	$J/(kg \cdot K)$	$m^2/(s^2 \cdot K)$
熱伝導率	ワット/(メートル・ケルビン)	$W/(m \cdot K)$	$m^2 \cdot kg/(s^3 \cdot K)$
波数	1/メートル	m^{-1}	
輝度	カンデラ/(メートル)^2	cd/m^2	

付録B 各種単位一覧表

付表5 物質の濃度表示方法

kg/m^3	質量濃度
mol/m^3	モル濃度
%	百分率（パーセント）
‰	千分率（パミール）
ppm	百万分率（part per million, 10^{-6}）
ppb	十億分率（part per billion, 10^{-9}）
ppt	兆分率（part per trillion, 10^{-12}）

体積比を示す場合はvを，質量比を示す場合はmをつける．例えばppmv．

付表6 SI単位の10進倍数を示す接頭語

倍数	接頭語	記号
10^{18}	エクサ	E
10^{15}	ペタ	P
10^{12}	テラ	T
10^{9}	ギガ	G
10^{6}	メガ	M
10^{3}	キロ	k
10^{2}	ヘクト	h
10^{1}	デカ	da
10^{-1}	デシ	d
10^{-2}	センチ	c
10^{-3}	ミリ	m
10^{-6}	マイクロ	μ
10^{-9}	ナノ	n
10^{-12}	ピコ	p
10^{-15}	フェムト	f
10^{-18}	アト	a

桁の大きな数字は10のべき乗（10^7や10^{-5}など）で記されるが，特定の数については，付表の接頭語によって表記することが多い．

例：$1000\,g = 1\,kg$
　　$100\,Pa = 1\,hPa$
　　1000分の$1\,m = 1\,mm$

付録B 各種単位一覧表 (257)

付表7　その他の単位

量	名称	換算表
長さ	オングストローム (angstrom) ミクロン (micron) マイル (mile) フィート (feet)	$1\text{Å} = 10^{-10}\,\text{m} = 10^{-1}\,\text{nm}$ $1\mu = 10^{-3}\,\text{mm} = 10^{-6}\,\text{m} = 1\mu\text{m}$ $1\text{mile} = 1.605\,\text{km}$ $1\text{ft} = 0.305\,\text{m}$
面積	アール (are) ヘクタール (hectare)	$1\text{a} = 100\,\text{m}^2$ $1\text{ha} = 10^4\,\text{m}^2 = (100\,\text{m})^2$
質量	トン (ton)	$1\text{t} = 10^3\,\text{kg}$
体積	リットル (liter)	$1\,l = 10^{-3}\,\text{m}^3 = 10^3\,\text{cm}^3 = 10^3\,\text{cc}$

付表8　圧力の単位換算

	Pa	hPa (mb)	mm Hg	atm	kg cm^{-2} (kgf cm^{-2})
1 Pa =	1	10^{-2}	7.501×10^{-3}	9.869×10^{-6}	1.0197×10^{-5}
1 hPa = (1 mb)	10^2	1	7.501×10^{-1}	9.869×10^{-4}	1.0197×10^{-3}
1 mm Hg =	1.333×10^2	1.333	1	1.316×10^{-3}	1.3595×10^{-3}
1 atm =	1.013×10^5	1.013×10^3	760	1	1.033
1 kg cm^{-2} = (1 kgf cm^{-2})	9.806×10^4	9.806×10^2	7.355×10^2	9.680×10^{-1}	1

付表9　エネルギーの単位換算

	J	erg	cal	kWh
1 J =	1	10^7	0.2389	2.778×10^{-7}
1 erg =	10^{-7}	1	2.389×10^{-3}	2.778×10^{-14}
1 cal =	4.186	4.186×10^7	1	1.163×10^{-6}
1 kWh =	3.6×10^6	3.6×10^{13}	8.60×10^5	1

付表10　エネルギーフラックスの単位換算

	Wm^{-2}	cal cm^{-2} min^{-1} (ly min^{-1})	erg cm^{-2} s^{-1}
1 Wm^{-2} =	1	1.433×10^{-3}	10^3
1 cal cm^{-2} min^{-1} = (1 ly min^{-1})	6.997×10^2	1	6.977×10^5
1 erg cm^{-2} s^{-1}	10^{-3}	1.443×10^{-6}	1

付録B 各種単位一覧表

付表11　CO_2 フラックスの単位換算

	μmol m^{-2}s^{-1}	mg m^{-2}s^{-1}	gm^{-2}h^{-1}	gdm^{-2}h^{-1}	gm^{-2}d^{-1}
1 μmol m^{-2}s^{-1}	1	4.399×10^{-2}	0.158	15.8	3.80
1 mg m^{-2}s^{-1}	22.73	1	3.6	360	86.4
1 gm^{-2}h^{-1}	6.319	0.278	1	100	24
1 gdm^{-2}h^{-1}	6.32×10^{-2}	2.778×10^{-3}	0.01	1	0.240
1 gm^{-2}d^{-1}	0.263	1.157×10^{-2}	4.167×10^{-2}	4.167	1

付表12　ギリシャ文字

文字		発音		文字		発音	
A	α	alpha	(アルファ)	N	ν	nu	(ニュー)
B	β	beta	(ベータ)	Ξ	ξ	xi	(グザイ, クシー)
Γ	γ	gamma	(ガンマ)	O	o	omicron	(オミクロン)
Δ	$\delta\ \partial$	delta	(デルタ)	Π	π	pi	(パイ)
E	ε	epsilon	(イプシロン)	P	ρ	rho	(ロー)
Z	ζ	zeta	(ジータ)	Σ	σ	sigma	(シグマ)
H	η	eta	(イータ)	T	τ	tau	(タウ)
Θ	$\theta\ \vartheta$	theta	(シータ, テータ)	Υ	υ	upsilon	(ウプシロン)
I	ι	iota	(イオタ)	Φ	$\phi\ \varphi$	phi	(ファイ, フィー)
K	κ	kappa	(カッパ)	X	χ	chi	(カイ)
Λ	λ	lambda	(ラムダ)	Ψ	ψ	psi	(プサイ, プシー)
M	μ	mu	(ミウ)	Ω	ω	omega	(オメガ)

(259)

付録C 湿り空気線図

空気を乾き空気と水蒸気との混合体とみなす,これを湿り空気という.湿り空気線図(psychrometric chart)は湿り空気の状態を線図にしたものである.横軸は乾球温度(℃),縦軸は水蒸気分圧(hPa)と混合比(kg/kg),斜めの点線は湿球温度(℃),曲線は等相対温度線である.一番上の曲線は温度と飽和水蒸気圧の関係を表わす.

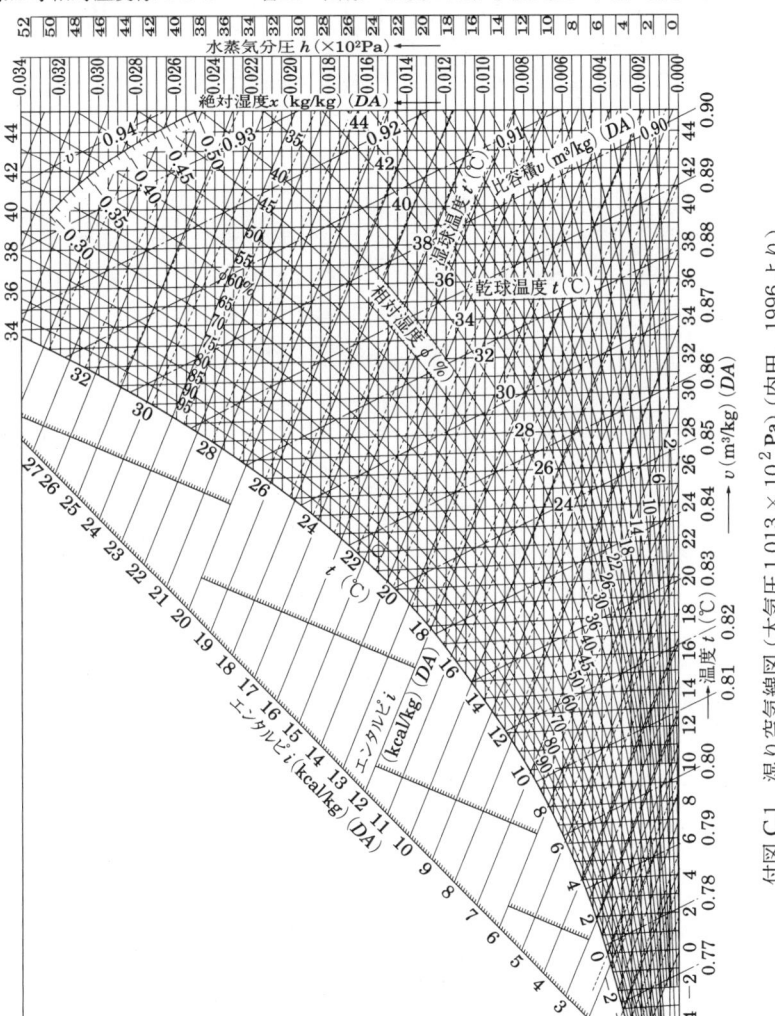

付図 C1 湿り空気線図(大気圧 $1,013 \times 10^2$ Pa)(内田,1996 より)

索　引

ア

IPCC ······················· 6
暖かさ指数 ················· 11
圧力ポテンシャル ············ 99
雨よけ ····················· 190
アメダス
　　······ 124, 141, 143〜147,
　　150〜155, 159, 165, 174, 181
アルベド ·········· 65, 125, 126
安定性 ············· 53, 72, 84
安定度 ········ 45, 66, 67, 81,
　　　　　　　　　83〜85, 120
異常気象 ······· 21, 25, 29, 31,
　　　　　　　　　226, 234, 237
異常天候 ····················229
イソプレット ················196
板ガラス ·············· 186, 187
ETFE ······················189
一酸化二窒素 ·········· 4, 6, 7
EVA ·······················187
移流················ 65, 86
ヴァイキング時代 ············· 19
渦相関法 ············ 71, 72, 74
運動エネルギー ··············196
永久しおれ点 ········ 77, 78, 97
栄養不良人口 ················· 32
エネルギー使用量 ·············· 6
FRA ·······················187
MMA ·······················187

エルニーニョ ····· 231, 240, 242
温位 ················ 67, 83, 84
温室効果 ···················1〜8
温室効果ガス ········· 4〜8, 236
温度 ························· 37
温度資源 ········ 11, 12, 19, 20

カ

害虫分布域 ··················· 27
海洋－大気結合モデル ···· 10, 15
化学的酸素要求量 ············107
化学的指標 ··················106
拡散係数 ·· 66, 85, 86, 88, 101
可降水量 ····················124
可視域
　　··113〜116, 128, 130, 137
可照時間 ·············· 174, 180
化石花粉分析 ············ 11, 18
風 ··························· 44
ガラス室 ·············· 187, 188
仮比重 ··············· 57, 94
簡易渦集積法 ················· 74
簡易積算日射計フィルム ······· 92
管型日射計 ········ 49, 89, 91
環境保全 ····················247
間隙率 ······················· 94
乾湿計定数 ··················127
含水比 ············ 93, 94, 98
乾燥断熱減率 ············ 81〜83
乾燥密度 ····················· 94

干害······················234
気温········ 38, 120, 122, 124,
　　　　　126, 127
気化冷却 ············· 218, 221
気孔抵抗 ·····················22
気候変動 ·····················240
気候予測 ·····················236
気象観測ロボット
　　······ 146, 161, 164, 169
気象災害 ··· 225, 232, 236, 239
気象情報 ·· 141, 144～147, 151,
　　　　　157～159, 161～164,
　　　　　166, 169
輝度温度 ············· 123, 124
吸着係数 ·····················97
逆転層 ················ 82, 83
魚眼レンズ ············ 133, 134
近赤外域 ··· 115, 130, 132, 133
減風率 ·····················197
クリスプ ·····················157
クロロフィル
　　······ 115, 129, 131, 135
傾度法 ············· 66, 69, 70
顕熱フラックス ·61, 63, 64, 67,
　　　　　70, 71, 74, 86～88, 126
耕うん ·····················193
高温耐性 ············· 25, 26
耕起 ················ 193～195
光合成活動 ············ 22, 24
光合成有効放射量 ···· 50, 51, 89
硬質板 ·····················188
硬質フィルム ···············188

高収性農業技術 ···············31
降水量 ············· 56, 75～78
耕地環境 ·····················37
耕地気象災害 ···············225
耕地微気象 ·····················37
後氷期 ················ 10, 18
高倍距離 ········196, 200～203
光量子束密度 ············ 51, 89
国土数値情報 ···············124
穀類生産量 ·····················31
50 m グリッド················174
固相率 ················ 59, 94

サ

砂丘······················243
作物個体群 ············ 88～92
作物栽培帯 ·····················19
作物有効水分 ···············97
作況指数 ············· 230, 242
雑草····················· 26, 27
砂漠化 ············· 243, 247
産業革命 ·····················5, 8
散乱日射量 ············ 175, 176
CATV ······ 161, 163, 164, 169
しおれ点 ········77, 78, 96, 97
紫外線カット ···············189
持続的な共生 ···············33
湿潤断熱減率 ···············82
湿度······················40～43
湿度計 ·····················42
斜面日射量 ···············178
収穫係数 ············· 24, 25
自由大気 ·····················80

重力ポテンシャル ……… 99, 100	水分特性曲線 ……… 97〜99, 101
純一次生産力 ………………14	水分フラックス ……… 100, 101
瞬間風速 ……………………45	水分ポテンシャル ……… 76, 99
純光合成速度 ………………22	生育促進 …………………202
準定常成分 …………………3	生育予測モデル ……………155
純放射量 ………… 49, 61, 65	成層圏 ……………………1, 9
硝化作用 …………… 102, 103	生体情報 …………… 128, 131
条件付き不安定 ……………82	生長モデル ………… 155, 156
消散係数 ……………………24	生物化学的酸素要求量 ……107
蒸散活動 ……………………22	生物生存域 …………………1
蒸発効率 ……………………64	生物的汚濁因子 ……………108
蒸発散量 ……… 64, 65, 75〜78	赤外線吸収波長 ………………52
蒸発量 ………… 76〜79, 86〜88	赤外放射温度計 ··113, 118, 119,
小氷期 ………………………8	123, 137
正味放射量 …………………49	接地境界層 ……… 80, 81, 84
照葉樹林 ……………………15	全蒸発残留物 ………………105
植生気候帯 ……………11, 18	全窒素量 ……………………108
植生指数 ……………………115	潜熱フラックス …… 61, 63〜66,
植物生産 ………………1, 30	87, 88, 127
食糧シナリオ ……… 29, 31, 32	全ポテンシャル ……… 99, 101
食糧生産 ……… 26, 27, 29〜31	全リン ……………………108
食糧問題 ……………………247	霜害…………………………204
人工衛星 ………… 122〜125	相互作用 …………………121
水温…………………………38	草方格 ……………… 244, 247
水害…………………………234	粗度長 ………………………84
水質汚濁の指標 ……………105	ソーンスウエイト ……… 77, 78
水質分析 ……………………109	タ
水素イオン濃度 ……………106	大気安定度 ……………… 45, 81
水分拡散係数 ………………101	大気境界層 …………………80
水分資源 ………………11, 12	大気効果 …………………123
水分定数 ……………………97	大気補正 …………… 123, 125
水分当量 ……………………97	対数法則 ……………66, 84, 85

体積含水率 ……… 58, 59, 94, 97, 101
大腸菌 …………… 108, 109
台風害 …………… 226, 235
太陽エネルギー ・1, 2, 4, 11, 29
太陽黒点数 ………………242
濁度………………………106
脱窒作用 ………… 102, 105
ダルシー則 ………………100
炭酸ガス …………………239
淡水資源 …………… 29, 30
単棟式 ……………………187
短波放射量 ………………49
地温………………………38
地球温暖化 ……225, 239, 246
地球環境 …………………225
地球大気の温室効果 ………3～5
地球平均温度 ……………2, 9
地形因子 …………………124
地上分解能 ………… 122, 124
地中伝導熱量 ……………61
窒素 …… 93, 102～105, 107, 108
窒素固定 …………………102
窒素の循環 ………………102
地表面温度 ……122～124, 127
地面修正量 ………………84
中性子散乱法 ……………57
中立 ……… 66, 67, 81, 83～85
長波放射量 ………………49
直達日射量 ………… 175, 176
貯溜 ………………… 196, 198
TDR法 ……………… 59, 60

適地適作 …………………19
適地判定 … 178～181, 183, 185
天空率 ……………… 175, 176
転向 ………………………196
テンシオメータ法 ………57
電磁波 ……………… 113, 120
透湿性資材 ………………191
透視度 ……………………106
凍霜害 …… 198, 204, 214, 216
土壌圧縮 …………………195
土壌硬度 …………… 194, 195
土壌浸食 ………… 193, 194, 195
土壌水分 ……… 56, 59, 75～78
土壌水分吸引圧 ………… 95, 97
土地資源 …………………30

ナ

軟質フィルム ……… 188～190
南部暖温帯林 ……………17
二酸化炭素 …… 1, 4～10, 16, 18, 22～26
日射環境 … 173, 175, 178, 180
日射吸収量 ………………88
日射透過量 ………… 90, 91
日射変換効率 ……… 24, 25
日照時間 …………………51
熱乾法 ……………………57
熱収支 ……… 38, 61, 64～66, 122, 126, 217
熱赤外画像 ………… 136, 137
熱伝導率法 ………………58
熱波日 ……………………21
ノア………………………122

農業気候資源 ……………155
農業気象災害 ……236, 240, 243
農業災害 ………………228
農業用フッ素フィルム ………188
農サクビ ……… 187, 189, 190
農ビ……… 186, 189, 190
農PO……………189
農ポリ ………186, 189〜191

ハ

バイオマス ………… 120, 133
葉いもち ………136, 137, 139
裸の地球 ……………2, 3
波長別放射 ……………50
波長補正 ………………125
発育指数 ……………155
発育ゼロ温度 ……………27
発育速度 ……………156
発育モデル ……………155
バルク法 ……………127
反射マルチ ……………191
PE ………………… 186, 190
PET………………188
pF ……………… 57, 96〜98
微気象 ………………199
肥効調節型肥料 ……………194
PC ………………187
非接触 …………… 113, 128
非破壊 …… 113, 128, 134, 135
PP ………………187
ppm ……………… 54, 55
PVA ………………187
PVC………………186

被覆資材 … 186, 187, 190, 212
ひまわり ……………122
表面温度 ……………39
飛来害虫 ……………28
微粒子 ………………198
肥料効果 ……… 6, 18, 23, 26
ファン …………… 119, 120
不安定 ……………81〜86
フィコエリトリン ……… 90, 91
風害………………234
風向………………44
風速……………… 44, 196
風向・風速計 ……………45
フェンロー型 ……………188
不耕起栽培 ………… 194, 195
不織布 …………… 191, 192
物理的汚濁指標 ……………105
普遍関数 ……………… 68, 69
不飽和透水係数 ……76, 100, 101
不飽和流 ……………100
浮遊物質 ……………105
プラスチック ……… 186, 188
フラックス ……61, 63〜71, 73,
　　　　　　　74, 84, 86〜88,
　　　　　　　100, 101
プラントキャノピーアナライザ
　　　　　　　………………133
分光反射 ‥114〜116, 129〜133,
　　　　　　　135
分光放射 …………… 113, 114
平均風速 ……………45
平衡蒸発モデル ……………127

べき法則 …………………84	メッシュ気候 ……………124
べたがけ …………191, 192	メニスカス …………57, 95
放射…5, 38, 43, 44, 48〜51,	毛管連絡切断含水量 ………96
57, 61, 65, 66, 83, 89	モーニン・オブコフの相似則…67
放射温度計 …………37, 39	ヤ
放射乾燥度 …………12, 14	有効積算温量 ………………27
放射強制力 …………………5	有効積算気温 ………11, 19
放射冷却 ……204, 205, 216	誘電率 ………………………59
防霜ファン・119, 120, 204〜207	葉層吸収日射量 ……………23
防風施設 ……………196, 203	溶存酸素 …………106, 107
防風林・垣・網 ……196, 202	葉内水分量 ………135, 136
飽和度 ………………………94	葉面積指数 ……131, 133, 134
ボーエン比 ………61, 63〜66	ラ
圃場容水量 ……77, 78, 96, 97	落葉広葉樹林帯 ……………17
保水性セラミックタイル……217	ラニーニャ ………231, 242
ホルスタイン種 ……………218	ランドサット ………………122
ボレアル林 …………………17	リモートセンシング…113, 114
マ	流域貯留量 …………………76
マイクロ波 ……113, 120, 121	流出量 ………………75, 76
マイナスの効果 ……………203	緑化………………243, 247
摩擦速度 ……………67, 84	リン …………103, 105, 108
マトリックポテンシャル・98〜101	冷夏…………………………228
マルチ ………………189〜191	冷害………………228, 234
水収支 ………………………122	連棟式 ………………………187
水利用効率 …………………23	ワ
密閉度 ………………………197	惑星アルベド ………………125
メタン ……………………4〜8	

2001	2001年3月5日　第1版発行
耕地環境の計測・制御	著作代表者　而　誠　川　早 　　　　　　一　太　き　真 　　　　　　則　義　木　鈴
著者との申し合せにより検印省略	
©著作権所有	発　行　者　株式会社　養　賢　堂 　　　　　　代表者　及川　清
本体 3800 円	印　刷　者　新日本印刷株式会社 　　　　　　責任者　杉本幹夫
発　行　所	〒113-0033　東京都文京区本郷5丁目30番地15号 株式会社 養 賢 堂　電話 東京(03)3814-0911［振替00120］ 　　　　　　　　　　FAX 東京(03)3812-2615［7-25700］ ISBN4-8425-0074-3　C3061
PRINTED IN JAPAN	製本所　板倉製本印刷株式会社